KB140158

전환기 독성시험 컨설팅

전환기 독성시험 컨설팅

박영철 지음

성공적인 IND와 독성시험 마케팅 전략

한국학술정보

드리는 말씀

    내용의 처음부터 끝까지 기저에 깔린 생각은 어떻게 하면 국내의 마케팅을 넘어 글로벌시장에 진출할 수 있을까에 대한 질문이었다. 역으로 바이오기업과 제약사의 약물개발에 진정한 도움을 위해 가장 적절하고 최선의 독성시험 수행을 어떻게 해야 할까에 대한 스스로에 질문하는 심정이었다. 지난 몇 년 동안 고객 만족을 위해 독성시험과 관련된 중요한 사항이 무엇인지에 대한 설문 및 자료를 수집하였다. 공식적으로 국내 GLP-기반 독성시험 역사는 약 25여 년 정도이며 그 이래로 약물 모달리티(drug modality) 변화는 바이오의약품의 출현과 더불어 급속하게 다양화가 이루어졌다. 몇 년 이내에 국내외적 시장점유율이 합성의약품과 거의 동일 비율로 예측될 정도로 바이오의약품의 개발 플랫폼은 확장되었다. 이에 약물개발의 핵심이었던 소분자 합성의약품의 독성시험에 대한 기존 가이드라인도 새로운 변화가 요구되고 있다. 규제기관은 새로운 약물 모달리티의 개발에 따라 가이드라인의 신속한 작성에 최선을 다하고 있지만, 여전히 독성시험 수행에서는 혼란스러움이 있는 것도 사실이고 수행에 있어 응용성이 바이오의약품의 독성시험에서 요구되고 있다. 특히 새로운 약물 모달리티라는 측면에서 단일클론항체인 TGN1412 사고처럼 임상시험에서의 안전성도 우려되고 있다. 반면에 동물실험의 윤리는 더욱 강화되어 동물 사용의 생물학적 적절성이 강화되고 있다. 이러한 가운데 독성시험을 통한 성공적인 IND(investigational new drug, 신약임상시험신청)를 위한 개발사의 요구는 더욱 커지고 있다. 설문조사 결과, 약물 모달리티의 급격한 다양화에 따른 안전성 예측과 성공적인 IND를 위한 독성시험 수행과 적절한 컨설팅으로 분석되었다. 그리고 고객 만족을 위해 독성시험과 관련된 수많은 논문을 통해 가장 우선적으로 파악되어야 하는 것은 아래와 같은 약물 모달리티의 종류 및 후보약물의 물리·화학적 특성 파악이었다.

- 소분자 합성의약품(small molecules)
- 백신(vaccine)과 톡소이드 백신(toxoid vaccine, 항독소)
- 혈액제제 및 혈장분획제제(medicinal products derived from plasmas)
- 펩타이드 치료제(peptide therapeutics)
- 핵산 치료제(nucleic acid therapeutics)
- 단백질-표적 치료제(protein-targeting therapeutics)
- 효소 치료제(enzyme therapeutics)
- 항체의약품 – 단일클론항체 치료제(monoclonal antibody therapeutics)
- 약물 복합체: 항체-약물접합체(antibody-drug conjugate, ADC)
- 다중클론항체 치료제
- 나노바디(nanobodies)와 변형 항체(modified antibodies)
- 유전자 치료제(gene therapeutics)
- 세포치료제 – 면역세포 치료제(cell-based immunotherapies)
- 세포치료제 – 줄기세포 치료제(Stem cells therapeutics)
- 세포·유전자 치료제(cell & gene therapeutics)
- 첨단바이오의약품의 독성시험에 관한 제출자료
- 마이크로바이옴 치료제(microbiome-based therapeutics)
- 파지 치료법(Phage therapy)

소분자 합성의약품과 바이오의약품으로 크게 분류되지만, 바이오의약품 내에서도 다른 분류와 접근을 달리해야 할 정도로 다양하였다. 즉, 바이오의약품이라도 성장호르몬, 사이토카인, 단일클론항체, 그리고 면역강화제 등은 기존의 독성용량지표와 임상 안전용량의 추정에서 전혀 다르고 독성시험과 유효성시험의 동시 수행 등의 다양한 정보를 확인하였다. 결과적으로 고객 만족을 위한 독성시험은 약물 모달리티의 차이에 따른 다음과 같은 요소를 고려한 건별 접근법(case by case approach)이었다.

① 독성시험의 항목 차이
② 수용체를 고려한 동물종의 선택
③ 독성시험과 유효성시험의 동시 수행
④ 투여의 중요성
⑤ 동물실험의 윤리와 3R의 고려
⑥ 임상 안전용량 설정을 통한 성공적인 IND 전략

저서에서는 건별 접근법의 이해를 위해 필요한 부분을 굵은 글씨로 표시하였으며 약물의 개발기업, 규제기관 그리고 독성시험 수행기관 등에서 전문가의 상호 공감대 형성에 도움이 될 것으로 기대된다. 독성시험의 기술적 측면에서 고려할 사항은 NOAEL 판단의 근거가 대조군과 시험군 간의 변화에 대한 통계적 유의성으로 이루어진다는 것이다. 즉, 대조군과 비교하여 시험물질에 의한 변화가 통계적으로 유의성이 있으면 무조건 독성으로 판단한다는 것이다. 정상 동물에 약물을 투여하면 항상성 균형이 깨지는 것은 당연하다. 그 깨지는 것은 질환 환자에서는 약물의 효능으로 항상성을 가져올 수도 있다. 모든 약물에 의한 모든 변화를 통계적 유의성으로 독성을 분류하는 것은 시대적 흐름에 맞지도 않다. 시험물질에 의한 모든 변화에서 통계적 유의성에 의한 판단은 GLP-

기반 독성시험의 초창기에 이루어진 독성의 판단 기준이다. 이제는 40여 년이라는 시간이 지나 소분자 합성의약품에 대한 자료가 풍부하다. 이와 같은 상황에서 대조군과 시험군의 변화를 통계적 유의성으로 판단하는 것은 치료용량의 범위를 좁혀 약물개발 측면에서 저해요인이 된다. 이제는 통계적 유의성이 아니라 그 변화가 'safety concern(안전성 우려)' 초래 가능성, 그리고 치료효과-독성의 비교를 통한 편익-위험 분석의 결과에 대한 수용성 등이 기준이 되어야 한다. 시험물질에 의한 부정적 영향(adverse effect)이 'safety concern'이 없고 수용 가능한 변화이면 NOAEL 추정에 근거가 되어야 한다는 것이다. 이와 같은 흐름의 반영과 보완은 약물개발을 위한 비임상 분야의 전반적인 질적 향상을 유도하여 다양한 신약의 개발과 글로벌 진입을 가져올 것으로 기대된다. 끝으로 회사에 근무하면서 책의 저술에 대한 이해와 물심양면으로 도움을 주신 양길안 회장님, 송시환 사장님 그리고 항상 조언을 아끼지 않으신 이현걸 소장님께 감사의 마음을 드린다. 편집 및 출간에 정성껏 도움을 주신 한국학술정보 출판사업부 담당자분들께도 감사한 마음이다.

2023년 10월

저자 박영철

차례

제7장 여러 가이드라인의 특성과 일부 독성시험의 분석

제8장 독성시험에서 NOAEL의 중요성과 임상시험에서 의미

제9장 특정 의약품 개발 방법과 독성시험 해석의 예시

제1장

전환기의 독성시험에 대한
컨설팅의 목적과 내용

1. 오늘날은 왜 독성학과 독성시험의 분야에서 전환기인가?

새로운 기전에 의해 개발된 약물 형태를 약물의 새로운 치료접근법(new drug modality)이라고 한다. 오랫동안 전통적으로 약물 원료로 개발되어 왔던 합성의약품(small molecules)의 특성과 전혀 다른 바이오의약품(biologics)의 출현은 독성시험에 대한 새로운 가이드라인 설정과 독성학적 이해의 관점에서 큰 변화를 가져왔다. 이러한 변화는 바이오의약품은 생명공학적 기반 또는 생체에서 유래하는 의약품이라는 측면에서 외인성물질(xenobiotics)인 소분자 합성의약품과의 ① 독성기전, 그리고 ② 임상시험 안전용량 설정 등의 2가지 영역에서 차이에 기인한다. 먼저, 소분자 합성의약품은 ① 생체 내에서 생화학적 전환(biotransformation)에 의한 독성대사체 생성, 그리고 ② 원물질(parent compound) 그 자체의 과잉 약리작용에 기인한다. 반면에 바이오의약품은 생물체, 조직 또는 세포 내에서 유래된 물질의 내인성(endogenic) 영양물질이기 때문에, 단순히 과잉 약리작용에 의한 독성을 유도한다. 생화학적 전환은 주로 cytochrome P450 효소계에 의해 소분자 합성의약품의 대사되는 과정이다. 이 과정에 의해 소분자 합성의약품은 배출을 위한 무독성의 친수성대사체뿐만 아니라 독성대사체로 전환되어 단백질 및 DNA 등에 공유결합을 통한 직접적인 독성을 유발한다. 이와 같은 소분자 합성의약품과 바이오의약품의 독성기전의 차이는 임상시험에서의 안전용량 설정을 위한 독성시험 항목 및 수행 방법의 변화를 가져왔다. 특히 두 의약품은 임상시험에서의 안전용량 설정을 위해 독성시험으로부터 추정된 NOAEL(no observed adverse effect level, 최대비독성용량)의 동일 독성용량기술치(toxicological dose descriptor)를 사용한다. 그러나 일부 바이오의약품 경우, 독성시험이 아니라 유효성(효능)시험에서 추정된 MABEL(minimum anticipated biological effect level, 최소기대생물학적영향용량)이 적용되어 임상시험에서의 안전용량 설정이 이루어진다. 특히 바이오의약품은 소분자 합성의약품 등과 결합하여 다양한 약물복합체로 개발되고 있어 독성시험을 통한 새로운 안전성평가(safety assessment)가 요구되고 있다. 생명공학 및 합성의학의 발달로 약물 모달리티의 다양화가 이루어지는 전환기를 맞고 있지만, 이들 의약품에 대한 안전성평가에 대한 가이드라인은 더욱 보강될 필요성이 제기되고 있다. 특히 2022년 발표된 미국 FDA(Food & drug agency)의 현대화법(modernization act)에서는 동물을 이용한 독성시험이 없이 수용이 가능한 독성학적 설명만으로도 IND(investigational new drug, 신약임상시험신청) 통과가 가능한 법률이 공표되었다. 따라서 약물개발에 있어서 ① 새로운 모달리티의 다양화, 그리고 ② 현대화법 제정은 오늘날 신약개발 과정의 비임상 영역에서 새로운 이해와 접근이 필요한 전환기라고 할 수 있다. 특히 빠르게 발전하는 생명과학적 진보는 약물개발을 위한 가이드라인의 세부사항 설정에 있어서 한계점을 드러내고 국내외적 차이를 가져왔다. 이와 같은 전환기를 맞이하면서 비임상 영역에서의 실질적인 접근은 약물의 다양한 모달리티 및 국내외적 차이의 상황을 고려한 건별 접근법(case by case approach)이 필수적이다. 건별 접근법을 위해서는 모달리티의 특성과 전문적인 독성학 지식을 기반으로 논리적 설득력이 가능한 독성시험의 설계와 수행이 요구되고 있다.

2. 약물 모달리티의 다양화에 대한 배경은 무엇인가?

대략 1980년대에 저분자(low molecule) 또는 소분자(small molecule) 합성
의약품의 전성기를 맞으면서 2000년대까지는 약물 모달리티(drug modality)
단어는 거의 사용되지 않았다. 그러나 21세기부터 유전자재조합 기술을 통
한 단백질의약품, 그리고 이어진 항체의약품이 주목을 받으면서 new drug
modality, 즉 새로운 기전의 치료제라는 단어가 사용되기 시작하였다. 모달리
티란 원래의 뜻은 양상이지만 약물개발 측면에서는 치료제 또는 치료 수단이라
는 의미이다. 이후 펩타이드 또는 핵산 등으로 구성된 대분자(large molecule)
의 모달리티 그리고 세포치료제의 모달리티를 비롯하여 최근에는 CAR-
T(chimeric antigen receptor T cell) 치료제와 같은 유전자 및 세포가 서로 결합
하여 세포·유전자 치료제의 모달리티가 등장하였다. 따라서 약물의 다양한 모
달리티로의 분화는 바이오의약품의 출현에 기인한다고 할 수 있다.

3. 바이오의약품의 개념은 무엇이며 어떤 종류가 있는가?

미국 FDA의 바이오의약품평가센터(Center for Biologics Evaluation and
Research, CBER)는 사람을 비롯한 동물, 식물, 미생물 등의 생물에서 유래한
물질 또는 생명공학적 기법을 비롯한 최첨단 기술로 생산된 물질 등의 생물학
적 생산물(biological products)로 바이오의약품을 정의하였다(FDA-CBER,
2018). 또한, CBER은 바이오의약품의 예로 백신, 혈액제제, 알레르기-유
발 물질(allergenics), 체세포 및 세포 자체, 그리고 유전자치료제, oligo- 또
는 poly-peptide를 포함한 재조합 단백질 등으로 제시하였다. 바이오의약품

은 살아 있는 생체에서 얻은 약물로 생명공학적인 방법을 이용하여 개발된 유전자 치료제 및 세포 치료제를 포함하는 개념이다. 따라서 바이오의약품은 인체를 비롯하여 동물 그리고 미생물 등으로 유래한 단백질, 당, DNA, 세포 그리고 살아 있는 조직 등이 원천이 된다. 또한, 바이오의약품(biologics)은 바이오약품(biopharmaceutical), 생물학적제제(biological medical product), 생명공학-유도 제제(biotechnology derived products) 그리고 바이오치료제(biotherapeuticals) 등으로 불리기도 하며 유사한 개념이다(Blanco 등, 2020). 소분자 합성의약품을 1세대 치료제, 바이오의약품을 2세대 치료제, 그리고 3세대 치료제로 불리고 있는 디지털 치료제(digital therapeutics)가 신기전 치료제로 새롭게 등장하고 있다. 주로 게임, 애플리케이션, 가상현실(Virtual Reality, VR) 등이 활용되는 디지털 치료제의 개발과정에 안전성평가를 위한 비임상 영역은 없다(Sverdlov 등, 2018).

제2장

비임상 안전성평가의
개념과 독성시험

1. 비임상 안전성평가의 개념과 목적은 무엇인가?

약물의 개발과정에서 후보약물의 유효성(efficacy) 및 안전성(safety)이 확보되지 않는 상황에서 인체를 대상으로 진행되는 임상시험을 통해 후보약물의 유효성과 안전성을 확인할 수는 없다. 따라서 임상시험(clinical test) 이전에 인체를 제외한 시험계를 통해 안전성을 확보하는 과정을 비임상시험(nonclinical test)의 안전성평가(safety assessment)라고 한다. 비임상의 안전성평가는 인체 외 생물계를 이용한 독성시험을 통해 임상시험에서 약물 후보물질의 안전성을 확보하는 체계적인 과정이다. 일반적으로 독성시험은 in vivo(생체 내) 및 in vitro(생체 외) 독성시험을 통해 이루어지지만 근래에는 동물대체시험법이 강조되고 있다. 이와 같은 과정을 기반으로 비임상시험의 in vivo 독성시험의 목적은 ① 임상시험에서의 안전용량 확보, ② 최소독성(the least toxicity)을 유발할 수 있는 약물투여용량(drug-treatment regimen), 또는 용량-반응 관계(dose-response relationship), ③ 표적 영향(on-target effects) 및 비표적 영향(off-target effects)의 결정, ④ 독성의 표적기관과 독성의 가역성, ⑤ 임상시험에서 시험물질-유도 변화에 대한 생물학적 지표(biomarker) 설정 등으로 요약된다. 일반적으로 독성시험에서 응용되는 용량단계는 대조군을 포함하여 저용량군, 중용량군 그리고 고용량군이다. 이들 3용량군으로 4가지의 목적을 달성하기에는 쉽지가 않다. 따라서 독성시험에서 최소 독성용량에 가까운 최대 안전용량을 설정하는 것이 필요하다. 이는 궁극적으로 미세한 용량 차이로 약물의 효능과 독성이 결정되기 때문에 가능한 한 넓은 치료 영역(therapeutic range)을 확보하는 방안이다. 독성시험의 또 다른 목적은 임상시험에서 발생할 수 있는 예측(prediction)이다. 이를 위해 체중, 임상병리학적 지표, 식이섭취량의 변화, 그리고 조직병리학적 관찰 등을 기반하여 임상시험에서 시험물질에 의한 변화를 잘 판단할 수 있는 바이오마커(biomarker) 설정이 필요하다.

2. 안전성평가를 위한 독성시험의 구성은?

약물이란 기본적으로 투여되는 단일 합성물질을 의미한다. 이에 대한 비임상 독성시험은 〈표 2-1〉과 같다. 합성신약의 임상시험에서 안전성을 확보하기 위해 수행되는 비임상 독성시험을 안전성평가(safety assessment)라고 한다. 합성신약 개발 시에 〈표 2-1〉의 모든 독성시험이 동일 방법으로 수행되는 것은 아니다. 임상시험의 투약기간, 시험약물의 특성, 그리고 스크리닝 시험 등을 반영하여 독성시험이 디자인되어 목적에 맞게 결정된다. 가이드라인 독성시험은 목적에 따라 시험물질의 안전성(safety)과 치명성(fatality)으로 구분된다. 시험물질의 치명성을 확인하는 시험으로 안전성약리시험이 있으며 이 외 나머지 모든 독성시험은 안전성을 확인하는 시험이다. 또한, 보톡스와 같은 시험물질은 독성 자체가 약리작용 기전이다. 이 경우에는 시험물질의 특성에 따라 안전성 대신에 LD_{50}과 같은 지표를 통해 역가를 확인하기도 한다.

〈표 2-1〉 가이드라인 독성시험의 종류와 정량 및 정성 지표

독성시험	개념	정성 및 정량 기술자
단회투여독성시험	독성시험을 시험동물에 단회투여 (24시간 이내의 분할 투여 경우도 포함)하였을 때 단기간 내에 나타 나는 독성을 질적·양적으로 검사 하는 시험	정량: LD_{50} 및 ALD, MTD
반복투여독성시험	독성물질을 실험동물에 반복투여 하여 중·장기간 내에 나타나는 독성을 질적·양적으로 검사하는 시험으로 비임상시험의 가장 핵심 적인 시험	정량: NOEL, NOAEL, LOAEL, $BMDL_5$, TTC, MTD
안전성약리시험	소분자 합성의약품의 활성대사체 와 세포에서 분비된 활성물질이 중 추신경계, 심혈관계, 호흡기계 등 에 대한 fatality(치명성) 확인	NOAEL 존재에 대한 논쟁
생식·발생독성시험	독성물질이 포유류의 생식·발생 에 미치는 영향을 규명하는 시험을 말하며 수태능 및 초기배 발생시험, 출생 전·후 발생 및 모체기능시험, 배·태자 발생시험 등이 있음	정량: NOEL, NOAEL, LOAEL, $BMDL_5$, TTC, MTD
유전독성시험	독성물질이 유전자 또는 유전자의 담체인 염색체에 미치는 상해작용 을 검사하는 시험	정성(음성 vs 양성)
항원성시험	독성물질이 생체의 항원으로 작용 하여 나타나는 면역원성 유발 여부 를 검사하는 시험	정성(음성 vs 양성)
면역독성시험	반복투여독성시험의 결과, 면역계 에 이상이 있는 경우 독성물질의 이상면역반응을 검사하는 시험	정성
종양원성시험	유전자·세포치료제 등에 의해 종 양형성 가능성을 확인하는 시험	정성
발암성시험	독성물질을 실험동물에 장기간 투 여하여 암(종양)의 유발 여부를 질 적·양적으로 검사하는 시험	정성 및 정량: T_{25}, TD_{50}, $BMDL_{10}$, TTC

독성시험	개념	정성 및 정량 기술자
국소독성시험 (피부자극 및 안점막자극 시험)	독성물질이 피부 또는 점막에 국소적으로 나타내는 자극을 검사하는 시험으로서 피부자극시험 및 안점막자극시험	정성(음성 vs 양성)
국소내성시험 (의존성)	독성물질이 실험동물에서 주사 부위에서 나타내는 임상·병리학적 반응을 검사하는 시험	정성
독성동태시험 및 체내분포	① 합성의약품: 독성시험 수행 시 독성물질의 전신노출을 평가하기 위하여 약물동태학적 자료를 산출하는 시험으로서 독성물질의 노출과 독성시험에서의 용량단계 및 시간 경과와의 상관성을 연구하는 것을 목적	정량: 생체이용률 T_{max}, C_{max}, AUC, $T_{1/2}$
	② 바이오의약품의 체내분포 (biodistribution): 세포치료제인 경우에 세포의 이동, 생착, 분화, 잔존 등이 세포 자체의 특성과 주변 환경에 따라 안전성에 영향을 주고 유전자치료제인 경우 벡터의 잔존, 지속성 및 소실 양상 등이 치료제의 안전성에 영향을 주기 때문에 세포 및 벡터와 유전자의 체내 분포 및 거동을 확인하는 목적	정량 PCR, Primer 및 형광 부착 probe

3. 비임상시험 및 임상시험에서 독성시험의 시기적 진행은?

안전성평가의 독성시험은 임상시험 전 단계인 IND(investigational new drug, 임상시험승인신청)를 위해 수행되는 독성시험과 임상시험 단계 과정 및 NDA(new drug approval, 품목허가신청)를 위해 수행되는 독성시험으로 구분된다. 〈그림 2-1〉은 IND와 NDA 이전 등의 시기별 안전성평가의 항목을 나타낸 것이다(Andrade 등, 2016). IND 및 임상 최초투여를 위한 독성시험은 단회투여 및 반복투여 독성시험 등의 일반독성시험(general toxicity test), 유전독성시험(genotoxicity test), 독성동태시험(toxicokinetics, TK), 안전성약리(safety pharmacology), 국소내성독성시험(local tolerance test) 그리고 생식독성시험(reproductive toxicity study) 등이 GLP(good laboratory practice)-기반 독성시험이 이루어진다. GLP(good laboratory practice) 제도는 정부 부처가 약물에 대한 독성시험의 신뢰성을 보증하기 위해 인원과 시설을 갖춘 비임상시험 실시기관을 지정하는 제도이다. 물론 GLP-기반 독성시험을 하기 전에 non-GLP 독성시험으로 유효성 및 독성 강도의 탐색 연구(exploratory studies)도 수행된다. 유전독성시험 및 안전성약리시험 등을 통해 특수독성이 없다면 IND를 위해 가장 중요한 독성시험은 반복투여독성시험이다. 반복투여독성시험은 임상시험에서 안전용량을 추정하기 위해 최대무(비)독성용량인 NOAEL(no observed adverse effect level)이라는 정량적 지표를 제공하기 때문이다. 근래에는 시험물질에 의한 부정적 영향(adverse effect)이 안전성 우려(safety concern)가 없고 수용 가능한 변화이면 NOAEL 추정에 근거가 된다(Lewis, 2002; USFDA, 2005). 특정 독성시험에서 부정적 영향이 다른 독성시험에서도 확인되어 일반화가 된다면 독성(toxicity)이라고 판단할 수 있다. 이와 같은 독성이 인체에서도 나타난다면 부작용(side effect)이라고 한다. 물론 논문 및 전문가에 따라 차이는 있지만, 비임상 영역에서는 adverse effect = toxicity 개념보다 adverse effect = potential toxicity 표현이 더 정확하다. 이는 독성시험이 질환동물모델이 아니라 정상동물의 시험물질에 의한 변화를 확인하는 과정인데 이러한 변화는 질환동물모델에서는 약리작용의 결과로 나타나기 때문이다. 따라서

NOAEL을 최대무독성용량이 아니라 최대비독성용량으로 표현하는 것이 바람직하다. NOAEL을 이용하여 임상최대권장초기용량(maximum recommended starting dose, MRSD)이 설정되면 임상시험이 진행된다. 약물복용이 3개월 이상이면 동등한 기간의 반복투여독성시험뿐만 아니라 임상시험 기간에도 추가적인 독성시험이 수행된다. 또한, 약물 후보물질이 포유류의 생식 및 발생에 미치는 영향을 규명하는 시험인 생식·발생독성시험(reproductive and developmental toxicity study)도 비임상 기간 및 임상시험 동안에 수태능, 모체기능시험, 배·태자 발생시험, 초기 배 발생시험, 출생 전·후 발생시험 등이 수행된다. 과거에 불리던 전임상연구(preclinical study)가 임상시험 기간에도 수행되기 때문에 오늘날에는 비임상연구(non-clinical study)라고 불린다.

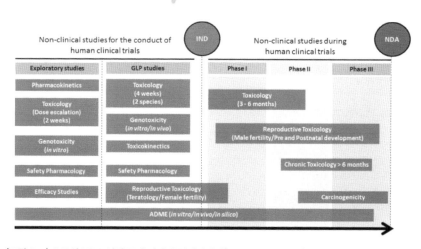

〈그림 2-1〉 IND와 NDA 이전 등의 시기별 안전성평가(Andrade 등, 2016)

제3장

약물 모달리티의 분류와 개념

1. 약물의 독성시험 항목 결정을 위한 모달리티의 분류 기준은?

약물 모달리티는 화학적 공정을 통해 합성된 합성의약품과 생체 내에서 분리된 바이오의약품으로 크게 분류되어 왔다. 그러나 지난 10여 년 동안 바이오의약품은 새로운 모달리티가 급속한 출현과 더불어 다양하게 발전되었다. 약물의 표적-특이성과 약리효능을 높이기 위해 합성의약품과 바이오의약품을 응용한 약물복합체도 개발되고 있다. 바이오의약품의 모달리티의 다양성에 기인하여 규제기관뿐만 아니라 GLP(good laboratory practice, 비임상시험관리기준)를 수행하는 기관에서도 안전성평가를 위한 독성시험 설정에 있어서 상당한 혼란이 제기되어 왔다. 특히 새롭게 개발되는 약물의 모달리티에 적합한 독성시험으로 구성된 안전성평가 모델을 제시하고 있지만, 가이드라인 내의 세부사항을 서술하고 설명하기에는 한계가 있다. 이에 따라 대략적 항목을 결정하기 위해 인허가 기관의 사전 접촉이 요구되며 이에 건별 접근법(case by case approach)이 이루어지고 있다. 이는 모달리티별 특성을 확인하여 IND를 위한 독성시험의 항목과 안전용량 설정을 위한 방향성이 요구된다. 이를 위해 크기 또는 기원에 따라 약물 모달리티별 특성을 다음과 같이 3가지 기준을 제시하였다.

① 약물의 biotransformation 유무 확인: 체내 존재하지 않는 외인성물질(xenobiotics)은 cytochrome P450 효소체계에 의한 생화학적 전환(biotransformation), 반면에 영양물질 경우에는 생물체 내의 공통 대사체계에 의해 분해 및 배출됨. 이와 같은 약물 후보물질의 생화학적 전환에 따른 모달리티 분류.

② 수십 개 단위체로 연결된 합성물질의 특성 파악: 수십 개의 단위체(monomer)로 연결된 합성 중합체(polymer)일지라도 그 단위체가 생체 내 존재하는 유무에 따라 모달리티 분류. 예를 들어 비록 합성되었지만, 아미노산 또는 뉴클레오타이드(nucleotide) 등과 같은 생체 내에 존재하는 단위체로 구성된 생체 고분자(biopolymer), 생체 내에 존재하지 않는 단위체로 구성된 합성고분자 등이 있음. 그리고 동일 단위체로 구성된 단독중합체(homopolymer)와 2종 이상의 단위체로 구성된 고분자인 공동중합체(coploymer) 등이 있음.

③ 세포 수준의 약물: 바이러스, 박테리아 그리고 세포 등을 이용한 치료제.

2. 세 가지 기준에 따른 약물 모달리티 분류와 정의는?

〈표 3-1〉은 앞에서 제시된 3가지 기준에 따른 약물 모달리티의 분류 체계와 정의이다. 크게 ① 소분자 및 고분자의 합성의약품, ② 대분자, ③ 세포수준 치료제, ④ 약물 복합체 등의 약물 모달리티 등으로 분류된다.

〈표 3-1〉 약물 모달리티에 따른 분류

약물 모달리티	정의 및 종류
1) 합성의약품	① 소분자(small molecules)합성의약품: 체내에 존재하지 않는 분자량 1000 이하 ② 고분자(macro molecules 또는 high molecules)합성의약품: 동일 단량체(monomer) 분자들의 화학반응을 통하여 규칙적이면서 반복적인 단위를 가진 긴 사슬로 이루어진 분자
2) 대분자(large molecules) & 거대분자(mega molecules)	① 생체 내에 존재하는 아미노산 및 핵산 등으로 구성된 펩타이드 및 Aptamer 화학적으로 합성된 합성의약품 ② 생체에서 분리된 단백질 및 생명공학-기반 바이오의약품
3) 세포-수준 치료제	① 유전자치료제 ② 세포치료제 ③ 세포 · 유전자 치료제
4) 약물 복합체	① 소분자합성의약품+바이오의약품 ② 소분자+대분자 ③ 소분자+소분자

3. 바이오의약품이 아닌 대분자에 속하는 합성의약품은?

바이오의약품의 기본적인 특성은 생체에서 유래하였고 그것이 생체를 구성하는 당, 단백질, 핵산 그리고 지질 등의 4대 거대분자가 기본 성분이다. 즉, 약물대사계의 cytochrome P450 효소기질이 되지 않는 약물 또는 중합체에 외인성물질이 존재하지 않는 약물이 바이오의약품이 된다. 따라서 만약 생체에 존재하는 아미노산 단위체의 중합체인 oligopeptide나 polypeptide가 화학적으로 합성되었다면 어떤 모달리티로 분류될까? 예를 들면 1963년에 생체에서 분리된 인슐린은 1990년대에 화학적으로 합성에 성공하였다. 전자는 바이오의약품(biotechnology-derived product)이 분명하며 후자는 생체에서 유래는 하지 않았지만, 생체 내에 존재하는 아미노산으로 합성되어 대분자(large molecule)로 분류된다. 이유는 비록 인슐린이 화학적으로 합성되었지만, 생체 내 존재하는 단위체인 아미노산으로 구성되었기 때문이다. 이들은 합성물질이지만 cytochrome P450에 의해 독성대사체가 생성되지 않고 단순히 과잉 약리작용에 의한 독성을 유발하는 기전을 지닌다. 따라서 비록 화학적으로 합성된 의약품일지라도 생체 내에 존재하는 단위체의 연결체이면 대분자로 분류된다(Chhabra, 2021). 이들 시험물질은 화학적 바이오의약품-유사 합성의약품(chemically synthesized-similar product)이라고 하며 바이오의약품과 동일한 안전성평가가 이루어진다(Thybaud 등, 2016; ICH S6(R1), 2011; Given the similarity in nature and structure of a biotechnology-and a chemical-derived peptide with the same amino acid sequence, a common assessment approach as defined by the relevant guideline 〈ICH S6(R1)〉 is indeed fully justified). 따라서 약물의 모달리티는 생체 내에 존재하지 않는 소분자, 생체 비존재 단위체의 폴리머로 합성된 고분자, 생체 내에 존재하는 단위체의 합성 폴리머인 대분자, 그리고 생물체 및 생명공학 기법을 통하여 얻은 단백질 및 핵산 바이오의약품 분류, 세포 수준의 바이오의약품 등의 4가지로 크게 분류된다.

4. 합성된 폴리펩타이드와 생체 내 폴리펩타이드의 대사 차이는?

오늘날 새롭게 개발되는 약물 모달리티 중의 하나가 바이오의약품과 소분자 합성의약품의 약물 복합체이다. 이들 복합체의 기전은 ① 바이오의약품에 의한 표적 확인과 소분자 합성의약품의 전달, 그리고 ② 소분자 합성의약품에 의한 표적에 대한 약리작용 등으로 이해된다. 대표적인 예로 항체-약물접합체(antibody-drug conjugate, ADC)를 들 수 있다. ADC의 구성은 항체(antibody), 링커(linker), 그리고 탑재 약물(payload) 등으로 이루어진다(Khongorzul 등, 2020). 약물의 역사를 살펴보면 합성된 펩타이드 및 단백질 약물은 생체 내인성 단백질과 유사하게 대사된다(Michael 등, 2014). 그러나 ADC와 같이 단백질과 소분자 합성의약품을 연결하는 비생체물질의 링커(non-native chemical linkers)를 비롯하여 생체 내 존재하는 아미노산이 아닌 잔기를 가진 아미노산(other moieties besides natural amino acids)은 독성을 유발할 가능성이 있다. 따라서 항체의 바이오의약품과 소분자 합성의약품의 독성 기전을 바탕으로 기존 약물 모달리티와 전혀 다른 안전성평가가 이루어져야 한다. 가장 먼저 고려해야 할 요소는 두 물질과 링커의 모달리티별 특성을 확인해야 할 필요성이 있다. 링커와 소분자 합성의약품 외의 단백질 및 펩타이드는 생체 내의 것과 유사하게 이화작용을 하게 된다(Michael 등, 2014). 〈표 3-2〉는 지금까지 개발된 단백질성 항체 바이오의약품이 체내 존재하는 단백질의 분해 과정인 탈당화(deglycosylation), 단백질가수분해성 절단(proteolytic cleavage), 당화반응(glycation), 아미드화(deamidation), 산화(oxidation), 그리고 다른 아미노산으로 변형(other amino acid modifications) 등을 통해 분해된 펩타이드 또는 개별 아미노산으로 이화과정이 이루어진다(Schadt 등, 2019). 이들 항체 바이오의약품 중 가장 특이한 대사 과정은 ADC이다. ADC의 단백질 부분은 탈아미드화에 의해 분해되지만, 링커는 소분자 합성의약품이므로 cytochrome P450 효소계 등과 같은 외인성물질 생화학적 전환(biotransformation)에 의해 친수성대사체로 전환된다(Saad 등, 2015; Tumey 등, 2015). 그러나 만약 링커가 친수성대사체가 아닌 친전자성 독성대사체로 전환되면 부정적인 영향을 유발한다. 따라서 내인성물질인 단백질과 외인성물질인 소분자 합성의약품의 혼합된 의약품은 친전자성 독성대사체로의 전환에 의한 독성기전도 유도될 수 있다.

〈표 3-2〉 항체 바이오의약품의 생체 내 분해 과정의 기전

대사 과정	모달리티	참고문헌
탈당화 (Deglycosylation)	Recombinant human IgG2 mAb	Chen 등, 2009
	Recombinant human IgG1 mAb	Alessandri 등, 2012
단백질가수분해성 절단 (Proteolytic cleavage)	Thrombopoietinmimetic peptibodies	Hall 등, 2010
	Fc-fibroblast growth factor 21 (FGF21) fusion proteins	Hager 등, 2013
	Neurotensin-huFC (NTs-huFc) fusion protein	Kullolli 등, 2017
	Fc- FGF21 fusion proteins	Han 등, 2017
	Fc-FGF21 fusion protein	Li 등, 2019
당화반응 (Glycation)	Recombinant human IgG mAbs	Goetze 등, 2012
	Recombinant human IgG1 mAbs	Yu 등, 2012
탈아미드화 (Deamidation)	Human IgG1 mAb	Li 등, 2016
	Antibody-drug conjugate	Bults 등, 2016; Liu 등, 2018
산화(oxidation)	Human mAb	Yao 등, 2018
다른 아미노산으로 변형 (Other amino acid modifications)	Recombinant humanized IgG1 mAbs	Yin 등, 2013
	Recombinant human IgG2 mAb	Cai 등, 2011

5. 대분자와 유전자-세포 치료제의 독성시험 항목에서 차이는?

대분자의 기본 단위는 생체 내의 존재하는 단위체(monomer)이며 유전자-세포 치료제의 기본 단위는 세포(cell)이다. 비록 생체 내에 존재하는 필수적 물질 또는 생명 단위라는 측면에서 같지만, 독성시험의 항목 측면에서 차이가 다소 있을 수 있다. 예를 들어 대분자 수준의 시험물질은 면역원성, 즉 항원성 시험이 주요 항목이지만, 유전자 및 세포 수준의 치료제는 종양원성 시험이 주요 항목이다. 비록 이 외에도 투여 부위 및 횟수에서 차이가 있지만 큰 분류 측면에서는 바이오의약품으로 분류된다. 그러나 바이오의약품이라도 부분적으로 대분자 또는 세포수준 치료제 등에 따라 독성시험은 건별 접근법(case by case approach)이 적용된다. 최근에는 단백질 크기의 바이오의약품을 거대분자(macromolecure), 그리고 세포 수준의 의약품을 메가분자(megamolecure)라고 언급하기도 하지만 정확하게 분류는 논문에 따라 차이가 있다.

6. 소분자와 바이오의약품의 약물복합체에 대한 분류와 독성시험은?

복합제(combination drug)란 약리작용을 하는 주성분(active ingredients)이 2개 이상으로 구성되어 배합비가 정해진 단일용량제제(single dosage form 또는 fixed dose combination, FDC)이다. 우리나라에서도 유효성·안전성 그리고 복용 순응도 등의 개선을 위해 활발히 개발되고 있다. 복합제의 독성시험 자료에 대한 미국 FDA(federal drug agency, 미국의약품청) 및 유럽 EMA(Europe medicine agency)는 소분자의 기존 약물(marketed drug) 복합제, 소분자의 기존 약물 + 신규유효성분(new molecular entity, NME), 그리고 NME + NME 등으로 구분하여 인허가 제도(regulatory affairs)가 운영된다(Sacaan 등, 2020). 신규유효성분은 생물의약품 신약(new biological entity, NBE)과 합성의약품 신약(new chemical entity, NCE)을 포함한다. 독성시험은 기존 소분자, 바이오의약품의 신규 유무에 따라 건별 접근법(case by case approach)이 적용된다.

7. 약물 모달리티의 분류는 안전성평가와 어떠한 관계가 있는가?

독성시험에서 새로운 모달리티 출현에 따라 의약품국제조화회의(International Council for Harmonisation of Technical Requirements for Pharmaceuticals for Human Use, ICH) 가이드라인은 〈표 7-2〉에서처럼 오랫동안 지속적인 개발이 이루어졌다. ICH는 규제기관과 제약 업계가 모여 과학·기술적 측면에서 약물개발 및 등록을 논의하기 위해 설립된 국제회의이다. ICH 안전성-관련 가이드라인을 통해 약물 모달리티에 따라 초기 임상시험의 안전성평가를 위한 독성시험 항목을 분류하여 제시하였다(Shen 등, 2019). 〈표 4-3〉에서처럼 small molecules(소분자)와 large molecules(대분자)로 구분하였으며 대분자에는 바이오의약품(biotechnology-derived product), 아미노산 및 핵산으로 구성된 화학적 합성-바이오의약품-유사약물(chemically synthesized-similar product), 그리고 유전자 및 세포 수준의 치료제 등을 포함한다.

제4장

약물 모달리티의 변화에 따른 독성시험 변화와 독성의 종간 차이

1. 약물 모달리티의 변화에 의한 안전성평가의 변화는?

약물 모달리티의 영역은 크게 합성의약품과 바이오의약품으로 구분되는데 〈표 4-1〉과 같이 안전성평가 지표에서 큰 변화를 가져왔다. 예를 들어 투여 경로와 흡수, 독성기전, 동물종의 선택, 약물의 동태와 분포, 그리고 독성시험 항목 등의 측면에서 변화가 두드러졌다. 특히 바이오의약품의 경우에 질환 치료에 있어서 인체에 대한 표적 수용체-특이성을 기반으로 개발된다는 것이 소분자 합성의약품과의 가장 중요한 차이이다. 만약 동물종에서 표적 수용체가 없다면 약리작용 및 과잉 약리작용에 의한 독성도 확인이 어렵다. 즉, 비임상시험에서 이용되는 동물종에서 인체와 동일 교차활성(cross-reactive)이 필요하다. 이러한 연유로 정상 동물 대신에 표적 수용체를 가진 형질전환 동물이 독성 및 유효성 시험에서 모두 필요하다.

〈표 4-1〉독성시험에 있어서 합성의약품과 바이오의약품의 주요한 차이

항목	소분자 합성의약품	바이오의약품
① 투여 경로와 흡수의 특성	• 주로 경구투여 및 빠른 흡수	• 비경구투여 및 느린 흡수
② 독성기전	• Off-target effect • 전신독성 • 독성대사체 및 과잉 약리작용	• On-target effect • 국소독성 • 과잉 약리작용

항목	소분자 합성의약품	바이오의약품
③ 동물종의 선택	• 정상 동물	• 표적-특이적 정상 동물 또는 형질전환 동물종(Namdari 등, 2021)
④ 약물의 동태와 분포	• 일반적인 약물 동태학적 지표	• 생체 내 분포 및 소멸에 대한 자료
⑤ 독성시험 항목	• 대사 및 종간 차이로 설치류 및 비설치류 등 2종 이상	• 표적을 가진 동물에 대한 1종

2. 약물 모달리티에 따른 투여 경로와 흡수의 특성은?

약물 모달리티, 특히 바이오의약품의 출현은 소분자 약물의 주요 투여 경로인 경구에서 비경구적 주사(parenteral injection)로의 변화를 가져왔다. 이는 바이오의약품이 생체를 구성하는 성분과 동일 물질의 대분자(large molecule)라는 점 때문이다. 일반적으로 바이오의약품 중 대분자는 아미노산 및 핵산 등을 단위체로 한 중합체이다. 이들 중합체는 경구로 투여하는 경우에 위와 장의 효소에 의해 쉽게 분해·소화가 이루어진다. 분해·소화는 약물 기능의 상실을 의미하기 때문에, 바이오의약품은 표적 주입이 권장되고 있다. 또한, 비경구적으로 투여되어도 그 자체가 대분자(large molecule)이기 때문에 아주 천천히 흡수된다. 예를 들어 비경구적으로 투여된 바이오의약품은 그 자체의 크기 때문에 혈액에서의 C_{max}(Peak plasma concentration, 약물 투여 후 최고 혈중농도)에 도달하는 시간인 T_{max}(Time to reach C_{max})가 소분자보다 더 긴 시간이 걸린다(Zhao 등, 2012). 이와 같은 긴 시간의 T_{max}는 바이오의약품이 혈관으로 직접 유입되는 것이 아니라 투여 위치에서 아주 천천히 림프계를 통해 흡수가 이루어지기 때문이다(Brennan 등, 2015). 바이오의약품의 매우 느린 림프계로의 흡수는 가슴관(thoracic duct)에서의 흐름이 경우 1-2mL/Kg/hour 정도에 불과하기 때문이다. 미국 FDA의 약물 승인 및 데이터베이스의 자료에 따르면 (http://www.accessdata.fda.gov), 승인된 12개 단일클론항체에 있어서 T_{max}는 2일에서 14일 기간이며 생체이용률(bioavailability)은 50%에서 80% 정도로 추정되었다. 생체이용률이란 투여된 약물의 양이 전신혈관계로 흡수되는 비율을 의미하며 정맥투여의 생체이용률 100%를 기준으로 결정된다. 소분자 합성의 약품이 주로 간에서 친수성으로 전환되어 전신혈관계를 통해 신장 및 담즙으로 체외 배출된다. 반면에 단일클론항체와 같은 바이오의약품은 생체 내 세포의 리소좀(lysosome)에 의한 단백분해로 제거되어 신장으로 배출된다.

3. 소분자 합성의약품과 바이오의약품의 독성기전 측면에서 차이는?

소분자 합성의약품은 거의 경구를 통해 복용이 이루어지며 전신혈관계를 통해 표적기관에 도달한다. 그러나 전신혈관계를 순환하는 소분자 합성의약품은 표적기관 이외도 다른 조직 및 기관에도 위치하여 부작용을 유발할 수 있다. 합성의약품 부작용이 표적 이외의 조직 및 기관에서 발생하는 것을 비표적 영향 (off-target effect)이라고 한다. 비표적 영향은 전신혈관계를 통해 소분자 합성의약품이 체내 모든 영역으로의 분포가 가능하여 발생한다. 반면에 바이오의약품은 표적(target) 부위의 주사로 투여되는 경우가 대부분이어서 표적 이외의 조직 및 기관에서 영향을 발생하지 않는 표적 영향(on-target effect)을 유도한다. 여기서 off-target effect와 on-target effect 중에서 effect는 부정적 영향을 의미하는데 소분자 합성의약품 및 바이오의약품 등의 기원 측면에서 이와 같은 영향이 차이가 있다. 대표적인 예로 전통적 항암화학요법을 들 수 있다. 전통적 항암화학요법은 암세포뿐만 아니라 정상세포에도 영향을 주어 인체에서 부작용이 상당하였다. 이들 항암화학요법의 핵심 성분인 소분자 합성의약품은 전신혈관계를 통해 표적 이외의 부위에 위치하여 전신독성의 비표적 영향(off-target effect)을 유발한다. 이는 항암제가 정상세포와 암세포를 구분하지 못하는 것이 원인이다. 이러한 점을 고려하여 약물의 발전은 표적-특이성을 높이는 기전인 표적치료제 개발로 진화되었다. 가장 대표적인 예로 항체-약물접합체(antibody-drug conjugate, ADC)를 들 수 있다. ADC의 구성은 항체(antibody), 링커(linker), 그리고 약물(payload) 등으로 이루어진다. 즉, ADC는 세포막 표면에 항원을 가진 암세포에 대한 선택성을 높이는 단일클론항체(monoclone antibody)에 링커를 이용하여 약물을 부착하는 표적치료제이다. ADC는 암세포 내로의 세포내유입(endocytosis)을 통해 세포사멸을 유도한다. 이와 같은 미리 정해진 특정 표적에 선택적 및 효과적으로 위치하도록 하는 특성을 표적-특이성(target specificity)이라고 한다. 약물-특이성이 높다는 것은 비표적의 정상세포에 접근이 제한되어 부정적 영향 또는 독성이 낮다는 것을 의미한다. 특히 표적-특이성을 위해 바이오의약품은 국소주사(local injection)로 치료가 이루어진다. 이는 소분자 합성의약품의 혈관계로 통한 전신독성을 유발하는 것이 아니라 국소적으로 독성이 유발하는 이유이다. 약물에 의한 표적 영향에 의한 국소 독성은 과잉 약리작용(supraphysiologic effects = exaggerated pharmacodynamics)에 기인한다.

4. 독성시험에서 동물종 선택의 기준은 무엇인가?

독성시험에서 사용되는 동물종(animal species)은 시험의 종류마다 다르며 동물종은 랫드, 정상(wild type) 또는 형질전환(transgenic) 마우스, 토끼, 개, 인간을 제외한 영장류(non-human primates, NHP) 등이다. 독성시험 및 시험물질에 따라 동물종이 선택되는데 주로 과학적 · 윤리적 그리고 실용적 요소들이 고려되어 선택된다. 특히 과학적 요소로는 표적수용체의 발현과 상동성, 분포, 아종, 대사와 동태 양상, 혈장 단백질과의 결합성 등이 있다. 이들 요소 등의 유사성과 차이의 비교를 통해 인체에서 약리학적 및 생리학적 반응에 대한 최적의 동물종 및 동물모델을 선택하게 된다(EMEA, 2017). 동물종 선택에서 흔히 발생하는 실질적 측면은 시험물질의 투여로 염증과 통증 유발물질인 히스타민 방출(Grimes 등, 2019) 및 구토(du Sert 등, 2012) 등으로 연구 목적을 달성하지 못하는 사례를 고려할 수 있다. 이와 같은 사례를 사전에 방지하기 위해서는 시험물질과 동물종의 정보에 대한 충분한 검토가 필요하다. 윤리적 측면에서는 동물종 선택의 기준에서 유럽연합(Europe Union, EU)이 상당히 보수적이다. 예를 들어 비설치류 동물종의 사용을 극히 제한하거나 중동물인 개를 대신하여 소동물인 미니피그 사용을 윤리적 측면에서 권장하고 있다(Jones 등, 2019; Schaefer 등, 2016). 특히 인체를 제외한 영장류의 사용은 다른 동물종이 적절하지 않다는 것이 증명될 경우만 허용된다(Vermeire 등, 2017; EU/2010/63).

5. 약물 모달리티에 따른 동물종 선택의 기준은?

약물 모달리티에 따른 종 선택의 기준은 합성의약품과 바이오의약품 사이에 존재하는 독성기전의 차이에 기인한다. 외인성물질의 소분자 합성의약품에 의한 독성은 ① 친전자성대사체로의 전환과 이에 의한 단백질 및 DNA 등과 공유결합, ② 과잉 약리작용 등이 2가지인 반면에 바이오의약품은 과잉 약리작용 기전에 기인한다. 비록 아미노산 및 핵산 등이 화학적 합성으로 합성된 약물일지라도 대사를 담당하는 효소체계는 모든 종에 존재하기 때문에 종간 차이가 없다. 반면에 소분자의 합성의약품은 생체 내 외인성물질의 생화학적 전환을 담당하는 cytochrome P450 효소체계에 의해 대사되며 이들 효소는 종간 큰 차이에 의해 독성의 종간 차이가 발생한다. Cytochrome P450 효소체계는 친수성의 무독성대사체 또는 친전자성의 독성대사체로 소분자 시험물질을 전환하는 양면성을 가지고 있다. 이 양면성은 종마다 차이가 있어 소분자 합성의약품에 대한 독성이 종마다 차이가 유발된다. 그러나 생화학적 전환이 이루어지지 않는 바이오의약품은 자체에 대한 수용체가 존재하는 동물종이 선택된다. 만약 이에 대한 수용체가 없는 동물종을 선택하여 독성시험이 이루어지면 바이오의약품의 독성기전인 과잉 약리작용을 유도할 수가 없다. 따라서 소분자 합성의약품의 독성에 대한 종간 차이는 cytochrome P450 효소계의 동일성, 반면에 바이오의약품 경우에는 수용체 유무에 따라 독성의 종간 차이가 발생한다. 특히 소분자 합성의약품의 안전성평가 과정에서는 동물종마다 cytochrome P450 효소체계에서 차이를 고려하여 1종은 설치류 그리고 1종은 비설치류 등의 2종으로 독성시험이 수행된다. 반면에 바이오의약품은 수용체를 가진 1종의 동물종에 대한 독성시험이 이루어진다.

6. CYP450 효소에 의한 독성 종간 차이를 약물 초기탐색에 응용성은?

독성의 종간 일치율: 소분자 합성의약품에 대한 글로벌 신약의 개발과정에서 우리나라가 가장 부족한 점이 약물의 초기탐색 과정에서 cytochrome P450과 관련된 정보에 대한 무관심이라고 할 수 있다. 대부분 개발자는 약물의 초기 스크리닝을 위해 후보물질의 유효성에 맞춰 이루어진다. 그러나 비임상 독성시험에 독성이 나타나지 않았는데 임상시험에서 독성발현으로 약물의 개발에 있어서 실패하는 사례가 종종 있다. 다음은 동물에서 나타난 독성과 인체에서 나타난 독성의 동일 비율인 일치율(concordance rate) 비교를 통해 약물개발에 있어 실패 원인의 독성학적 측면으로 이해할 수 있다. 〈그림 4-1〉은 동물종에 따른 인체와의 독성 일치율의 차이를 나타낸 것이다(Olson, 2000). 후보약물 114종에 대한 임상시험을 통해 확인된 인체 독성의 221종과 5종의 동물인 개, 영장류, 흰쥐, 마우스, 기니피그 등을 이용한 114종에 대한 비임상 독성시험에서 나타난 비교를 통해 일치율 및 불일치율이 확인되었다. 설치류(흰쥐, 마우스, 기니피그)와 비설치류(개, 영장류) 등의 독성 일치율의 분석 결과, 비설치류의 일치율이 63%, 설치류 43% 일치율로 조사되었다. 독성의 종류 중 가장 높은 일치율로 나타난 것은 혈액학, 위장계, 심혈관계 독성이었으며 가장 낮은 일치율은 피부 독성이었다. 인체의 투여 기간은 다양하여 투여 기간에 따라 일치율 확인은 되지 않았지만, 독성시험은 1일, 1주일, 2주일, 1개월, 13주 그리고 6개월 이상의 투여기간이 명확하게 구분되어 일치율이 산출되었다. 인체와 동물의 독성에 대한 일치율은 독성시험에서 투여 기간 1개월이 94%로 가장 높았다. 임상시험에서 임상최대권장초기용량인 MRSD(Maximum recommended starting dose) 결정을 위해 이용되는 독성용량기술치인 NOAEL(no observed adverse effect level, 최대비독성용량)이 랫드를 이용한 13주 반복투여독성시험에서 산출된다는 측면을 고려할 때 랫드에서 약 50% 이하 일치율은 독성 예측의 어려움이 있다는 것을 의미한다. 특히 마우스는 훨씬 더 낮은 약 5% 정도의 일치율이 확인되었다. 그러나 비글견에서는 가장 높은 63% 일치율이 확인되었다. 영장류에서 221종의 독성 중 약 40종이 일치가 이루어졌지만 비글견에서는 약 135종/221종의 일치가 확인되었다.

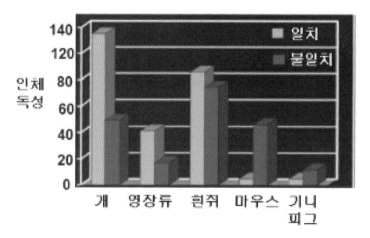

〈그림 4-1〉 동물종에 따른 임상시험 및 독성시험의 독성 일치율

소분자 합성의약품의 약리기전과 독성기전: 소분자 합성의약품은 외인성물질이기 때문에 약물대사효소계인 cytochrome P450(CYP450) 효소계에 의한 생화학적 전환을 통해 배출된다. CYP450 효소계는 수많은 아종(subfamily)이 있지만, CYP 1, CYP 2, CYP 3 계열에 의해 외인성물질이 대사된다. CYP450 효소계는 간에 주로 가장 많이 분포되어 있으며 이로 인해 간이 소분자 합

성의약품을 포함하여 유기성 외인성물질의 해독에 있어서 중심기관이 된다. 〈그림 4-2〉에서처럼 소분자 합성의약품은 체내에 들어오면 원물질(parent compound)이 단백질 및 DNA 등과 상호작용을 통해 약리작용 후 대사를 통해 배출된다. 대부분 약물은 이와 같은 경로를 통해 독성을 유발하지 않으면서 배출된다. 그러나 소분자 합성의약품의 독성은 CYP450 효소계의 양면성에 기인한다. CYP450 효소계는 생화학적 전환을 통해 체외배출로 이어지는 친수성 대사체 생성으로 무독성 기전을 유도하며, 한편으로는 친전자성대사체 생성을 통한 독성기전을 유도하는 양면성이 있다. 이와 같은 양면성의 존재는 CYP450의 유기성 화학물질이라는 기질과의 반응성에 기인한다. 만약 특정 유기성 화학물질이 인체의 특정 CYP450에 의해 친전자성대사체로 전환되면 그 화학물질은 독성물질이 된다. 예를 들어 이들 친전자성대사체는 전자-부족(electron deficient)으로 전자를 받아들이려는 화학적 특성이 있다. 이와 같은 특성으로 단백질과 DNA에서의 전자-풍부(electron sufficient)의 친핵성 부위와의 공유결합을 통해 효소활성 저해와 돌연변이 등의 독성을 유도한다(박영철, 2019). 따라서 과잉 약리작용 외 소분자 합성의약품의 또 다른 독성기전은 〈그림 4-2〉에서처럼 CYP450에 의해 친전자성대사체로의 생화학적 전환이다.

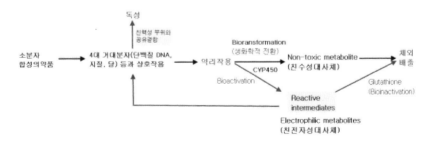

〈그림 4-2〉 소분자 합성의약품의 약리기전과 CYP450-의존성 독성기전

7. CYP450 효소에 의한 종간 독성 차이와 약물의 표적독성기
   관 기전은?

〈표 4-2〉는 cytochrome P450을 종(family), 아종(subfamily), 그리고 동종
효소(isozyme) 측면에서 사람을 포함하여 원숭이, 랫드 그리고 마우스 등의 종
간 비교한 것이다(Konstandi, 2014). 인체에서 약물대사효소군인 CYP 1, 2, 3
계열의 동질효소는 약 21종 정도로 확인되었다. 이들 CYP 계열이 각각 동물종
의 동질효소와의 차이가 있다. 예를 들어 인체 CYP 1, 2, 3의 동질효소에 대한
원숭이, 랫드 그리고 마우스 등의 CYP 동질효소와 일치율은 각각 27%, 14.3%
그리고 11.8%로 확인되었다(Konstandi, 2014). 이와 같은 일치율은 〈그림
4-1〉에서 종간 독성의 일치율인 원숭이 67%, 랫드 53%, 마우스 약 5% 정도와
비례 관계라는 것을 알 수 있다. 이는 인체와 동물종의 CYP 동질효소에 대한
일치율이 높으면 높을수록 동물종에서 발생하는 독성과 인체에서 발생하는 독
성의 일치율이 높다는 것이다. 즉, 독성시험을 통해 동물에서 발생하는 독성현
상을 임상시험에서 발생할 수 있는 독성예측에 있어서 정확도가 높은 것을 의
미한다. 따라서 인체와 동물종 간의 독성 차이는 CYP 1, 2, 3의 동질효소의 차
이에 기인하며 이는 CYP450에 의해 친전자성대사체 생성이 유도되기 때문이
다. 이와 같은 CYP 효소계열의 종간 차이 때문에 소분자 합성의약품에 대한
독성시험이 설치류 및 비설치류 각각 1종에 대해 수행된다. 이는 동물종 사이
CYP 동질효소의 차이에 의한 종간 독성 차이를 확인하여 인체 독성의 예측에
있어서 일치율을 높이기 위함이다. 반면에 소분자 의약품이 아닌 바이오의약품
경우에 동물 1종만 이용하여 독성시험이 이루어진다. 이는 바이오의약품은 생
물-유래 영양물질이므로 모든 생물체에서 동일 과정으로 대사되고 CYP 효소

계열에 의해 생화학적 전환이 이루어지지 않기 때문이다. 즉, 바이오의약품은 친전자성대사체 생성과 관련된 생화학적 전환 과정에 해당이 없다. 또한, 소분자 합성의약품의 표적기관에 대한 독성기전은 ① 세포막 또는 세포 내 수용체의 존재, ② 친전자성대사체 생성을 유도하는 CYP450 효소 등 2가지로 요약된다. 독성기전 중 ① 기전은 소분자 합성의약품의 유효용량 이상 농도의 축적에 기인한 과잉 약리작용의 원인이 된다. 독성기전 중 ② 기전은 CYP 1, 2, 3 효소 계열의 분포가 개체의 세포 및 조직마다 다르다는 점에서 기인한다. 소분자 합성의약품을 친전자성대사체의 생화학적 전환을 유도하는 CYP450 효소가 존재하는 세포와 조직이 독성의 표적기관이 된다.

〈표 4-2〉 인체 및 동물종에서 CYP 동질효소의 종류와 일치율 비교

CYP family	CYP subfamily	CYP isozyme			
		Human	Monkey	Rat	Mouse
CYP1	CYP1A	CYP1A1	CYP1A1	CYP1A1	CYP1A1
		CYP1A2	CYP1A2	CYP1A2	CYP1A2
	CYP1B	CYP1B1	CYP1B1	CYP1B1	CYP1B1
CYP2	CYP2A	CYP2A6	CYP2A23	CYP2A1	CYP2A4
		CYP2A7	CYP2A24	CYP2A2	CYP2A5
		CYP2A13		CYP2A3	CYP2A12
					CYP2A22
	CYP2B	CYP2B6	CYP2B17	CYP2B1	CYP2B9
		CYP2B7		CYP2B2	CYP2B10
				CYP2B3	
	CYP2C	CYP2C8	CYP2C20	CYP2C6	CYP2C29
		CYP2C9	CYP2C43	CYP2C7	CYP2C37
		CYP2C18		CYP2C11	CYP2C38
		CYP2C19		CYP2C12	CYP2C39
				CYP2C13	CYP2C40
				CYP2C22	CYP2C44

CYP family	CYP subfamily	CYP isozyme			
		Human	Monkey	Rat	Mouse
				CYP2C23	CYP2C50
					CYP2C50
					CYP2C55
	CYP2D	CYP2D6	CYP2D17	CYP2D1	CYP2D9
		CYP2D7	CYP2D19	CYP2D2	CYP2D10
		CYP2D8	CYP2D29	CYP2D3	CYP2D11
			CYP2D30	CYP2D4	CYP2D12
			CYP2D42	CYP2D5	CYP2D13
				CYP2D18	CYP2D22
					CYP2D26
					CYP2D34
					CYP2D40
	CYP2E	CYP2E1	CYP2E1	CYP2E1	CYP2E1
CYP3	CYP3A	CYP3A4	CYP3A8	CYP3A1	CYP3A11
		CYP3A5		CYP3A2	CYP3A13
		CYP3A7		CYP3A9	CYP3A16
		CYP3A43		CYP3A18	CYP3A25
				CYP3A62	CYP3A41
					CYP3A44
인체 CYP에 대한 일치율			4/15 = 27%	4/28 = 14.3%	4/34 = 11.8%

(Konstandi, 2014)

8. CYP450 효소와 관련하여 인공지능(AI)의 약물 탐색에 있어서 취약점은?

소분자 합성의약품-기반 신약개발에 있어서 시간으로 15년, 비용으로는 수천억에서 2조 원 정도로 소요된다. 신약개발의 5천에서 1만여 프로젝트 중 1개의 프로젝트만이 성공한다(강수임, 2023). 신약개발에서 시간과 비용을 절감하기 위해 생물학적인 분자 메커니즘(systemic biological pathway)에 대한 빅데이터와 합성 가능한 케미컬 라이브러리 등의 구축을 통한 인공지능(artificial intelligence, AI) 활용이 제시되고 있다. 이를 기반으로 AI는 단백질-리간드 상호작용(drug-target interaction) 예측의 가상탐색(virtual screening) 기술을 통해 타깃 리간드인 적절한 유효물질을 찾거나 유효물질을 설계하게 된다. 비록 AI를 통해 유력한 유효물질을 제시하였더라도 생체 내에서 CYP450 효소계에 의해 aldehyde, ketone, epoxide, arene oxide, sulfoxide, nitrocompound, phosphonate 그리고 acyl halide 등과 같은 친전자성 구조 또는 작용기를 가지는 친전자성대사체로의 전환에 대한 예측은 불가능하다. 이는 AI가 표적수용체에 대한 소분자 합성의약품의 약리기전 측면에서 역할이 가능하지만, 독성기전 측면을 고려한 후보물질을 탐색은 일부를 제외하고 소분자에 대해서는 전반적으로 불가능하다(Guengerich, 2007; Guengerich, 2020). 따라서 AI의 약물 스크리닝에 있어서 CYP450에 의한 친전자성대사체로의 전환 여부를 독성기전 측면에서 확인되어야 하며 이에 대한 보완대책이 필요하다.

9. 약물 모달리티에 따른 동태학적 측면에 대한 접근은?

소분자 합성의약품의 경우에는 약물 동태학적 지표(pharmacokinetic parameter)를 통해 임상시험의 동태학적 예측이 이루어지지만, 바이오의약품 경우에는 분포(distribution)가 동태학적 측면에서 중요하다. 앞서 언급하였지만, 최초 인체대상 임상시험(first in human, FIH) 용량설정에 있어서 동물용량을 인체용량으로 전환할 때 MRSD(maximum recommended starting dose, 임상최대권장초기용량)가 응용된다. 그러나 보다 정확성과 안전성을 위해 시간당 용량 변화의 약동학적 접근방법인 약동-약력학적(Pharmacokinetic/pharmacodynamic, PK/PD) 모델의 응용이 증가하고 있다. PK/PD 모델은 시뮬레이션을 통해 치료용량 영역을 기반으로 최상위 용량제한(upper dose limit) 및 임상시험에서 치료용량상향결정(dose escalation decision)에 도움이 된다. 또한 PK/PD 모델은 인체에서 예측 정확성을 높이기 위해 종간 차이를 보정이 가능한 근거를 제공한다. PK/PD 모델은 1) 생리학적 약물동태 모델(physiological-based pharmacokinetic, PBPK)과 2) 상대변화측정법(allometric scaling) 등이 있다(Shen 등, 2019). 약물은 혈류에 의해 신체의 전체 장기로 이동한다. 이와 같은 이동에 있어서 각각의 장기 구조와 다양한 생체 내 요인들을 고려하여 약물 동태를 확인하는 것이 PBPK 모델이다. 생체의 크기를 기반하여 형태와 기능, 현상 등과의 관계에 대해 수학적으로 청소율을 예측하는 방법이 상대변화측정법(allometric scaling)이다. 이를 기반으로 종간 차이에 대한 어떠한 패턴이나 규칙을 찾아 동물자료의 인체 외삽으로 청소율을 예측하는 방법이 상대변화상향법(allometric scaled-up)이다. 약물의 동태 지표인 최고혈중농도(maximum plasma concentration, C_{max})와 혈중농도-시간곡선하면적(area under the plasma concentration-time curve, AUC)은 노출안전역(margin of exposure, MOE) 설정에 응용된다. 시험군의 평균 AUC 또는 평균 C_{max}가 임상시험용량의 50배일 때 50-fold MOE이라고 한다. 이때 AUC 단위는 mg/L이며 용량단위는 mg/kg이 된다. 이와 같은 50-fold MOE는 제3상임상시험에서 너무 높은 용량의 사용을 제한하는 제한용량(limit dose)의 기준이 된다. 이러한 이유로 제한용량 설정을 위해 적어도 하나의 동물종에서 용량-제한 독성(dose-limiting toxicity)이 유도되어야 한다(ICH M3(R2), 2013).

반면에 세포치료제 또는 유전자치료제 등의 일부 바이오의약품은 표적기관에 주사로 투여되기 때문에 전신혈관계의 농도 측정을 통해서 PK 지표를 확보할 수 없다. 이에 바이오의약품에 대해서는 PK 지표 대신에 개체의 체내분포(biodistribution)가 확인된다. 체내분포 시험은 적절한 동물종을 이용하여 주입되는 조직 및 기관 내의 위치, 이동, 잔존기간에 대한 자료를 안전성 및 유효성 측면에서 확보하는 시험이다. 체내분포는 설치류, 영장류 그리고 질환동물모델 등에서 방사선동위원소, 형광 및 나노입자를 이용한 영상 분석, 정량 PCR(quantitative real-time), 또는 면역 조직화학적 방법 등 다양한 분자생물학적 분석을 통하여 이루어진다. 특히 주입 후 세포 및 유전자의 운명을 확인하는 것은 세포의 생착이나 유전자의 잔존과 활성 간의 관계를 입증하고 치료제의 작용기전 분석에 있어서 도움이 된다.

10. 약물 모달리티와 동물종 선택에서 독성시험 항목의 차이는?

앞서 비임상시험의 목적을 5가지로 요약하였으며 독성항목의 차이점은 크게 3가지 측면에서 이해할 수 있다. 비임상시험의 목적을 달성하기 위해서 첫 번째로 IND 통과에 필수적인 독성시험 항목을 소분자(small molecule) 합성의 약품과 대분자(large molecule)의 바이오의약품 등의 약물 모달리티별로 구분한 것이다(Shen 등, 2019). 두 번째로 심장계, 신경계, 암 그리고 휘귀질환 등과 같은 질환에 대해 정확한 안전역(safety margin) 추정이 중요하기 때문에 유효성 및 독성의 용량-관계 특성에 대해 확실한 이해를 위해 추가적인 평가 요소에 대한 고려가 필요하다. 세 번째로 임상시험에 있어서 투여용량 설정에 결정적인 역할뿐만 아니라 건강한 성인의 위해를 예방하기 위해 독성시험을 통한 다양한 지표와 정보를 얻기 위해 적절한 독성시험 디자인과 수행이 필요하다. 〈표 4-3〉은 미국 식품의약국(FDA)이 주도하는 의약품국제규제조화위원회(International Council for Harmonization of Technical Requirements for Pharmaceuticals for Human Use, ICH)에 의해 제시된 소분자 합성의약품과 바이오의약품 등의 약물 모달리티별 IND를 위한 비임상시험에서 차이를 나타낸 것이며 추가적인 요소 및 고려할 사항은 다음과 같이 요약할 수 있다.

- 바이오의약품의 독성은 약리작용의 과잉으로 발생하기 때문에 비표적 독성 및 전신독성에 대한 위험성이 낮다. 이는 바이오의약품 경우에 명확한 표적이 있고 표적 부위에 중점적으로 투여되기 때문이다. 이와 같은 이유로 소분자 합성의약품이 설치류 및 비설치류 등 2종 동물을 통해 단회 및 반복투여독성시험이 이루어지지만, 바이오의약품 경우에는 반복투여독성시험에 대한 1종 동물에 대해서 이루어진다. 대부분 비글견이 사용되지만, 약리작용에 더 적절하다면 미니피그도 사용이 가능하다.
- 비자연적으로 발생하는 아미노산, 핵산 그리고 무기질 링커(non-naturally occurring amino acids, nucleic acids, or inorganic linkers)를 함유한 바이오의약품 경우에는 부분적으로 유전독성시험이 요구될 수 있다. 그러나 대부분 바이오의약품은 세포나 핵 속으로 유입되기에는 크기가 너무 커서 유전독성을 유발하기는 어렵다. 따라서 바이오의약품은 유전독성이 요구되지 않는다.
- 일반적으로 합성의약품이나 바이오의약품의 2종의 동물로 비임상 독성시험이 수행되지만, ICH S6 (R1) 가이드라인에 따르면 바이오의약품 경우에는 반복투여독성시험에서 1종만 사용된다. 이는 바이오의약품은 인체의 약리작용 표적기관에 고도로 특이적이기 때문에 이에 적합한 동물종을 찾기 어려움에 기인한다(Buckley 등, 2020; ICH S6-R1).
- 교차반응(cross-reactivity)이란 어떤 항원에 의하여 만들어진 항체가 그 항원과 성질이 비슷한 다른 물질에 대하여 반응하는 것을 의미한다. 그리고 조직 교차-반응성(tissue cross-reactivity, TCR)이란 시험 약물이 예상하지 못했던 표적인 off-target(탈표적)에 결합하는 반응을 의미한다. 특히 바이오의약품 중 항체의약품이 인체 조직에서 결합 부위와의 결합특성을 평가하는 것이 좋은 예시이다. 항체의약품이 예상한 표적(on target)에만 결합하는 특이성(specificity)과 예상하지 못한 다른 표적에 결합하는 비특이성(non-specificity)을 확

인하는 시험이다. 특이성이 있다면 안전성이 높고 인체에서도 이와 같은 특이성 예측이 가능하다. 이와 같은 조직 교차-반응성의 첫 번째 목적은 항체의약품의 off-target 결합을 확인하는 것이고 두 번째 목적은 비임상시험 결과와 인체와의 연관성을 확인하는 것이다. 교차반응시험을 통한 종간 특이성은 체내 표적물질 이외의 다른 세포나 조직에 결합하여 독성을 초래할 가능성이 매우 낮음을 시사한다. 이와 같은 이유로 항체의약품의 조직 교차반응은 독성시험에서 적절한 동물종 선택에 중요한 결정 요소이다. 예를 들어 바이오의약품이 설치류 및 비설치류 종 모두에서 교차반응이 있다면 항체의약품의 비특이적 반응을 의미하며 두 종 모두 연구에 사용되어야 한다. 다른 예시로 면역항암제의 경우에 표적 종양에 대한 종양 특이성이 높다면 암조직 외의 정상적인 조직에 심각한 전신독성(systemic toxicity)을 유발하지 않는다. 즉, 환자 투약에 의한 부작용을 극복하여 독성을 최소화할 수 있다는 의미이다. 만약 다회투여(multidose)의 바이오의약품이 단지 하나의 동물종에서 교차반응이 있다면 그 동물종만 시험에 이용이 된다. 바이오의약품에 대한 단일 종에서 교차반응이 발생하는 현상은 영장류(non-human primate)에서 대부분 발생한다. 그리고 바이오의약품이 어떤 종에서도 교차반응이 발생하지 않는다면 비임상시험을 위한 적절한 동물종이 없다는 것이다. 이러한 경우에 형질전환동물모델(Namdari 등, 2021) 또는 바이오의약품의 교체가 고려되어야 한다.

• 안전성약리시험은 합성의약품과 바이오의약품 등 모두 항암 바이오의약품에 대한 안전성약리시험은 반복투여독성시험에서 평가될 수 있다.

〈표 4-3〉 약물 모달리티별 첫 임상투여를 위한 ICH의 비임상 독성시험

Study type	Small molecules	Large molecules[a]	GLP compliance Requirement
Pharmacodynamics			No
In vitro (MOA)	X	X	
In vivo (MOA and therapeutic effect)	X	X	
Safety pharmacology (ICH S7A[62] and S7B[63])			Yes
In vitro (concentration-effect relationship)	X	X	
In vivo (dose-response for CNS, CV, respiratory effects)	X	X	
Pharmacokinetics (ICH M3(R2)[6])			
In vitro metabolism (across species microsomal metabolism)	X	NA	No
In vitro plasma protein binding	X	NA	No

Study type	Small molecules	Large molecules[a]	GLP compliance Requirement
Toxicokinetics from repeat dose GLP toxicity studies (ICH S3A[64])	X	X	Yes
Genotoxicity battery (ICH S2(R1)[7])			Yes
In vitro Ames test	X	*[b]	
In vitro and/or in vivo mammalian cell chromosomal damage evaluation	X	*[b]	
Single-dose / dose range finding			No and Yes[c]
Rodent single-dose (could be MTD study)	X	NA	
Nonrodent single-dose (could be MTD study)	X[e]	X[f]	
Repeat dose toxicity[d] (ICH M3(R2)[6])			Yes
Rodent multidose	X	Optional[g]	
Nonrodent multidose	X[e]	X[f]	
Other studies			No
Immunotoxicity (ICH S8[65])	X	X	
Photosafety (ICH S10[10])	X	X	
Abuse liability[h]	X	X	

CNS, central nervous system; CV, cardiovascular; FIH, first-in-human; GLP, good laboratory practice; ICH, International Conference on Harmonization; MOA, mechanism of action; MTD, maximum tolerated dose; NA, not applicable.

[a]Refer to ICH S6 (R1).[7]

[b]Not typically required.

[c]If single-dose study is pivotal (i.e., used to support a single-dose FIH trial), it should be GLP compliant, which is more typical for large molecules.

[d]Duration and dosing route dependent on clinical trial design (Table 1 in ref. 6).

[e]Species selection dependent on similarity in metabolism to humans.

[f]Often nonhuman primate or minipig; dependent on presence of target and relative potency of the drug candidate against the target.

[g]Tissue cross-reactivity dictates which species should be studied. If the biologic is cross-reactive in both rodents/nonrodents, then both species should be studied. If the biologic is cross-reactive in only one species (most often nonhuman primate), then only that species is studied. If the biologic is not cross-reactive to any species, then consider a transgenic or surrogate biologic.

[h]For drugs with abuse potential based on MOA/similarity to known drugs of abuse.

(Shen 등, 2019)

제5장

약물 모달리티의 특성과 독성기전의 차이에 대한 요약

1. 소분자 합성의약품과 바이오의약품의 핵심적인 차이점은?

기본적으로 합성의약품과 바이오의약품을 포함한 대분자의 차이를 다양한 측면에서 비교하여 〈표 5-1〉에 간략히 요약되었다. 이러한 차이로 임상시험에서 인체 안전성을 확보하는 독성시험에서도 차이가 존재한다. 그러나 대분자도 다양한 종류가 존재하여 일반적인 독성시험의 표준 항목(standard toxicity test)과는 차이가 있다.

〈표 5-1〉소분자 합성의약품과 바이오의약품의 다양한 측면에서 차이

	소분자 합성의약품	바이오의약품을 포함한 대분자
분자량	1000달톤 이하의 소분자	20000에서 300000달톤 이상의 대분자를 비롯하여 유전자 및 세포치료제가 포함됨
제조 및 공정단계	대부분 유기물질로 합성되며 소수의 단계	세포 또는 생물체로부터 얻거나 생명공학적 기술에 의해 생성하며 다수의 공정 단계
특징	명확함	복잡함
구조	확실함	명확 또는 불명확 등 다양성
개별 약물	동등성	유사성

	소분자 합성의약품	바이오의약품을 포함한 대분자
대사	유기합성물질의 대부분은 외인성 물질이므로 이들의 대사를 담당하는 cytochrome P450 효소가 핵심 역할을 하는 생화학적 전환(biotransformation) 체계에 의해 이루어짐	바이오의약품은 생체를 구성하는 당, 단백질, 지질, 핵산 등의 거대분자와 동일한 성분으로 생물체 내에서 동일 대사과정. 또한, 세포치료제 역시 자가분해(autolysis)되어 타 세포에 영양분으로 공급되거나 biotransformation 과정이 없음
경구 투여	대부분	90% 이상이 기타 경로
약물의 동태	C_{max}, T_{max} 그리고 AUC 등	국소 주입 후 없어지는 시간 및 타 장소로의 이동 확인
유전독성	DNA 공유결합 또는 산화적 손상에 의해 유도됨	거의 없음
면역원성	거의 없음	자주 확인되며 oligopeptide나 polypeptide가 이에 해당됨
종양원성	없음	줄기세포의 분화 오류 및 유전자의 삽입에 의한 가능성이 있으며 주로 유전자 및 세포치료제가 이에 해당
독성기전	독성대사체 및 과잉 약리작용으로 전신독성기전	단순히 과잉 약리작용에 의한 독성으로 국소독성기전
임상예정용량 결정을 위한 독성시험의 지표	NOAEL	NOAEL 및 MABEL

2. 약물 모달리티에 따른 독성과 유효성의 용량-반응 관계에서 차이는?

일반적으로 대부분 약물에 대한 용량-반응 관계는 〈그림 5-1〉의 B)와 같이 유효성(efficacy) 및 독성(toxicity)에 대한 용량-반응곡선이 구분되어 있다. 이와 같은 용량-반응 관계의 차이는 유효성 지표와 독성의 지표가 서로 다르기 때문이다. 예를 들어 유효성은 혈장 고지혈에 대한 용량-반응 관계이며 독성은 간독성 지표에 대한 용량-반응 관계이다. 대부분의 소분자 합성의약품은 유효성과 독성의 용량-반응 관계의 곡선이 분리되어 나타난다. 이는 소분자 약물이 전신혈관계를 통해 전신 분포에 기인한다. 반면에 바이오의약품은 국소로 주입되기 때문에 전신혈관계로 이동이 되지는 않는다. 또한, 소분자 합성의약품보다 높은 표적-특이성 때문에 고용량에 의한 과잉 약리작용으로 독성을 유발할 가능성이 있다. 이러한 이유로 바이오의약품은 저용량 영역에서는 유효성의 용량-반응 관계로 나타나지만, 고용량 영역에서는 유효성의 과부하로 독성으로 전환된다. 결과적으로 바이오의약품 경우에는 유효성과 독성의 용량-반응 관계가 〈그림 5-1〉의 B)와 같이 동일 곡선 내에 존재한다. 특히 바이오의약품 중 성장호르몬(growth hormone), 사이토카인(cytokine) 그리고 단일클론항체(monoclonal antibody) 등은 기타 바이오의약품 및 유전자·세포 치료제보다 더욱 민감하고 확연하게 나타난다(Zhao 등, 2012). 따라서 이들에 대한 독성시험을 통한 MRSD(maximum recommended starting dose, 임상최대권장초기용량) 설정은 〈그림 5-1〉의 A)에서처럼 MABEL(minimum anticipated

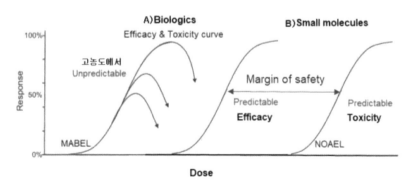

〈그림 5-1〉 바이오의약품(A)과 합성의약품(B)의 유효성(efficacy) 및 독성(toxicity)의 용량-반응곡선
(dose-response curve)

biological effect level, 최소기대생물학적유효용량)이 응용되어 추정된다. 반면에 바이오의약품 중 세포치료제와 유전자치료제 그리고 합성의약품 등은 〈그림 5-1〉의 A)에서처럼 NOAEL(no observed adverse effect level, 최대비독성용량)이 MRSD 추정에 응용된다.

3. 약물의 다양한 모달리티에 대해 요약을 서술한다면?

• 소분자 합성의약품: 전 세계적으로 신약개발에서 합성의약품 대 바이오의약품의 비율은 약 7:3 정도이다. 여전히 합성의약품이 신약개발 및 시장 규모에 있어서 앞서고 있다. 합성의약품의 가장 큰 장점은 약물의 저분자량 및 구조의 단순함에 기인한다. 이와 같은 요인은 쉽게 독성동태학적 및 독력학적 예측을 가능하게 하여 복용량 설정이 복잡하지 않다. 특히 바이오의약품과 비교하여 환자 복용 측면에서 접근성이 훨씬 좋을 뿐만 아니라 보관 및 장거리 이동 등이 쉽다. 예를 들어 단백질 바이오의약품의 경우에는 단백질이 장내에서 분해되어 약리작용이 불가능하며 보관에도 문제가 있다. 또한, 합성의약품은 구조가 간단하여 합성 및 생산도 쉽게 가능하다.

• 바이오의약품: 바이오의약품의 중요한 장점은 합성의약품으로 치료가 쉽지 않거나 불가능한 질환에 대한 치료 가능성이다. 예를 들어 박테리아 또는 암세포 등은 약물 내성을 가질 수 있으며 질환 치료가 어렵다. 바이오의약품은 약물 내성을 갖지 않기 때문에, 환자의 내성 상황에서 질환 치료에 도움이 된다. 또한, 합성의약품은 여러 약물과 동시에 투약되는 경우가 많으며 이에 의해 여러 약물이 활성 및 대사에서 서로 영향을 주어 약물-약물 상호작용(drug-drug interaction, DDI)이 흔히 발생한다. 그러나 바이오의약품은 대사 과정이 없어 DDI에 의한 부작용 등 위험성이 낮다.

4. Therapeutics와 modality의 차이점은?

바이오의약품은 세포, 조직 그리고 미생물, 동물을 비롯하여 인체 등 생물체에서 획득하여 과정을 거친 치료제를 의미한다. 바이오의약품의 원료들인 펩타이드, 핵산 그리고 효소 등이 생물 체내의 것과 유사하거나 동일하다. 그러나 화학적으로 합성되었다면 대분자(large molecule)에 포함되지만, 바이오의약품으로 분류되지는 않는다. 이러한 점을 고려하면 그 기원의 확인이 쉽지 않기 때문에 therapeutics(치료법)라는 용어로 전체를 대표할 수 있다. 만약 핵산(nucleic acid)이 화학적 합성 또는 생물체 유래에 대한 우선적 분류도 없고 이들 모두를 포함하여 전체로 분류한다면 nucleic acid 또는 nucelotide therapeutics(핵산 치료법)로 분류된다(Chhabra, 2021). 이와 같은 정의를 기반으로 다양한 치료법 전체를 약물 모달리티라고 하며 이러한 기준으로 제6장에서 장단점을 논하였다.

5. 바이오의약품 개발과 관련하여 용어 차이는?

용어의 일치는 대단히 중요하다. 연구자, 규제기관 그리고 독성시험-수행기관 등의 용어 일치는 개발 및 인허가 과정에서 혼돈을 초래할 가능성을 예방하고 불필요한 시간과 비용의 감소에 도움이 된다. 그러나 2000년대에 접어들어 바이오의약품의 등장 후 새로운 약물이 다양하게 개발되고 있으며 분류체계는 국가 및 국제기구 등에서 차이가 있다. 예를 들어 ICH와 FDA의 분류체계에서도 다소 차이가 있다. 저술의 전체 내용에서는 소분자 합성의약품과 바이오의약품으로 분류하였고 이에 속하는 치료제로 설명되었다. 〈표 5-2〉는 인허가 과정에서 참고할 바이오의약품과 관련한 용어의 정의를 생물학적제제 등의 품목 허가 · 심사 규정(식약처, 2022)에서 발췌하여 서술한 것이다.

〈표 5-2〉 생물학적제제 등의 품목허가 · 심사 규정에서 다양한 바이오의약품의 정의 요약

바이오의약품과 관련된 용어	식약처 정의	바이오의약품의 치료제 예시
• 신약	• 국내에서 이미 허가된 의약품과는 화학구조 또는 본질 조성이 전혀 새로운 신물질 의약품 또는 신물질을 유효성분으로 함유한 복합제제 의약품	바이오의약품 (biologics) 바이오베터 (biobetter)
• 자료제출의약품	• 신약이 아닌 의약품이면서 이 규정에 의한 안전성 · 유효성 심사가 필요한 품목	바이오시밀러 (biosimilar)
• 생물의약품	• 사람이나 다른 생물체에서 유래된 것을 원료 또는 재료로 하여 제조한 의약품으로서 보건위생상 특별한 주의가 필요한 의약품을 말하며, 생물학적제제, 유전자재조합의약품, 세포배양의약품, 첨단바이오의약품, 기타 식품의약품안전처장이 인정하는 제제를 포함	바이오의약품 (biologics)
• 동등생물의약품	• 이미 제조판매 · 수입품목 허가를 받은 품목과 품질 및 비임상 · 임상적 비교동등성이 입증된 생물의약품	바이오시밀러 (biosimilar)

바이오의약품과 관련된 용어	식약처 정의	바이오의약품의 치료제 예시
• 개량생물의약품	• 다음 각 목의 어느 하나에 해당하는 변경으로 이미 허가된 생물의약품에 비교하여 안전성·유효성 또는 유용성(복약순응도·편리성 등)dl 개선되었거나 의약기술에 있어 진보성이 있다고 식품의약품안전처장이 인정한 의약품 1. 유효성분의 종류 또는 배합비율 2. 투여경로 3. 제제학적 개선을 통한 제형, 함량 용법·용량 4. 명백하게 다른 효능효과를 추가	바이오베터 (biobetter)
• 생물학적제제	• 생물체에서 유래된 물질이나 생물체를 이용하여 생성시킨 물질을 포함한 의약품으로서 물리적·화학적 시험만으로는 그 역가와 안전성을 평가할 수 없는 백신·혈장분획제제 및 항독소 등을 말함	백신제제 (vaccine)
• 유전자재조합의 약품	• 재조합의약품이라고 불리며 유전자조작기술을 이용하여 제조되는 펩타이드 또는 단백질 등을 유효성분으로 하는 의약품	바이오의약품 (biologics)
• 세포배양의약품	• 세포배양기술을 이용하여 제조되는 펩타이드 또는 단백질 등을 유효성분으로 하는 의약품	바이오의약품 (biologics)

제6장

약물 모달리티의 장단점과
독성시험 제출자료

1. 소분자 합성의약품과 개량신약의 장단점과 독성시험 제출 자료는?

1) 소분자 합성의약품(small molecules)

소분자 합성의약품은 경구로 투여 후 약리작용이 가능한 의약품이다. 즉, 소장의 모세혈관을 통해 전신혈관계로의 유입을 위해서는 리핀스키 룰(Lipinski's rule)에 의해 결정된다. 리핀스키 룰이란 일반적으로 아래와 같이 4가지 조건 중에 2가지 이상 벗어나면 합성의약품으로 분류되지 않는 것으로 정의되며 장단점은 〈표 6-1〉과 같다. 그러나 약물의 소분자란 원자의 분자량이 100 이하로 구성된 분자를 의미한다.

- 분자량이 500 이하이지만 일반적으로 1000 이하를 지칭
- 질소-수소(nitrogen-hydrogen) 또는 산소-수소(oxygen-hydrogen) 결합 등을 형성하는 수소결합주개(hydrogen bond donor groups)의 5개보다 적음
- 수소결합받개(hydrogen bond acceptor group)가 10개 이하
- 옥탄올-물 분배계수(octanol-water partition coefficient, ClogP)가 5 이하

장점	단점
• 생체막을 쉽게 통과 가능한 크기 • 체내 쉽게 흡수, 분포 및 배출 • 합성이 용이함 • 저렴한 가격	• 비표적(off-target)이면서 특이성이 없음 • 바이오의약품보다 독성이 강함 • 다른 치료제보다 짧은 반감기 • 작용기전의 확장성에 있어서 제한성 • Cytochrome P450에 의해 대사되어 독성대사체로 전환 가능성

2) 개량신약

개량신약과 자료제출의약품: 여기서 언급되는 개량신약(incrementally modified drugs)은 소분자 합성의약품의 기반이다. 식약처의 의약품 품목허가 · 신고 심사규정(식약처, 2021)과 의약품 등의 안전성 · 유효성 심사에 관한 규정(식약처, 2007)에 따르면 의약품의 분류에 따라 안전성 · 유효성 자료 제출 정도에서 차이가 있다. 〈표 6-2〉와 같이 신약 경우에는 '안전성 · 유효성 심사에 관한 규정'에 따라 모든 안전성 · 유효성 자료를 제출하여야 한다. 자료제출의약품은 신약과 같이 모든 안전성 · 유효성 자료를 제출하는 의약품은 아니지만, 일부 안전성 · 유효성 자료를 제출하는 의약품을 말한다. 개량신약도 자료제출의약품이다.

〈표 6-2〉 의약품 허가 시 자료제출 정도에 따른 의약품의 분류

대분류	중분류		의약품 소분류
	자료제출 정도에 따른 분류		
의약품	안전성 · 유효성 자료 제출의약품	모든 안전성 · 유효성 자료제출의약품	신약
		일부 안전성 · 유효성 자료제출의약품	자료제출의약품
		의약품동등성시험	제네릭 의약품
	안전성 · 유효성 자료 제출면제의약품	공정서 수재 품목	
		표준제조기준에 맞는 품목	
		신고대상 고시 품목	

개량신약의 분류와 예시: 일부 안전성 · 유효성 자료제출의약품으로는 개량신약이 대표적이다. 개량신약에 대한 분류는 현재 국제적으로 통일되어 사용하는 것이 없다. 개량하고자 하는 기술의 성격별로 분류하는 것이 합리적이며 〈표 6-3〉은 이를 기반으로 개량신약의 분류와 개념을 서술한 것이다. 개량신약이란 의약품의 품목허가 · 신고 · 심사 규정에 따른 자료제출의약품 중 안전성 · 유효성 · 유용성(복약순응도 · 편리성 등)에 있어 이미 허가(신고)된 의약품에 비해 개량되었거나 의약기술에 있어 진보성이 있다고 식약처가 인정한 의약품을 의미한다(식약처, 2022). 개량신약은 기술적으로는 신약과 제네릭 의약품의 중간에 위치하는데 경제적 관점에서 볼 때 개발의 가치가 충분하다고 할 수 있다. 예를 들어 개량신약 개발에는 신약개발보다는 훨씬 적은 비용이 소요되며, 일단 개발에 성공하는 경우에 독점적 위치가 보장되어 제네릭 의약품보다 약물의 시장 측면에서 훨씬 더 유리한 위치를 점유할 수가 있다.

〈표 6-3〉개량신약의 분류와 개념

개량신약 분류	개념
물질변형 개량신약	이미 허가된 신약과 동일한 유효성분의 새로운 염 또는 이성체 의약품으로 국내에서 처음 허가된 전문의약품
신규제제/제형 개량신약	유효성분 및 투여경로는 동일하지만 제제 개선을 통해 제형, 함량 또는 용법·용량이 다른 전문의약품
신규용도 개량신약	이미 허가된 의약품과 유효성분 및 투여경로는 동일하지만 명백하게 다른 효능·효과를 추가한 전문의약품
신규복합제 개량신약	이미 허가된 의약품과 유효성분의 종류 또는 배합비율이 다른 전문의약품
신규투여경로 개량신약	이미 허가된 의약품과 유효성분은 동일하지만 투여경로가 다른 전문의약품

이와 같은 자료제출의약품으로 분류되는 개량신약의 분류에 따라 적용된 기술이나 제품 특성에 대해 〈표 6-4〉를 통해 확인이 가능하다(Bric, 2006). 〈표 6-4〉는 이와 같은 요건에 따라 개량신약을 분류한 것으로 물질변형, 신규제제/제형, 신규용도, 신규복합제 개량신약 그리고 신규 투여경로의 개량신약 등으로 분류된다. 식약처의 개량신약 허가사례집에 따르면 지난 2009년부터 2021년까지 13년간 허가된 개량신약은 총 125종 의약품으로 이에 대한 현황이 상세히 조사되었다. 보고서에 따르면 개량신약 10종 중 6품목은 유효성분의 종류 또는 배합비율이 다른 복합제의 신규 복합제 개량신약이었다. 이는 최근 들어 고령층의 증가로 고혈압, 고지혈증, 당뇨병 등의 만성질환 유병률이 지속적으로 증가함에 따라 여러 종류의 약을 한 번에 복용할 수 있도록 투약 단순화에 기인하는 것으로 추정된다(이혜경, 2022).

분류	기술	특징 및 예시
물질변형 개량신약	New salt(신규염), prodrug or ester(프로드럭 또는 에스테르), new complex, chelate, clathrate or solvate(새로운 복합체 또는 용매화물), racemate or enantiomer(라세메이트 또는 단일이성체), 신규 결정형(polymorphism), 대사체(metabolite)	변형된 물질의 특성에 따라 기존 물질과 동등한 PK profile을 나타내는 경우와 다른 PK profile을 나타내는 경우가 있음
신규제제/제형 개량신약	Bioinequivalent formulation(서방 또는 속방 제제), change in strength(고함량, 저함량), change in dosing regimen(예: 1일 3회 → 1일 1회), change in dosage form or route of administration(예: 경구용→패취제)	동일용량, 동일 PK profile, 동일투여경로 등으로 제제화에 따른 부형제만 다른 경우는 제외
신규용도 개량신약	알려진 제품의 새로운 용도의 추가	새로운 용도에 대한 임상시험 필요. 미국에서는 신규용도에 대한 3년의 독점기간 부여
신규 복합제 개량신약	이미 알려진 두 가지 이상의 성분을 하나의 제품으로 만들어 복용의 편리성을 도모한 복합제	복합투여에 대한 충분한 임상적용 예가 있는 경우 허가 절차가 간소화됨
신규 투여경로 개량신약	투여경로를 변경하여 약물에 대한 순응성과 편의성을 개선. 국내에서는 지난 10여 년 동안 4개의 의약품이 투여경로를 다르게 하여 허가를 받음	알츠하이머형 치매증상 치료에 사용되는 주성분 '도네페질'을 정제에서 경피흡수제로 투여경로 및 제형을 변경하면서 1일 1회 투여를 주 2회로 개선하는 등 유용성(순응도, 편의성)을 개선했다는 평가

3) 소분자 합성의약품과 개량신약의 독성시험 제출자료

의약품 등의 안전성·유효성 심사에 관한 규정(식약처, 2007)에 따르면 안전성·유효성 자료제출의약품의 안전성 평가를 위해서는 (가) 단회투여독성시험자료, (나) 반복투여독성시험자료, (다) 유전독성시험자료, (라) 생식·발생독성시험자료, (마) 발암성시험자료, (바) 기타독성시험자료 - (1) 국소독성, (2) 의존성시험자료, 그리고 (3) 항원성 및 면역독성 등의 독성시험자료가 제출되어야 한다. 신약 경우에 대부분 자료를 제출해야 하지만 개별 의약품에 따라 조건이 다를 수 있다. 즉, 제출하는 것이 무의미하거나 불가능한 경우에 면제할 수 있다. 개량신약의 자료제출 범위는 신약의 자료 중 일부 자료만 제출하면 된다. 〈표 6-5〉는 신약과 개량신약이 포함된 자료제출의약품과 독성시험 제출자료의 비교를 통해 항목 차이가 확연히 나타나는 것을 확인할 수 있다.

〈표 6-5〉 소분자 합성의약품의 신약과 개량신약 제출자료의 범위(천연물 신약 포함)

구분	제출자료	독성시험 자료					바		
		가	나	다	라	마	(1)	(2)	(3)
I. 신약									
1. 화학구조 또는 본질조성이 전혀 새로운 신물질 의약품		○	○	○	○	△	△	△	△
2. 화학구조 또는 본질조성이 전혀 새로운 신물질을 유효성분으로 함유한 복합제제 의약품		○̇	○̇	○	○	△	△̇	△	△
3. 제1호 및 제2호에 해당하는 의약품 중 방사성의약품		○	×	×	×	×	×	×	×
II. 자료제출의약품									
1. 새로운 효능군 의약품(이성체 및 염류 등 포함)		※	×	×	×	×	△	△	△
2. 유효성분의 새로운 조성 또는 함량만의 증감(이성체 및 염류 등 포함)									
심사대상	면제근거(국내사용 예)								
새로운조성(복합제)	단일제 또는 복합제	○	△	×	×	×	△	×	×
함량증감복합제	복합제	△	×	×	×	×	△	×	×
단일제	단일제 또는 복합제	※	×	×	×	×	△	×	×
3. 새로운 투여경로 의약품									
심사대상	면제근거(국내사용 예)								

구분	제출자료	독성시험 자료					바		
		가	나	다	라	마	(1)	(2)	(3)
피하, 근육주사	정맥주사	×	×	×	×	×	×	×	×
정맥주사	피하, 근육주사	○	△	×	○	×	×	×	×
경구	주사	×	×	×	×	×	×	×	×
흡입	피하, 근육주사	○	○	×	×	×	×	×	×
외용	경구 또는 주사	×	×	×	×	×	△	×	×
외용	외용	×	×	×	×	×	△	×	×
방사성의약품		×	×	×	×	×	×	×	×
기타(위 이외의 것)		△	△	×	△	×	△	×	△
4. 새로운 용법 · 용량 의약품		×	×	×	×	×	×	×	×
5. 새로운 기원의 효소, 효모, 균제제(약리학적으로 거의 동등)		○	×	×	×	×	×	×	×
6. 새로운 제형(동일투여경로)		규정의 별첨							

○: 자료를 제출하여야 하는 것

△: 개개 의약품에 따라 판단하여 제출하는 것이 무의미하거나 불가능하여 면제할 수 있는 것

×: 자료가 면제되는 것

※: 새로운 이성체 및 염류 등의 경우에 제출하여야 하는 것

4) 개량신약의 예시: 경구용 이뇨제의 국소도포 발모제로의 개발을 위한 안전성평가

개량신약의 예시: 경구투여 이뇨제에서 국소 도포용 발모제의 시험물질은 투여경로를 변경한 개량신약(incrementally modified drug)이면서 새로운 기능을 적용한 신약 재창출(drug reposition 또는 repurposing)의 특성이 있다. 따라서 경구투여 이뇨제의 약물을 국소도포의 발모제 경우에는 개량신약의 요건 중 투여경로가 다르고 효능 및 효과를 추가한 전문의약품이다. 발모제의 개량신약은 〈표 6-5〉에서의 자료제출의약품과 같이 새로운 효능군 의약품 측면에서 (바) 기타독성시험자료의 (1) 국소독성시험자료, (2) 의존성시험 자료, 그리

고 (3) 항원성 및 면역독성 시험자료, 그리고 새로운 투여경로 의약품 측면에서는 외용 경로로 (바) 기타독성시험자료의 (1) 국소독성시험자료 등의 시험자료가 요구된다. 국소독성시험은 시험물질이 피부 또는 점막에 국소적으로 나타내는 자극을 검사하는 시험으로서 피부자극시험 및 안점막자극시험으로 구분된다. 의존성시험은 유해성에도 불구하고 약물의 지속적 사용을 하려는 욕구를 확인하는 시험이다. 항원성시험은 시험물질이 생체의 항원으로 작용하여 나타나는 면역원성 유발 여부를 검사하는 시험이다. 면역독성시험은 반복투여독성시험의 결과, 면역계에 이상이 있는 경우 시험물질의 이상면역반응을 검사하는 시험이다. 그리고 사례로 소개된 경구투여 이뇨제에서 국소도포의 발모제로 적응증이 전환된 개량신약의 안전성평가를 위한 독성시험시험 자료는 (1) 국소독성시험자료, (2) 의존성시험자료, 그리고 (3) 항원성 및 면역독성시험자료이며 중복되는 시험은 국소독성시험자료이다. 그러나 독성학적 측면에서 시험물질의 안전성평가를 위해서는 〈표 6-6〉과 같이 독성학적 논리를 근거로 면제 또는 자료제출이 필요한 독성시험을 제시한 것이다.

〈표 6-6〉 경구 이뇨제에서 도포 발모제로의 개량신약 개발을 위한 안전성평가

개량신약의 독성학적 특성	수행 필요 또는 면제될 수 있는 독성시험 자료	자료제출의 독성시험 구성에 대한 결론
• 투여경로가 경구제에서 국소도포이므로 전신혈관계로 유입되는 시험물질 농도는 경구제보다 당연히 낮을 것으로 예상됨	• TK 자료 면제	• 결론적 경구투여 이뇨제에서 국소도포의 발모제로 개량신약으로 개발을 위해 요구되는 독성시험자료는 경피 단회경피투여독성시험 및 4주 반복 경피투여독성시험, 그리고 국소독성시험 등이다.
• 경구에서 경피로 투여경로의 변경에 따른 필요한 독성시험	• 경피단회투여독성시험 및 임상시험 기간을 고려하여 최소 4주 경피반복투여독성시험 자료의 필요성	

개량신약의 독성학적 특성	수행 필요 또는 면제될 수 있는 독성시험 자료	자료제출의 독성시험 구성에 대한 결론
• 개량신약 개발을 위해 중첩되며 국소도포를 통해 눈 등에 접촉 가능성이 높음	• 눈자극시험 • 피부자극시험	
• 개량신약 개발을 위해 제시된 기타독성시험자료 중 의존성시험자료 및 면역독성(항원성) 시험자료	• 경구투여에서 경피투여로 변경에 의해 전신혈관으로 유입되는 시험물질의 용량은 감소되기 때문에 중추신경계에 미치는 영향은 미미하여 의존성시험은 불필요 • 경구투여에 의해 시험물질의 합텐화 가능이 낮아 항원성 및 면역원성의 가능성은 없는 것으로 추정되어 면역독성시험은 불필요	

2. 약물 복합제의 독성시험은 국제 인허가 기관에서 어떻게 요구되는가?

국제적 인허가 기관의 사례: 복합제(combination drug)란 주성분(active ingradients) 2개 이상으로 구성되어 배합비가 정해진 단일용량제제(single dosage form 또는 fixed dose combination, FDC)이다. 우리나라에서도 유효성 · 안전성 그리고 복용 순응도 등의 개선을 위해 복합제 개발이 활발히 이루어지고 있다. 복합제의 독성시험 자료에 대한 미국 FDA(federal drug agency, 미국의약품청) 및 유럽 EMA(Europe medicine agency, 유럽의약품청)는 〈표 6-7〉과 같이 기존 약물(marketed drug) + 기존 약물의 복합제, 기존 약물 + 신규유효성분(new molecular entity, NME), 그리고 NME + NME 등으로 구분하여 인허가(regulatory affairs) 제도를 운영한다(Sacaan 등, 2020). 신규유효성분이란 생물의약품 신약(new biological entity, NBE)과 소분자 합성의약품 신약(new chemical entity, NCE)을 포함한다. 기존 약물의 복합제 경우에 FDA는 일반 독성의 예외조항을 제외하고 생식·발생독성, 유전독성, 발암성 그리고 안전성 약리 등의 시험을 요구하지 않는다. 그러나 예외조항인 유사한 약리기전(mode of action, MOA), 동일 표적독성기관 그리고 약물상호작용의 잠재적 가능성 등이 추정된다면 동물 1종에 대한 90일 반복투여독성시험이 권장된다. 이때 동물의 투여용량의 범위는 수용할 수 없는 독성을 유발하지 않으면서 약물에 의한 추가적 상승효과(additive synergistic effect)가 나타나는 용량이다. 반면에 EMA 경우에는 임상에서 두 약물이 병용으로 처방된 자료가 없거나 각각의 약물이 충분하게 처방된 자료가 없다면 90일 반복투여독성시험이 요구된다. 기존 약물 + NME의 복합제 경우, FDA는 동물 1종에 대해 90일 반복투여독성시험이 필요하며 용량의 범위는 두 약물의 임상에서 유효용량 또는 적절한 MOS(margin of safety, 안전역)를 얻을 수 있는 범위이다. 그리고 2약물 모두 새로운 물질로 구성된 복합체 경우에 90일 반복투여독성시험과 독성동태(toxicokinetics, TK) 자료를 비롯하여 필요에 따라 안전성약리시험도 요구된다.

〈표 6-7〉 복합제의 독성시험 자료에 대한 FDA와 EMA의 비교

복합제 유형	기존 약물의 복합제		기존 약물 + NME		NME + NME	
	FDA	EMA	FDA	EMA	FDA	EMA
일반독성	NR (예외 조항)	임상에서 병용 또는 각각약물이 처방된 충분한치료가 없다면 복합처방에 대한 시험 수행	• 최대 90일 반복 • 임상유효용량 및 타당한 MOS 용량 • 고용량에 의한 비임상 영향 배제		• 최대90일 반복과 더불어 TK • 임상유효용량 및 타당한 MOS 용량 • 고용량에 의한 비임상 영향 배제	

복합제 유형	기존 약물의 복합제		기존 약물 + NME		NME + NME	
생식독성	NR	NR	필요시 1종 동물	NR	필요시 1종 동물	NR
유전독성	NR	NR	NR	NR	NR	NR
발암성	NR	NR	NR	NR	NR	NR
안전성 약리	NR	임상에서 병용 또는 각각 약물이 처방된 충분한 치료가 없다 면 복합처방에 대한 시험 수행	NR	두 물질 간 추정 되는 상호작용 형태에 따라 수 행추천	추천	두 물질 간 추정되 는 상호작용 형태 에 따라 수행 추천

NR: not required, NME: 신규유효성분(new molecular entity)

복합제의 예시: 복합제는 2가지 이상의 주성분을 함유하는 의약품으로 치료 반응이 불충분한 환자에서 반응(유효성) 개선, 그리고 다른 약물로 인한 부작용 등 안전성 개선 등의 장점이 있다. 특히 여러 질환을 동반한 환자가 증가하면서 여러 약을 한 번에 복용하는 환자들이 많아졌다는 점도 복합제 개발의 원인이 된다. 예를 들어 고혈압과 고지혈증은 동시에 앓는 경우가 빈번하고 또한 단 하나의 약물로는 혈압과 혈당이 관리되지 않는 환자가 많다. 이러한 상황에서는 복합제에 대한 수요가 높다. 특히 복약 순응도와 치료 효과를 높이기 위해 2가지 성분뿐만 아니라 심지어 4가지 성분까지 함유된 복합제가 출시되고 있다. 일반적으로 복합제에 대한 독성에 관한 자료는 의약품 등의 독성시험기준(식약처, 2022)에 따라 복합제의 제제별 독성시험방법에 적합한 자료를 제출해야 한다. 그러나 ① 단일제의 효능효과 및 용법 · 용량에서 개별 성분의 병용요법에 대해 허가되었거나 신고된 경우, 또는 ② 임상자료를 통해 사람에 병용 투여 경험이 충분하고 유의한 독성학적 우려가 없음이 입증된 경우에는 자료제출에 대한 면제가 가능하다. 앞서 설명하였듯이 현재 미국 FDA나 유럽 EMA

도 독성시험 자료를 간소화하는 추세이다. 이에 우리나라도 복합제 개발이 활성화되어 세계화 추세에 맞춰 과학적이고 합리적으로 제도를 개선하고 있다. 따라서 〈표 6-7〉에서처럼 복합제의 독성시험 자료에 대한 FDA와 EMA의 비교를 고려하여 독성시험이 수행되어도 무방하다고 할 수 있다.

3. 생물학적제제의 종류와 독성시험 제출자료는?

1) 백신(vaccine)과 톡소이드 백신(toxoid vaccine, 항독소)

면역기전의 종류는 병원체의 종류와 관계없이 일반적인 방식으로 대응하는 선천면역(innate immune system)과 예방접종으로 대표되는 각기 다른 병원체의 특징을 파악해 특이적으로 대응하는 후천면역(specific immune system)으로 나눌 수 있다. 선천면역은 출생 전부터 모체로부터 전달받은 면역체계이며 후천면역은 생활하면서 침입해 오는 병원체에 대항하여 형성되는 면역체계이다. 백신은 후천면역 증강을 위한 방법이다. 백신은 병원체를 중화시키거나 억제하는 항체에 의해 B세포에서 생성되고 T세포 활성화가 유도되는 인체의 후천성 면역인 능동면역이다. 백신은 예방할 병원체에 따라 다양한 개발과정을 거치면서 여러 가지로 분류된다. 〈표 6-8〉에서처럼 백신은 독성이 약화된 병원체가 살아 있는 상태로 투여되는 약독화 생백신(live attenuated vaccine), 그리고 죽은 상태로 투여되는 불활성화 사백신(inactivated vaccine)으로 나뉜다(위키백과, 2023). 사백신은 다시 병원체 전체를 사용하는 것과 일부를 분획하여 사용하는 것으로 나뉘며, 분획할 경우 기반 물질에 따라 단백 기반과 다당 기반으로 또한 나뉜다. 대부분 백신은 병원체 전체를 사용하는 세포 전체 백신이다. 그리고 세균 감염증에서는 세균이 내놓는 독소(단백질의 일종)에 의해 증상을 유발하기도 한다. 그러나 이 독소에 대한 항체가 존재하면 독은 중화되어 증상이 나타나지 않는다. 이와 같은 원리를 기반으로 독소에 대한 면역성을 도입하기 위해 개발된 것이 톡소이드 백신(toxoid vaccine, 항독소)이다. 톡소이드 백신은 독소에 포르말린(formaldehyde)이 결합한 백신이다. 톡소이드 백신의 특징은 독성이 전혀 없음에도 불구하고 항원성이 보존되어 있어, 면역획득 측면에서 아주 좋은 백신으로 알려져 있다(위키백과, 2023).

⟨표 6-8⟩ 생백신과 사백신의 특성과 예시

분류	생백신(약독화)	사백신(불활성화)
백신 종류	• 바이러스: MMR 백신(홍역, 볼거리, 풍진), 수두, 황열, 비강용 인플루엔자 • 세균: BCG • 약독화 생균백신: 경구용 장티푸스	• 바이러스: 주사용 폴리오, 주사용 인플루엔자, 일본뇌염, 광견병, A형 간염, B형 간염, 유행성출혈열 • 세균: 백일해, 장티푸스, 콜레라, 폐알균 • 톡소이드(toxoid, 항독소): 디프테리아, 파상풍 • 세포분획(subunit)된 단백질 백신
특징	• 체내에서 증식 가능 • 병원성이 있는 원래 형태로 바뀔 수 있음	• 체내에서 증식할 수 없음 • 비감염성 • 인체 내 항체의 영향을 받지 않음
면역효과	• 장기	• 단기
부작용	• 병원체 자체의 증상이 나타남 • 긴 잠복기	• 쇼크와 같은 부작용이 나타날 수 있음

새로운 백신 기술: 새로운 백신 기술은 살아 있으나 비활성화된 미생물 또는 톡소이드를 기반으로 하는 이전 세대의 백신과 다르다. 새로운 백신 후보는 원하지 않는 작용이나 부작용이 없도록 여러 측면에서 최소화 접근 방식이다. 새로운 기술을 통해 개발된 백신은 단백질 재조합 백신(protein-recombinent vaccine), 화학적으로 합성한 합성펩타이드 백신 또는 합성 항원 백신(synthetic antigen vaccine), 핵산(nuecleic acid) 백신, 바이러스 벡터 백신(viral vector vaccine) 또는 바이오백신(biovaccine), 항원의 지질나노입자에 주입 및 합성하는 나노입자(nano-particle) 등이 있다(김선형 등, 2023; 박봉현 등, 2022). 특히, DNA 재조합 기술의 등장은 단일 단백질 또는 바이러스 유사 입자를 구성하는 단백질 생산을 비롯하여 항원에 대한 운반체로서 변형된 벡터의 생성도 가능하게 하여 새로운 백신 기술의 시대를 열었다. 〈표 6-9〉는 새로운 백신의 종류와 특징을 나타낸 것이다(박봉현 등, 2022).

〈표 6-9〉 새로운 백신의 종류와 특징

구분		재조합 단백질 백신	합성펩타이드 백신	핵산 백신		바이러스 백신		나노입자 백신
				DNA	RNA	복제	비복제	
면역 원성	B 세포	o	o	o	o	o	o	o
	T 세포	o/x	o	o	o	o	o/x	o
안정성		낮음	낮음	높음	낮음	높음	높음	높음
보조제		필수	필수	필수	필수	필요치 않음	필요치 않음	필요치 않음
투여 횟수		다수	다수	다수	다수	다수	다수	다수
장기적 효과		우수	나쁨	우수	우수	매우 우수	우수	우수
자가면역반응		없음	없음	있음	없음	없음	없음	없음
콜드체인 필요 여부		필요	필요 없음	필요 없음	필요	필요	필요	필요

2) 혈액제제 및 혈장분획제제(medicinal products derived from plasmas)

혈액제제(blood product)는 사람의 혈액을 원료로 하여 만들어진 모든 치료용 물질을 말한다. 채혈한 혈액인 전혈을 그대로 이용하는 전혈제제와 혈액의 일부 성분만을 이용하는 혈액성분제제가 있다. 혈액성분제제는 다시 적혈구제제, 혈소판제제, 혈장분획제제 등으로 나뉜다. 적혈구제제제인 농축적혈구는 만성 빈혈 환자나 수술, 외상 등으로 인해 출혈이 심한 경우에 사용한다(위키백과, 2023). 혈장에서 치료용 혈장-유래 의약품을 만드는 것을 혈장분획공정이라고 하며 이와 같은 공정을 통해 개발한 치료제를 혈장분획제제라고 한다(김문정 등, 2017). 혈장에는 300가지 이상의 물질이 존재한다고 밝혀져 있으며, 현재까지 그 기능을 정확히 모르는 물질도 다수 존재한다. 현재 25가지 이상의 혈장-유래 의약품이 상용화되고 있지만, 이들 중 면역글로불린, 알부민, 혈액응고인자가 약 80%를 차지하고 있다. 혈장-유래 의약품은 헌혈한 혈액으로부터 제조되기 때문에 제조, 생산 및 공급 측면에서도 다른 의약품과는 다른 규제를 받고 있다.

3) 생물학적제제의 독성시험 제출자료

〈표 6-10〉 독성에 관한 자료로 가; 단회투여독성시험자료, 나; 반복투여독성시험자료, 다; 유전독성시험자료, 라; 발암성시험자료, 마; 생식발생독성시험자료, 바; 기타 독성시험자료로는 ① 항원성시험, ② 면역독성시험, ③ 국소독성시험(국소내성시험 포함), ④ 의존성, ⑤ 기타 등이 있다.

〈표 6-10〉 생물학적제제의 제출자료 종류 및 범위

품목	독성에 관한 자료					
	가	나	다	라	마	바
Ⅰ. 신약						
1. 백신	○	○	○	○	○	○
2. 항독소(toxoid)	○	○	○	○	○	○
3. 혈액제제	○	○	○	○	○	○
4. 혈장분획제제	○	○	○	○	○	○
5. 제1호부터 제4호까지 외의 생물학적제제(치료용 항원류, 보툴리눔독소제제 등)	○	○	○	○	○	○
Ⅱ. 자료제출의약품						
1. 이미 허가된 의약품과 균주 및 제조방법 등이 다른 생물학적제제	○	○	○	○	○	○
2. 최종 원액은 동일하지만 완제품의 제조소가 다른 품목	○	△	△	△	△	△
3. 유효성분의 새로운 조성	○	△	△	△	△	△
4. 유효성분의 함량만의 증감	○	×	△	△	△	△
5. 동일 투여경로의 새로운 제제형태	○	×	×	×	×	×
6. 최종 제품의 투여 형태나 용기가 다른 의약품	○	×	×	×	×	×
7. 혈액제제	○	○	○	○	○	○
Ⅲ. 당해품목 허가변경						
1. 새로운 효능 · 효과	×	×	×	×	×	×
2. 새로운 용법 · 용량(동일 투여경로)	×	×	×	×	×	△
3. 새로운 투여경로	△	△	×	×	△	△
4. 유효성분의 함량만의 변경	△	×	×	×	×	△
5. 충전량 추가	×	×	×	×	×	×
6. 제조방법 변경	△	△	△	×	△	△
7-1. 최종 원액은 동일하나 완제품의 제조소 추가 또는 이전	×	×	×	×	×	×
7-2. 제조소 추가 또는 이전	×	×	×	×	×	×

○: 자료를 제출하여야 하는 것

△: 개개 의약품에 따라 판단하여 제출하는 것이 무의미하거나 불가능하여 면제할 수 있는 것

×: 자료가 면제되는 것

〈비고〉 복합제제의약품의 경우 독성에 관한 자료로서 제출하여야 하며, 식품의약품안전처 고시 「의약품 등의 독성시험기준」 중 복합제의 제제별 독성시험방법에 의한 단회, 반복투여독성에 관한 자료와 복합제의 약리작용에 관한 자료를 추가 첨부하여야 한다. 다만, 타당한 사유가 있는 경우, 단회투여독성시험자료를 반복투여독성시험자료로 갈음할 수 있고, 복합제의 배합에 대한 명확한 근거자료를 첨

부하여 배합 사유에 대한 타당성이 인정되는 경우 복합제의 약리작용에 관한 자료를 면제할 수 있다. 라. 발암성시험자료는 반드시 제출할 필요는 없으나 다음 각 목의 경우에는 발암성시험을 고려할 필요가 있다. 가. 임상사용 기간, 대상 환자군 또는 의약품의 생물학적 활성에 따라 발암성의 위험이 예측될 경우(예: 성장호르몬, 면역억제제 등) 나. 형질 변환된 세포의 증식 등 신생물을 생성시킬 수 있는 가능성이 있는 경우, 다. 기타 발암성이 의심될 경우. 바목의 기타 독성시험자료는 제출 시 다음 각 목의 조건을 고려하여야 한다. 가. 항원성시험자료는 전신적으로 투여되는 약물로서 고분자물질, 단백질 의약품인 경우와 저분자물질이라 하더라도 합텐으로서 작용할 가능성이 있는 경우(예: 페니실린, 설폰아마이드계)에 제출하여야 한다. 피부외용제의 경우는 피부감작성시험을 실시한다. 나. 면역독성시험자료는 반복투여독성시험 결과 면역계에 이상이 없는 경우 면제할 수 있다. 다. 국소독성시험자료는 피부 또는 점막에 직접 적용되거나 직접 적용되지 아니하더라도 쉽게 접촉될 수 있는 의약품의 경우 제출하여야 한다.

4. 유전자재조합 의약품 및 세포배양 의약품의 개념과 독성시험 제출자료는?

유전자재조합 의약품이란 유전자조작기술을 이용하여 제조되는 펩타이드 또는 단백질 등을 유효성분으로 하는 의약품이다. 대표적인 유전자재조합 의약품은 항체의약품, 펩타이드 또는 단백질의약품 등이 포함된다. 세포배양 의약품은 세포배양기술을 이용하여 제조되는 펩타이드 또는 단백질 등을 유효성분으로 하는 의약품이다. 여기서 합성펩타이드가 화학적으로 합성되어도 유전자재조합 의약품 및 세포배양 의약품에 포함된다. 이유는 비록 합성물질이라도 cytochrome P450 효소체계에 의해 생화학적 전환(biotransformation) 과정을 거치는 외인성물질이 아니고 체내 아미노산 및 단백질 등이 대사를 유도하는 동일 효소체계에 의해 대사되어 배출되기 때문이다. 다음은 합성펩타이드, 항체의약품, 펩타이드 또는 단백질의약품 등에 대한 특징과 장·단점을 서술한 것이다.

1) 펩타이드 치료제(peptide therapeutics)

펩타이드 치료제는 5-120개 정도의 아미노산으로 구성된 치료제이다. 또한, 미국 FDA는 2020년 40개 이상의 아미노산이지만 100개 미만의 아미노산(합성 단백질)과 합성 펩타이드 40개 아미노산 이하를 화학적으로 합성된 폴리펩타이드에 포함토록 생물학적 정의로 업데이트했다. 〈표 6-11〉에서의 장점처럼 펩타이드 치료제는 향후 체내의 단백분해효소인 protease에 대한 저항성이 높고 좀 더 안정성을 가지면 차세대 치료제로 주목을 받을 가능성이 있다. 비만, 당뇨와 같은 대사질환과 항암제 분야를 비롯하여 면역치료제, 호르몬치료제 등 다양한 적응증을 위해 개발되고 있다.

〈표 6-11〉 펩타이드 치료제의 장단점

장점	단점
• 소분자보다 표적 특이성이 높고 낮은 독성 • 다른 바이오의약품 및 대분자와 비교하여 세포 내로 침투가 쉬움	• 경구투여를 통해서는 단백분해효소에 의해 위 및 소장에서 분해되어 생체이용률이 낮음

2) 핵산 치료제(nucleic acid therapeutics)

핵산 치료제는 1세대(소분자 합성의약품)와 2세대(항체) 신약개발 기술과 다르게 유전자치료제 및 세포치료제 등과 함께 3세대 바이오의약품으로 분류된다. DNA 및 RNA를 핵산이라고 하는데 이들의 기본 단위는 염기-당-인산의 뉴클레오타이드(nucleotide)이다. 올리고뉴클레오타이드(oligonucleotide)는 수 개에서 수십 개의 뉴클레오타이드 단위체가 합성된 중합체를 말한다. DNA의 유전 정보로부터 전사 및 번역 등의 과정을 통해 질병을 유발하는 단백질이 합성된다. 핵산 치료제는 RNA 및 DNA 형태의 합성된 올리고 뉴클레오타이드이다. 즉 핵산 치료제는 질병을 유발하는 단백질이 생성되는 과정을 간섭 혹은 조절함으로써 질병을 치료하는 일종의 합성된 올리고뉴클레오타이드이다. 핵산 치료제의 대표적인 치료제는 표적유전자 발현의 제어 역할을 하는 작은 RNA(small RNA)인 siRNA(small interfering RNA)와 miRNA(micro RNA) 등이 있다. 그리고 단일, 이중 나선의 DNA, RNA 형태로 표적 단백질과의 3차원적 결합을 통해 단백질의 상호작용을 억제하는 앱타머(aptamers)도 핵산 치료제의 일종이다. Antisense oligonucleotide는 단일 가닥의 oligonucleotide로서 타깃 pre-mRNA 또는 mRNA에 결합하여 분해와 유전정보의 번역(translation) 억제 등으로 발현을 조절하는 기전을 지닌 핵산 치료제이다. 〈표 6-12〉에서처럼 이들 RNA 등의 약물로의 장점은 화학적으로 합성되어 쉬운 생산으로 복잡한 제조 공정을 피할 수 있으며 단백질보다 면역원성이 훨씬 적다는 것이다.

〈표 6-12〉 핵산 치료제의 장단점

장점	단점
• 유전자에 대한 표적이 명확 • 다른 바이오의약품보다 합성이 쉬움 • 단백질보다 면역원성이 낮음	• 핵산분해효소(nuclease)에 의한 분해로 분안정성 • 세포 내 효과적 유입을 위해 지방 나노입자와 같은 전달체 필요 • 자가면역 합병증을 유도할 수 있는 면역원성의 가능성

단백질-표적 치료제(protein-targeting therapeutics): 단백질 발현에 대한 저해 및 비활성을 위해 RNA 영역에서는 핵산 치료제 그리고 단백질 영역에서는 단백질 타깃 치료제 기술이 응용된다. 사람의 질환은 약 3,000여 개의 단백질로부터 발생한다고 알려져 있다(대웅제약, 2023). 일반적으로 소분자 합성의약

품의 효능은 특정 단백질의 특정 부위에 결합해 그 단백질의 기능을 저해하는 방식으로 약리기전으로 설명된다. 또한, 여러 질병이 다양한 단백질의 복합적 상호작용으로 발생하기 때문에 하나의 단백질을 표적을 하는 것 보다 여러 단백질을 표적으로 할 때 치료 효과가 높다. 단백질 타깃 치료제 기술은 핵산 치료제(nucleic acid therapeutics)에 소개한 RNA 치료제를 비롯하여 단백질-단백질 상호작용(protein-protein interaction, PPI), 프로탁(proteolysis-targeting chimeras, PROTAC) 등의 기술이 있으며 소분자 합성의약품의 기존 치료제가 공략하지 못했던 단백질을 표적으로 하는 새로운 치료제이다. PPI 기술은 평평한 결합면, 적은 소수성 아미노산, 결합 시 구조가 변하는 특성 등 기존 기술로 차단하기 어려운 단백질 사이 결합을 차단하는 기술을 가진 치료제이다. 이와 같은 기술을 이용한 치료제 개발을 통해 유전자발현, 신호전달 또는 효소활성 등 분자 단위의 상호작용을 통해 궁극적으로 세포 또는 개체 단위의 물질대사, 면역반응, 세포발달, 항상성 유지 등 복잡하게 얽힌 생물학적 현상을 정교하게 조절할 수 있다(서문형, 2018). PROTAC은 표적 단백질 분해제(Targeted protein degraders, TPD) 기술을 이용한 대표적인 플랫폼이다. TPD는 세포 내 특정 단백질 활성 저해가 아니라 단백질 자체를 특이적으로 분해 및 제거하도록 설계된 새로운 종류의 치료제이다. 프로탁은 질병을 유발하는 단백질의 바인더(binder)와 E3 리가아제(ligase)에 결합하는 바인더, 그리고 이 둘을 연결하는 중간매체인 링커(linker)로 구성되어 있다. 결합을 통해 E3 리가아제가 표적 단백질을 분해하기 때문에 광범위한 질병에 대한 접근 용이성이 있어 주목받고 있는 신기술이다. 또한, 표적이 되는 단백질을 원천 분해하기 때문에 내성에 대한 문제를 극복할 수 있다는 장점도 있다. 〈표 6-13〉에서처럼 소분자 저해제(small molecule inhibitor)와 프로탁의 특성을 비교한 것이다(권혁진 등,

2023; 권기문, 2023). 소(저)분자 저해제는 치료 효과를 높이기 위해 많은 투여량이 요구된다. 이는 비표적(off-target) 부위에서 부작용을 유발할 확률이 높다. 기존 저분자저해제 한계를 극복할 수 있도록 고안된 기술이 프로탁이다. 특히 단백질의 선택적 제거 특성을 가진 프로탁은 유전자가위 크리스퍼캐스 9(CRISPER/Cas9) 또는 ADC(Aantibody-drug conjugate, 항체약물접합체)와 같은 표적을 선택적으로 변경 및 제거 가능하여 질병 치료 또는 발현을 방지하는 첨단 신약개발 기술이라고 할 수 있다.

〈표 6-13〉 소분자 저해제(small molecule Inhibitor)와 PROTAC 비교

	소분자 저해제	PROTAC
작용기전	• 활성 부위의 직접적인 저해	• 소분자 물질에 의한 단백 분해 유도
약용 가능성	• 적절한 활성 부위를 가지는 대형 효소 • 전체 단백질체의 85%가 약용화 불가능	• 약용화 가능한 단백체의 범위가 대폭 증가
선택성	• 낮은 선택성으로 인한 교차 반응 발생 가능	• 높은 선택성으로 인한 교차 반응 발생 가능성
약물 역가	• PROTAC에 비하여 낮은 역가 • 고용량의 약물이 필요	• 높은 역가 저용량으로도 치료 가능
표적 단백	• 가역적 · 비가역적 · 경쟁적 저해 모두 가능 • 표적 단백을 파괴하지 않음	• 표적 단백의 완전한 파괴

3) 효소 치료제(enzyme therapeutics)

효소 치료제는 유전자 변이에 의한 특정 효소의 결핍으로 발생하는 질환 치료를 위해 효소 주입으로 치료하는 치료제이다. 결핍된 효소를 정상 효소로 대체한다고 하여 효소대체 치료법(enzyme replacement therapy, ERT)이라고도 한다. 치료제에 함유된 정상 효소는 정상 유전자를 넣어 배양한 세포주를 활용

하여 생산된다. 이때 세포주는 박테리아, 효모, 식물 세포, 동물 세포, 사람의 세포 등이 있다. 어떤 세포로 정상 효소를 만들었느냐에 따라 우리 몸의 실제 효소와는 다른 모양을 갖게 되기도 한다. 이러한 실제 효소와 차이가 클수록 가려움증, 발열, 떨림, 호흡 곤란, 빈맥과 같은 주입 반응(infusion reactions)이 나타날 확률이 높다. 따라서 이를 낮추기 위해 주입 속도를 제한하거나 해열제 및 항히스타민제 등의 전처치가 이루어진다. 이에 따라 치료제의 총 투여 시간도 달라진다(Lenders 등, 2021). 주입반응률은 세포주가 동물보다 사람으로부터 유래하거나 주입 속도가 느린 경우에 낮아진다. 효소-대체 치료제의 적응증 중 가장 대표 질환은 파브리병(fabry disease)이다. 파브리병은 리소좀의 가수분해 효소 부족으로 인해 당지질을 잘 분해하지 못하는 질환으로 주로 신장의 기능 상실이 나타난다(Alegra 등, 2012).

〈표 6-14〉 효소 치료제의 장단점

장점	단점
• 결함된 효소의 주입을 통해 질환을 직접 치료	• 소분자 합성의약품과 비교하여 효소 생산 과정이 복잡함 • 대체 효소의 기능과 안정성을 유지하기 위해 최적의 완충액이 요구됨

4) 항체의약품 – 단일클론항체 치료제(monoclonal antibody therapeutics)

항체의약품의 일종인 단일클론항체 치료제(monoclonal antibody therapeutics, mAb)는 인체 내에 침입하는 바이러스와 같은 항원이나 암세포 표면에서 발현되는 단백질을 표적으로 하여 질환 세포를 사멸시키는 치료제이다. 단일클론항체(mAb)는 단일클론 세포주, 즉 하나의 고유 부모 세포에서 유래한 면역

글로불린(immunoglobulin)이기 때문에 단일 항원결정기에만 결합한다. 항원결정기(epitope 또는 antigenic determinant)는 항체, B세포, T세포 등의 면역계가 항원을 식별하게 해 주는 항원의 특정한 부분이다. 이와 같은 특성은 〈표 6-15〉에서처럼 단일클론항체의 면역학적 활성이 리간드 또는 항원에 특이적으로 결합하는 높은 특이성을 유도한다. 이는 단일클론항체 치료제가 정상 세포에는 영향을 주지 않고 병적 세포만을 공격하여 최소 부작용의 집중적인 치료 효과를 유도한다. 단일클론항체는 인간화 형질전환 마우스 등을 통해 개발되기도 하지만 최근에는 항원 결합 도메인을 연결함으로써 새로운 기능을 가진 이중특이성 항체, 단일클론항체 또는 항체 절편을 저분자 약물과 접합시켜 특정 부위 또는 조직에 약물 표적화 등으로 지속적인 개발과 발전 가능성의 기반이 된다(Buss 등, 2012; Balocco 등, 2022). 현재 FDA 승인된 대부분 항체치료제는 하나의 표적을 인지하는 단일표적(mono-specific) 항체이며, 혈관신생인자, 암세포 표면 수용체, T세포 활성 억제 면역관문(immune-checkpoint) 분자 등을 표적으로 치료효능을 나타낸다.

〈표 6-15〉 단일클론항체 치료제의 장단점

장점	단점
• 하나의 항원에 대한 하나의 항원결정기에 표적을 가진 고도의 특이성 • 비표적에 결합하는 낮은 확률에 의한 낮은 독성	• 항체치료제 합성을 위해 복잡한 과정이 어렵고 고비용 • 치료제의 기능과 안정성에 요구되는 적절한 완충액이 필요함 • 유통 및 저장 시간이 짧음

5) 항체의약품 – 다중클론항체 치료제(polyclonal antibody therapeutics)

승인된 항체치료제는 하나의 표적을 인지하는 단일표적(mono-specific)

항체이며, 혈관신생인자, 암세포 표면 수용체, T세포 활성 억제 면역관문 (immune-checkpoint) 분자 등을 표적하여 치료효능을 나타낸다. 그러나 암과 같이 복잡한 병인기전을 갖는 질환에서 단일표적 기반 치료효능의 한계로 인해 두 개 이상의 표적을 겨냥한 항체치료제가 개발되고 있다. 일반적으로 단일클론항체 치료제는 하나의 표적에 결합하는 단일표적 항체의약품을 의미한다. 반면에 다중클론항체(pAb) 치료제는 서로 다른 항원 또는 동일 항원의 서로 다른 2개 이상의 항원결정기에 결합하는 항체치료제이다. 이와 같은 2개 이상의 항원결정기를 가진 항체의 제작은 유전자재조합을 통해 생산된 항체의 결합 기술로 이루어지며 이중특이성 항체(bispecific antibody)라고 불린다〈표 6-16〉. 그리고 두 가지 단일클론항체의 시너지 효과를 발휘할 수 있어 두 가지 단일클론항체를 혼합 사용보다 유리할 수 있다는 장점이 있다는 것이다. 특히 이러한 장점으로 3개 이상의 다중 특이성 항체(multi-specific antibodies) 등의 다중클론항체 치료제도 개발되어 종양 면역요법에서 폭넓은 응용의 전망이 기대되고 있다. 다중 특이성 항체를 사용하는 이유는 단일클론항체 치료제가 암세포의 사멸을 유도하는 T-림프구 활성화가 되지 않기 때문이다. 향후 인간화된 다중 특이성 항체 개발을 통해 사이토카인 방출 및 자가면역질환의 위험성을 낮추는 방향으로 개발이 이루어질 필요성 있다.

〈표 6-16〉 다중클론항체 치료제의 장단점

장점	단점
• 단 하나의 항체로 여러 항원표적이 가능 • 단일클론항체의 단점을 보완하여 차세대 항체의약품 가능성	• 짧은 보관기간 • 낮은 생체이용률 • 사이토카인 방출 및 자가면역질환의 위험성을 유발할 수 있는 면역원성

나노바디(nanobodies)와 변형 항체(modified antibodies): 일반 항체보다 10분의 1 수준의 크기로 낙타, 라마, 알파카 등의 낙타과 동물에서 추출한 항체 조각을 인공적으로 제조하는 단백질을 나노바디라고 한다. 생명공학기술을 이용하여 더 적합한 항체인 변형 항체인데 단일클론 항체에서 더 작은 항체 조각인 나노항체로 항체의약품이 전환되고 있기도 하다. 또한, 작은 특성에 기인하여 두 개의 항원을 동시에 인지할 수 있는 이중항체 개발에 응용되기도 한다. 특히 생쥐가 만든 항체인 중화 나노바디(naturalizing nanobody)는 in vitro에서 SARS-CoV-2가 인체 세포의 감염을 차단하고 또한 SARS-CoV-2 변이주(SARS-CoV-2 variant of concern)를 효과적으로 차단한다고 확인되었다(양병찬, 2021).

6) 약물 복합체: 항체-약물접합체(antibody-drug conjugate, ADC)

전통적인 합성의약품의 항암치료는 세포주기를 표적으로 하여 정상적인 세포에도 독성을 유도하는 문제가 있다. 이러한 비표적 세포에 대한 독성을 극복하기 위해 단일클론 항체의 특이성과 약물의 세포독성(cytotoxicity)의 두 구성 요소로 개발되는 치료제가 항체-약물접합체(antibody-drug conjugate, ADC)이다. 또한, ADC는 표적 특이성, 혈액에서의 비독성, 그리고 약물동태학 측면 등의 항체에 있어서 장점을 최대로 활용하여 개발된다. 약물이 구체적으로 암세포 표적에 초점을 맞춘 기술이기 때문에 표적 치료제(targeted chemotherapeutics)라고 한다(김미경, 2011; 김성우 등, 2020). 특히 항체는 단일클론항체이며 암이나 특정 질환에서 비정상적으로 과발현을 하는 세포를 특이적으로 인식하여 ADC가 효과적으로 표적 세포로의 이동을 유도한다. 결과적으로 고농도의 세포독성 항암제로 인한 독성을 줄일 수 있게 되어 효과적인 항체는 성공적인 ADC 약물개발에서의 중요한 기본 조건이 된다(김한조, 2023). 항체에 세포독성을 가지는 소분자 약물(payload, 세포독성 항암제)을 공유결합(conjugation)시키는 링커(linker)는 ADC의 안정성과 효능을 결정하는 중요한 구성 요소이다. 이상적인 링커는 표적 세포 특이적으로 세포독성 항암제를 방출하기 위해 전신 혈액 순환 중 안정적이어야 하고, 표적 세포 내부에서는 불안정하도록 설계되어야 한다. 〈표 6-17〉은 ADC, 소분자 합성의약품 그리고 단일클론 항체의약품의 특성에 대한 비교이다(식약처, 2021).

〈표 6-17〉ADC, 소분자 합성의약품 그리고 단일클론 항체의약품의 특성

	소분자 합성의약품	단일클론 항체의약품	항체-약물접합체 (ADC)
분자량	• 1 〈 kDa	• ~150 kDa	• 150 kDa
투여 경로	• 경구, 정맥, 근육 및 피하 투여 등 매우 다양	• 정맥 또는 피하 투여	• 정맥 내 투여
반감기	• 시간 단위	• 일 단위	• 일 단위
분포	• 전신 분포로 높음	• 제한적임	• 제한적임
대사/배설	• Biotransformation에 의해 친지질성이 친수성으로 전환되어 배출 • 담즙 및 소변 배출	• 단백질 가수분해	• 구성 요소별 각각의 특성인 단백질 및 소분자 등의 특성을 모두 지니기 때문에 이를 고려하여 독성시험이 수행되어야 함
용량 선형성	• 저용량에서 선형적(linear PK) 약물 동태이지만 용량이 포화 시 비선형적 동태(non-linear PK)	• 저용량에서 비선형적 동태(non-linear PK), 고용량 포화 시 선형적(linear PK) 약물 동태	• 저용량에서 비선형적 동태(non-linear PK), 고용량 포화 시 선형적(linear PK) 약물 동태
면역원성	• 아주 낮음	• 높음	• 높음

7) 유전자재조합 의약품과 세포배양의약품의 독성시험에 관한 자료

〈표 6-18〉은 생물학적제제 등의 품목허가 · 심사규정(식품의약품안전처 고

시 제2022-80호) 독성에 관한 자료로 가; 단회투여독성시험자료, 나; 반복투여독성시험자료, 다; 유전독성시험자료, 라; 발암성시험자료, 마; 생식발생독성시험자료, 바; 기타 독성시험자료로는 ① 항원성시험, ② 면역독성시험, ③ 국소독성시험(국소내성시험 포함), ④ 의존성, ⑤ 기타 등이다.

〈표 6-18〉 유전자재조합의약품과 세포배양의약품의 독성에 관한 자료

품목	독성에 관한 자료					
	가	나	다	라	마	바
Ⅰ. 신약						
1. 유전자재조합의약품	○	△	△	△	△	△
2. 세포배양의약품	○	△	△	△	△	△
Ⅱ. 자료제출의약품						
1. 이미 허가된 의약품과 숙주, 벡터계 또는 제조방법이 다른 의약품	○	△	△	△	△	△
2. 이미 허가된 의약품과 단백질 이외의 구조가 다른 의약품	○	△	△	△	△	△
3. 동등생물의약품	×	△	×	×	×	×
4. 새로운 효능군 의약품	×	×	×	×	×	×
5. 유효성분의 새로운 조성	○	△	△	△	△	△
6. 유효성분의 함량만의 증감	△	△	×	×	×	△
7. 새로운 투여경로 의약품	△	△	×	×	△	△
8. 동일 투여경로의 새로운 제제형태	×	×	×	×	×	×
9. 최종 제품의 투여 형태나 용기가 다른 의약품	×	×	×	×	×	×
10. 기타 따로 분류되지 않은 품목	제출자료의 범위는 개개 의약품의 특성에 따라 판단함					
Ⅲ. 당해품목 허가변경						
1. 새로운 효능ㆍ효과	×	×	×	×	×	×
2. 새로운 용법ㆍ용량(동일 투여경로)	×	×	×	×	×	△
3. 새로운 투여경로	△	△	×	×	△	△
4. 유효성분의 함량만의 변경	△	×	×	×	△	△
5. 충전량 추가	×	×	×	×	×	×
6. 제조방법 변경	△	△	△	△	△	△
7-1. 최종 원액은 동일하나 완제품의 제조소 추가 또는 이전	×	×	×	×	×	×

품목	독성에 관한 자료					
7-2. 제조소 추가 또는 이전	×	×	×	×	×	×

○: 자료를 제출하여야 하는 것

△: 개개 의약품에 따라 판단하여 제출하는 것이 무의미하거나 불가능하여 면제할 수 있는 것

×: 자료가 면제되는 것

〈비고〉 복합제제 의약품의 경우 독성에 관한 자료는 신물질에 대한 자료로서 제출하여야 하며, 식품의약품안전처 고시 「의약품 등의 독성시험기준」 중 복합제의 제제별 독성시험방법에 의한 단회, 반복투여독성에 관한 자료와 복합제의 약리작용에 관한 자료를 추가 첨부하여야 한다. 다만, 타당한 사유가 있는 경우, 단회투여독성시험자료를 반복투여독성시험자료로 갈음할 수 있고, 복합제의 배합에 대한 명확한 근거자료를 첨부하여 배합사유에 대한 타당성이 인정되는 경우 복합제의 약리작용에 관한 자료를 면제할 수 있다. 라. 발암성시험자료는 반드시 제출할 필요는 없으나 다음 각 목의 경우에는 발암성시험을 고려할 필요가 있다. 가. 임상사용 기간, 대상 환자군 또는 의약품의 생물학적 활성에 따라 발암성의 위험이 예측될 경우(예: 성장호르몬, 면역억제제 등), 나. 형질 변환된 세포의 증식 등 신생물을 생성시킬 수 있는 가능성이 있는 경우. 다. 기타 발암성이 의심될 경우. 그리고 바. 기타 독성시험자료는 제출 시 다음 각 목의 조건을 고려하여야 한다. 가. 항원성시험자료는 전신적으로 투여되는 약물로서 고분자물질, 단백성의약품인 경우와 저분자물질이라 하더라도 합텐으로서 작용할 가능성이 있는 경우(예: 페니실린, 설폰아마이드계)에 제출하여야 한다. 피부외용제의 경우는 피부감작성시험을 실시한다. 나. 면역독성시험자료는 반복투여독성시험 결과 면역계에 이상이 없는 경우 면제할 수 있다. 다. 국소독성시험자료는 피부 또는 점막에 직접 적용되거나 직접 적용되지 아니하더라도 쉽게 접촉될 수 있는 의약품의 경우 제출하여야 한다. 동등생물의약품의 경우 독성에 관한 자료는 대조약과의 비교동등성을 입증하는 자료로서 다음 각 목의 조건에 따른 기준을 만족하여야 한다. 다. 반복투여독성시험자료는 대조약과의 비교동등성을 입증할 수 있도록 디자인되어야 하며, 독성동태시험이 포함되어야 한다(자료번호 나). 국소내성시험은 투여경로에 따라 평가되어야 하며, 반복투여독성시험의 부분으로서 갈음할 수 있다. 단, 반복투여독성시험에 적절한 동물종이 없는 등 수행이 불가능한 경우 면제할 수 있다.

5. 첨단바이오의약품의 종류와 특성, 그리고 독성에 관한 자료는?

약사법 제2조 제4호에 따른 의약품에 따라 첨단바이오의약품은 다음과 같은 종류로 정의된다.

- 세포치료제: 사람 또는 동물의 살아 있는 세포를 체외에서 배양·증식하거나 선별하는 등 물리적·화학적 또는 생물학적 방법으로 조작하여 제조한 의약품
- 유전자치료제: 유전물질의 발현에 영향을 주기 위하여 투여하는 것으로서 유전물질을 함유한 의약품 또는 유전물질이 변형·도입된 세포를 함유한 의약품
- 조직공학제제: 조직의 재생, 복원 또는 대체 등을 목적으로 사람 또는 동물의 살아 있는 세포나 조직에 공학기술을 적용하여 제조한 의약품
- 첨단바이오융복합제제: 세포치료제, 유전자치료제, 조직공학제제와 「의료기기법」 제2조 제1항에 따른 의료기기가 물리적·화학적으로 결합(융합, 복합, 조합 등을 포함)하여 이루어진 의약품

그러나 여기서 다루는 첨단바이오의약품으로 ① 유전자 치료제(gene therapeutics), ② 세포치료제 – 면역세포 치료제(cell-based immunotherapies), 세포치료제 – 줄기세포 치료제(stem cells therapeutics), ③ 세포·유전자 치료제(cell & gene therapeutics) 등 3가지이다.

1) 유전자 치료제(gene therapeutics)

유전자 치료제는 표적 세포에 외인성 정상 유전자의 삽입을 통해 결함을 가진 비정상 유전자로 인한 질병을 바로잡거나 보상하여 치료의 목적을 달성하는 치료제이다. 이미 유전자 치료제로서 2012년 글리베라(Glybera)와 2015년 임리직(Imlygic)이 허가되었다. 현재까지 유전자 치료제는 바이러스 벡터를 이용한 기술이 주를 이루고 있으며 최근에는 아데노 부속 바이러스(adeno-associated virus, AAV), 종양 살상 바이러스(oncolytic virus) 및 헤르페스 심플렉스 바이러스(herpes simplex virus) 벡터 등이 이용되고 있다(이혜미, 2016). 또한, 바이러스성 벡터의 문제점을 해결하기 위해 비바이러스성 벡터의 장점인 안정성, 면역원성, 반복투여 가능성 등을 비교한 유전자 치료제 등의 연구 개발

이 이루어지고 있다. 현재 적응증으로는 이미 암, 유전성 질환 등이 있으며, 그 외에 지중해 빈혈, 겸상 적혈구 빈혈증, 혈우병 및 선천성 흑내장 등 질환에서 치료제로의 잠재력을 보여주고 있다. 유전자 치료제의 유형은 주로 세 가지 형식이 있다. 첫째는 정확한 유전자를 세포에 도입하여 잘못된 돌연변이 유전자를 대체하는 체내 유전자 치료법이다. 둘째는 세포 내 유전 정보 중 원하는 위치를 잘라내 유전자를 교정하거나 잘못된 유전자를 직접 수정하는 유전자 가위 기술, 즉 유전자편집 치료법이다. 셋째는 체외에서 유전자 기술을 통해 세포를 수정한 후 수정한 세포를 인체에 도입하여 작용을 발휘하게 하는 체외 유전자 치료법이다(Cyagen, 2021). 그리고 〈표 6-19〉에서처럼 질병의 치료와 교정에 필요한 유전자를 체내에서 유효농도로 안정하게 발현하기 위한 유전자 조작 기술인 유전자 최적화 발현기술, 체내 전달 기술, 그리고 고품질 제품생산 기술 등이 유전자 치료제의 개발을 위해 중요한 기술들이다.

〈표 6-19〉 유전자 치료제의 장단점

장점	단점
• 약물치료가 불가능한 유전질환에 대한 유전자 치료법 • 유전자치료는 암, 난치성 질환 및 유전질환을 치료하는 데 희망적인 치료방법 • 생명공학 관련 기술의 급속한 발전으로 유전자치료의 기술적 한계는 점차 극복	• 인간의 다양한 형질을 결정하는 것이 유전자이므로, 이런 유전자를 이용한 치료제 개발은 당연히 윤리적인 문제 • 투여된 유전자에 의한 돌연변이와 같은 안전성에 대한 우려

2) 세포치료제 – 면역세포 치료제(cell-based immunotherapies)

면역세포 치료제란 면역세포 치료제는 자연살해 세포(natural killer cell), T세포, 그리고 수지상세포(dendritic cell) 등의 인체 면역세포에 의한 면역반응

활성화(activation)를 통한 질병, 특히 암세포를 사멸시키는 세포-기반 면역 치료제이다. 〈표 6-20〉에서처럼 면역세포의 활성화를 넘어 혈액 혹은 제대혈에서 얻어진 면역세포를 체외 배양 증식을 통해 화학적 또는 생물학적 조작으로 질병 특이성을 높이는 면역조절 세포치료제도 개발되고 있다. 예를 들어 화학적 또는 생물학적 조작에 의한 면역세포 내로 도입하는 유전자의 특징에 따라 수지상 면역조절 세포치료제, 림포카인 활성세포(lymphokine activated killer, LAK), 종양 침윤 T 세포(tumor-infiltrating T lymphocyte, TIL), T 수용체 발현 T 세포(T cell receptor-modified T cells, TCR-T), 키메릭 항원 수용체 발현 T 세포(chimeric antigen receptor-modified T cells, CAR-T) 등이 있다. 특히 줄기세포 치료제와는 다르게 면역세포 치료제는 주로 암과 더불어 자가면역질환의 치료에 주로 활용이 가능하다. 또한, 동종유래 면역조절 세포치료제 개발을 통해 건강한 면역세포를 재고형태(off-the-shelf)로 전환하여 필요에 따라 상용 가능성 연구도 진행되고 있다.

〈표 6-20〉 면역세포 치료제의 장단점

장점	단점
• 다양성을 가진 암세포를 표적으로 삼기 위해 자신의 체내 면역 시스템을 활용할 수 있다는 점	• 자가면역 및 장기부전의 고위험성 • 고비용 • 치료제와 표적 사이의 상호작용에 대한 미세 조율에서의 높은 복잡성

3) 세포치료제 - 줄기세포 치료제(Stem cells therapeutics)

세포치료제는 세포 조직과 기능을 복원시키기 위해 사람 또는 동물의 살아 있는 자가(autologous), 동종(allogenic), 또는 이종(xenogenic) 세포를 체외에서 증식 또는 선별하거나 생물학적 방법으로 조작하여 제조한 치료제이다. 대표적인 예로는 앞서 언급한 면역세포, 피부세포, 연골세포, 그리고 여기서 논하는 줄기세포 등이 있다. 줄기세포는 기본적으로 분화가 이루어진 성체 세포와는 다른 몇 가지 커다란 특성들을 지니고 있는데 줄기세포 치료제는 줄기세포 및 이들의 특성을 이용하여 질병을 치료하는 의약품이다. 대표적인 줄기세포의 특징으로는 ① 자기복제(self-renewal) 능력, 그리고 ② 다분화능(pluripotency)을 들 수 있다. 다분화능이란 줄기세포가 특정 환경과 조건을 통해서 내배엽, 중배엽, 외배엽을 구성하는 거의 모든 종류의 세포로 분화 능력을 의미한다. 자기복제 능력이란 다분화능을 잃어버리지 않은 채 무한대로 자신과 동일 특성을 가진 줄기세포로의 재생산이 가능한 것을 의미한다(오일환, 2015; 한민준, 2020). 다음의 다양한 줄기세포를 이용하여 줄기세포 치료제가 연구되고 있다.

① 전분화능줄기세포 vs 조직-특이적 줄기세포: 줄기세포에는 분화되는 세포의 영역에 따라 인체를 구성하는 200여 가지의 세포로 모두 분화할 능력을 지닌 전분화능 줄기세포(pluripotent stem cell)와 특정 종류의 세포로 분화할 수 있도록 특화된 조직-특이적 줄기세포(tissue-specific stem cell)로 분류된다. 이때, 수정란에서 출발한 배아 또는 배반포(blastocyst)에서 얻어지는 배아줄기세포(embryonic stem cell)는 대부분 전분화능 줄기세포에 분류된다. 발생 과정이 모두 끝난 신생아 또는 성인의 신체 각 조직에서 얻어지는 성체줄기세포(adult stem cell)는 조직 특이적 줄기세포에 해당되며 조혈줄기세포(hematopoieitc stem cell)와 중간엽줄기세포(mesenchymal stem cell) 등이 대표적인 성체줄기세포이다.

② 유도만능줄기세포: 유도만능줄기세포(induced pluripotent stem cells, iPS)는 줄기세포가 아닌 이미 분화된 체세포에 인위적인 자극을 통해 배아줄기세포와 같은 만능분화능을 가지게 된 세포를 말한다. 유도만능줄기세포의 가장 중요한 장점은 맞춤형 환자 세포치료가 가능하다는 점이다. 환자의 세포를 이용해 만들어진 줄기세포이기 때문에 세포치료를 위해 환자에게 이식 후 발생 가능한 면역거부반응에 대한 위험이 다른 종류의 줄기세포보다 훨씬 적다.

그러나 줄기세포는 특별히 배양 방식과 환경에 따라서 다양한 유전적 변이와 비정상적인 핵형(karyotyping)이 형성될 수 있어 종양원성(tumorigenecity) 시험이 필수적이다. 또한, 이식편대숙주병(graft-versus-host disease, GVHD)은 동종 조혈모세포 이식 후에 발생할 수 있는 합병증으로 가장 조심해야 할 부작용이다. 이식편대숙주병은 이식편(graft)이 숙주(host)를 공격하게 되어 생기는 일련의 반응이다. 이와 같은 비임상 과정에서 효능과 안전성 확보와 더불어 줄기세포의 임상시험에서 활용 등으로 그 적용 범위를 넓히기 위해서는 cGMP(good manufacturing practice)의 허가된 줄기세포 제조 및 배양법 수립, 그리고 적법한 규제의 확립이 필수적이다. 그러나 동시에 생명윤리적인 문제도 제시되고 있다. 반면에 성체줄기세포는 탯줄이나 성인의 체세포에서 추출하고, 유도만능줄기세포도 일반 세포의 변형을 유도한 것이므로 윤리적인 논란이 적다. 배아줄기세포는 정자와 난자가 만나 만들어진 수정란에서 추출되어 생명윤리적 측면에서 찬반 견해가 대립하고 있다. 이러한 문제에도 불구하고 〈표 6-21〉에서처럼 근래에 들어 부상이나 질병으로 손상된 모든 조직을 재생하는 열쇠로서 줄기세포는 주목받고 있다. 실제로 파킨슨병, 시력 회복, 척추 손상에서 줄기세포 치료제의 가능성과 키메라 장기, 인간배아 발달 연구, 인체 조립형 미니 장기 어셈블로이드(assembloid) 개발 현황 등 줄기세포의 성과가 발표되고 있다(BioIN, 2022). 오가노이드(organoid)가 비교적 단순한 조직을 구현하는 것이라면, 어셈블로이드는 각기 다른 조직 간의 조합체, 여러 오가노이드의 조합체를 의미한다.

〈표 6-21〉 줄기세포 치료제의 장단점

장점	단점
• 세포의 분화가 필요한 조직 및 기관을 위한 줄기세포 응용 재생치료제	• 자가면역 및 이식편대숙주병의 고위험성 • 종양원성 • 복용과 다른 이식의 복잡성 • 배아줄기세포의 생명윤리적 문제

4) 세포 · 유전자 치료제(cell & gene therapeutics)

세포치료제는 '살아 있는 세포'를, 유전자치료제는 '치료효과가 있는 유전자'를 주입하는 치료제이다. 반면에 세포 · 유전자 치료제는 한 단계 더 나아가 두 치료제의 융복합 바이오 치료제이다. 이와 같은 융복합 기술을 통해 세포 · 유전자 치료제는 증상 완화가 아닌 질병의 발병 메커니즘을 바탕으로 세포와 유전물질의 교체, 편집, 발현 억제를 통해 질병의 유전적 원인을 완전하게 치유하는 것을 목적으로 한다(이성경 등, 2022). 현재 세포 · 유전자치료제로 허가를 받은 제품은 없지만 2023년 유전자편집기술(CRISPR)을 이용한 세포 · 유전자치료제와 고형암에 대한 적응세포치료제(adoptive cell therapy), 뒤셴느 근이영양증(Duchenne Muscular Dystrophy) 유전자치료제가 각각 세계 최초 승인이 될 가능성이 전망되고 있다(한국바이오협회, 2023). 특히 미국에서는 최대 14개 세포 · 유전자치료제 허가 여부가 결정되고, 이 가운데 최소 5개 이상이 허가를 받을 것이 예상된다. 환자의 면역 능력을 증강하는 면역 치료제로 개발되고 있는 CAR-T 및 NK(natural killer, 자연살해) 세포 치료제도 세포 · 유전자 치료제로 분류된다. CAR-T(Chimeric antigen receptor T cell, 키메라 항원 수용체 T세포)는 CAR을 발현하는 면역 T 세포이다. CAR-T 치료제는 환자의 면역 T 세포에 CAR 유전자를 도입하여 만든다. CAR 유전자는 암세포의 표면 항원을 인지하도록 디자인된 인위적인 단백질을 코딩하여 암세포에 대한 반응성을 강화한 치료제이다. 환자의 기존 면역세포보다 더 효율적으로 암세포에 대하여 반응하여 환자-맞춤형 치료제이다. 세계 최초 CAR-T 치료제 '킴리아(성분명 티사젠렉류셀)'가 우리나라에서도 2023년에 허가되었다(정윤식, 2023). 킴리아는 환자로부터 채취한 면역세포 표면에 암세포의 특정 항원을 인지할 수 있도록 유전정보를 도입한 후 환자의 몸에 주입하는 방식으로 최초의 환자-맞춤형 치료제가 되었다. 그러나 CAR-T 치료제는 치료의 효과가 크지만, 부작용도 크다. 대표적인 부작용은 사이토카인 방출 증후군(사이토카인 폭풍)과 뇌신경계 부작용이다. 사이토카인 방출 증후군은 감기처럼 가벼운 증상으로 나타나기도 하지만, 상당수가 중증 이상의 증상을 나타낸다(성은아, 2023). 이와 같은 세포·유전자 치료제는 영구적인 유전적 변환 및 의도하지 않은 부작용을 유도할 수도 있다. 이에 밸류체인(value chain) 전 과정인 개발·임상-허가-제조 및 유통-시판 후 평가를 통해 기존 바이오의약품과 다른 규제 트랙으로 진행된다. 밸류체인은 가치사슬이라는 의미로 제품을 생산하기 위해서 제조 공정을 세분화하여 사슬(chain)처럼 엮여 가치(value)를 창출하는 개념이다. 특히, 보통 임상시험은 식약처의 승인을 받아야 하지만, 첨단바이오의약품 임상 연구의 임상계획은 첨단재생의료 및 첨단바이오의약품 심의위원회의 승인이 필요하며 고위험, 중·저위험 두 가지 트랙으로 구분된다(이성경 등, 2022).

5) 첨단바이오의약품의 독성시험에 관한 제출자료

세포치료제: 첨단바이오의약품에 대한 약리 및 독성에 관한 자료는 첨단바이오의약품의 품목허가·심사 규정에 따른다. 〈표 6-22〉는 세포치료제와 유전자치료제의 약 및 독성에 관한 자료 등의 비임상시험 종류별 수행과 평가에 대

한 고려사항이다.

〈표 6-22〉 세포치료제의 비임상시험에 관한 제출자료

항목		세포치료제
1. 약리작용에 관한 자료		
• 동물종		• 시험관내 및 질환동물을 이용한 효력시험
• 안전성약리시험		• 세포 또는 세포에서 분비된 활성물질이 중추신경계, 심혈관계, 호흡기계 등에 영향 가능성
• 흡수 · 분포 · 대사 · 배설시험 자료		• 적절한 동물종을 이용하여 투여된 세포의 조직 내 분포, 지속성 등을 확인할 수 있는 시험을 수행 • 국소 적용 세포치료제나 정맥 투여되는 면역세포 등과 같이 의미가 없는 경우에 미수행도 가능
2. 독성에 관한 자료		
• 단회투여독성시험		• 임상에서 단회 투여되는 경우에 평가항목 및 관찰기간을 적용해서 수행
• 반복투여독성시험		• 임상에서 반복 투여되는 경우에는 투여기간 및 관찰기간을 고려하여 수행
• 유전독성시험		• DNA 또는 염색체 성분과 직접 작용할 가능성이 없다면 미수행
• 종양원성시험		• 줄기세포, 핵형분석시험 결과 이상이 확인된 세포 등 종양형성 가능성이 있는 세포인 경우 실시 • 면역이 결핍된 동물 및 6개월 정도 관찰 • 다만, 세포의 기원, 제조방법상 조작 및 처리 정도, 시험관내 종양원성시험(예: 연한천집락형성시험 등) 등을 종합하여 종양형성 가능성이 낮은 경우 생체내 종양원성시험을 미수행
• 생식발생독성시험		• 일반독성시험 결과 투여된 세포가 생식선 및 생식기관에 분포(생착, 분화 등)되지 않으며 생식선 및 생식기관에서 이상이 확인되지 않은 경우에 미수행
• 기타 독성시험	• 면역원성 시험	• 세포(예: 동종세포) 등에 의해 면역반응을 일으킬 가능성이 있는 경우 면역원성시험이 필요할 수 있음 • 단회 또는 반복투여독성시험 등의 일부분으로 수행 가능
	• 국소내성 시험	• 적절한 동물종을 이용하여 주사 부위의 상세한 임상, 병리학적 평가 등을 실시하는 국소내성시험이 필요할 수 있음 • 단회 또는 반복투여독성시험 등의 부분으로 수행 가능

유전자치료제: 첨단바이오의약품에 대한 약리 및 독성에 관한 자료는 첨단바이오의약품의 품목허가 · 심사 규정에 따른다. 〈표 6-23〉은 유전자치료제의 약리 및 독성에 관한 자료 등의 비임상시험 종류별 수행과 평가에 대한 고려사항이다.

〈표 6-23〉 유전자치료제의 비임상시험에 관한 제출 자료

항목	유전자치료제
1. 약리작용에 관한 자료	
• 유전자 도입된 배양세포를 이용한 시험자료	• 배양세포의 유전자 도입 효율과 도입 유전자의 구조와 안정성, 배양세포에서의 도입된 유전자의 기능적 분석 및 실험의 전체적인 평가가 포함
• 실험동물을 이용한 시험자료	• 실험동물로의 유전자 도입의 효율과 도입 유전자의 구조와 안정성, 실험동물에 도입된 유전자의 기능적 분석 및 실험동물에 대한 유전자 도입 실험결과에 대한 평가를 포함
• 흡수 · 분포 · 대사 · 배설시험 자료	• 적절한 동물종을 이용하여 투여된 유전자치료제의 흡수, 목적하는 부위 및 주변 또는 주요 장기 등에의 분포 및 지속성과 필요시 배출에 대한 결과가 포함 • 시험기간은 도입유전자 발현 및 활성의 지속성을 평가하기에 충분해야 하고, 시험방법은 밸리데이션 되어야 함
2. 독성에 관한 자료	
• 단회투여독성시험	• 동일한 임상적용경로로 수행 • 적절한 동물종 1종에 대해서 실시 • 중대한 독성이 발현되거나 필요하다고 판단될 경우 추가종에 대해 실시

항목	유전자치료제
• 반복투여독성시험	• 반복투여 독성시험은 환자에게 반복투여되는 경우에 실시 • 투여경로, 투여방법, 투여빈도 및 투여기간 등은 임상의 경우와 동일 또는 유사 • 임상투여기간이 장기간일 경우 일반적으로 6개월 반복투여독성시험을 실시 • 회복군의 기간은 유전자치료제의 발현과 잔류기간에 근거하여 설정 • 벡터, 도입된 핵산과 발현되는 유전자와의 상관성을 보기 위하여 동일한 시험 내에서 약물동태학적지표 또는 조직분포지표를 조사하는 것이 바람직함 • 적절한 동물종 1종, 그러나 중대한 독성이 발현되거나 필요하다고 판단될 경우 추가 종
• 유전독성시험	• 염색체와 직접 작용하여 유전적 변형을 일으키거나 염색체에 삽입 가능성이 있는 경우에 수행 • 일반적인 유전독성시험은 적용되지 않으며, 유전적 변형 또는 염색체 삽입에 따른 발암 가능성이 적절한 시험관내 또는 생체내 시험에서 평가되어야 함
• 종양원성시험 또는 발암성시험	• 유전자치료제의 벡터 또는 도입 유전자의 산물이 종양을 형성할 가능성이 있다면 시험관 내 또는 생체 내 모델을 이용한 종양원성시험 또는 발암성시험을 고려 • 도입유전자가 성장인자, 성장인자 수용체의 장기적인 발현 또는 면역조절제와 같은 경우에는 발암성시험이 고려
• 생식 · 발생독성시험	• 생식선 및 생식기관에서의 발현 및 발현지속에 관한 자료가 요구됨 • 생식선 및 생식기관에서 발현되지 않는다면 수태능 및 일반생식독성시험이 필요하지 않을 수 있으며 생식선과 생식기관의 조직병리학적 자료(예: 반복투여독성시험 자료)로서 대체할 수 있음 • 유전자치료제가 염색체에 삽입 가능성이 있고 생식선 및 생식기관에서 지속적으로 분포한다는 근거가 있는 경우에는 수태능 및 일반생식독성시험을 실시 • 임부 및 가임여성에 사용되어 임신의 유지나 태아발생 등에 위해한 영향을 미칠 가능성이 있는 경우에 배 · 태자 발생 및 출생 전 · 후 발생시험을 실시

항목		유전자치료제
• 기타 독성시험	• 면역원성 시험	• 도입유전자의 발현산물 및 벡터에 함유되는 단백질 등에 의한 항원성 유발 및 그 외의 바람직하지 않은 면역반응을 일으킬 가능성에 관한 자료가 요구됨 • 적당한 동물모델이 가능한 경우에는 세포의 공여자와 수여자 간의 항원적 차이점과, 이식된 세포에 대한 면역 또는 알레르기 반응 및 이 반응이 치료의 안전성에 미치는 영향평가, 자가면역반응 및 이식세포와 숙주세포 간 반응에 관한 자료가 요구됨
	• 국소 내성시험	• 적절한 동물종을 이용하여 주사부위의 상세한 임상, 병리학적 평가 등을 실시하는 국소반응성 시험이 필요할 수 있음 • 그러나 임상에 적용되는 제품의 조성 및 투여경로를 이용한 전임상 시험이 이미 수행되었다면 별도의 국소반응성 시험은 생략 가능

6. 기타 의약품의 종류와 독성에 관한 자료는?

1) 마이크로바이옴 치료제(Microbiome-based therapeutics)

마이크로바이옴(microbiome) 치료제는 장내 미생물인 마이크로바이옴을 이용한 치료제이다. 마이크로바이옴은 미생물 군집을 뜻하는 마이크로바이오타(microbiota)와 한 생명체의 모든 유전정보를 의미하는 유전체(genome)의 합성어이며 인체에 서식하는 모든 미생물(약 100조 개)의 유전체를 뜻한다. 일반적으로 마이크로바이옴 치료제는 여러 균주 조합물(consortium) 또는 단일 균주(single strain)의 형태로 투여하였을 때, 질병의 치료 또는 완화의 효능을 보이는 살아 있는 생물학적제제이다(Chunlab, 2019). 따라서 마이크로바이옴 치료제는 새로운 개념의 혁신 신약의 일종으로 세포치료제와 유사한 바이오의약품의 일종으로 볼 수 있다. 마이크로바이옴 치료제는 크게 두 가지 방법인 ① 장내 미생물 수의 조절 방법, 그리고 ② 대변미생물 이식 방법 등으로 개발된다

(최지원, 2023). 첫 번째는 특정 미생물의 수를 늘리거나 줄여서 장내 미생물의 균형을 맞추는 방법이다. 예를 들어, 미국 식품의약국(FDA)은 2023년 4월 세레스 테라퓨틱스(Seres Therapeutics)의 경구용 클로스트리디움 디피실 감염증(Clostridium Difficile Infection, CDI) 치료제인 보우스트(Vowst)를 허가하였다(남대열, 2023). 클로스트리디움 디피실 세균은 1978년에 처음으로 식중독으로 인한 환자들에서 발견되었다. 그 이후로 전 세계적으로 다수의 사람이 클로스트리디움 디피실에 감염되어 식중독 증상을 겪게 되었다. 특히 장내균 변화와 항생제 사용에 의한 장내균의 균형 변화는 클로스트리디움 디피실 감염의 주요 원인으로 알려져 있다. 보우스트는 18세 이상의 클로스트리디움 디피실 감염증 재발 예방을 위한 치료제로 개발되었다. 보우스트 치료제는 건강한 사람의 대변에서 채취한 유익균을 캡슐에 넣어 복용하는 방법이다. 즉, 정상적인 장내 미생물을 보유한 사람의 대변을 환자에게 이식하는 방법으로 대변미생물 이식(Fecal Microbiota Transplant, FMT)이라고 한다. 두 번째는 특정 미생물의 성장과 활성을 촉진하는 방법이다. 예를 들어, 면역항암제와 병용하여 암세포를 공격하는 면역세포의 활성화를 도와주는 세균을 주사하는 방법이다. 미국 FDA에서는 살아 있는 미생물로 된 치료물질을 약(drug)으로 규정하고, 이를 Live Biotherapeutic Product(LBP)라고 명명 후 IND(investigational new drug, 신약후보물질의 임상시험승인)를 신청하기 위한 가이드라인을 발표하였다(Dreher-Lesnick 등, 2018). 그러나 아직 마이크로바이옴 치료제 분야의 수많은 임상시험에도 불구하고 규제 틀(framework)의 부재는 불확실성을 가져오게 되며 장애물로 작용하고 있다. 이러한 불확실성이 곧 예상되는 마이크로바이옴 치료제의 승인으로 해소된다면 다양한 적응증의 치료제 개발이 기술혁신이 가능한 마이크로바이옴 치료제 분야로 이동할 것으로 기대된다(박봉현 등,

2023). 최근 식약처도 의약품 분류 체계에 속하지 않던 생균치료제를 생물의약품에 추가하는 개정안을 만들었다. 특히, 마이크로바이옴 치료제는 아직 연구 초기 단계에 있으며, 장기적인 안전성과 효능에 대한 충분한 증거가 부족하다. 마이크로바이옴 치료제가 인체 내에서 어떻게 작용하고, 어떤 부작용을 유도할 수 있는지에 대한 정확한 이해가 필요하다. 그러나 장내 미생물은 소화와 영양분 흡수, 면역계 조절, 신경전달물질 합성 등 인체의 건강과 질병에 많은 영향을 주고 이에 마이크로바이옴 치료제는 다양한 질병에 대해 효과적인 치료방법으로 기대되고 있다. 특히 〈표 6-24〉에서처럼 기존의 의약품과 달리 마이크로바이옴 치료제는 인체 내에서 적응과 상호작용을 통해 필요한 경우에만 작용하거나 자기 조절이 가능한 살아 있는 생물학적제제이다. 이는 마이크로바이옴 치료제가 부작용을 줄이고, 효능 향상을 더욱 높이는 가능성과 더불어 기존의 의약품과 달리 개인화된 치료를 가능하게 하는 장점이 있다.

〈표 6-24〉 마이크로바이옴 치료제의 장단점

장점	단점
• 약물 내성을 지닌 장내 세균인 클로스트리디움 디피실 감염증 치료에 도움 • 다른 질병의 치료 또는 완화의 효능을 보이는 살아 있는 생물학적제제 개발의 가능성	• 타인의 대변 미생물 이식에 의한 자가면역질환의 위험성 • 기존 장내 미생물과 치료제의 미생물의 차이로 발생할 수 있는 다양한 생물학적 현상을 이해하고 미세조율에 대한 복잡성 • 마이크로바이옴 치료제가 인체 내에서 어떻게 작용하고, 어떤 부작용을 일으킬 수 있는지에 대한 정확한 이해가 필요

2) 파지 치료법(Phage therapy)

전 세계적으로 연간 50만 명 이상의 사람들이 다제내성(multidrug-resistant) 박테리아(세균) 감염으로 인해 사망하고 WHO는 2050년에 이 사망자 수가 천만 명에 이를 것으로 예측한다(심희원, 2021). 항생제에 내성을 가진 내성균을 효과적으로 제거하는 방법으로 박테리오파지(bacteriophage)를 이용한 파지 치료법(phage therapy)이 제시되고 있다. 파지(phage)는 박테리오파지(bacteriophage)의 줄임말로 박테리아에 감염하는 바이러스이다. 박테리오파지 치료제는 세균의 세포벽을 뚫어 유전물질을 삽입, 세균의 파괴 및 증식을 하는 용균성 또는 용원성 생활사의 특징을 활용하는 기전이다. 또한, 〈표 6-25〉에서처럼 내성에 의한 새로운 균주를 파괴하기 위하여 새로운 바이러스를 선택하여, 치료가 가능하다는 논리로 파지 치료제가 주목받고 있다(Ramsey, 2023). 파지 치료제가 주목받는 이유는 ① 엄청난 다양성, 그리고 ② 파지의 숙주 특이성에 기인한다(강석기, 2014). 박테리아가 있는 곳 어디서나 박테리오파지가 있다는 말처럼 우리 주변 어디서나 파지가 널려 있다. 어떤 병원균에 대해서도 천적이 되는 파지를 찾는 게 어려운 일이 아니라는 의미이다. 물론 박테리아가 변이를 일으켜 내성을 가질 수도 있지만 파지도 그에 맞춰 변이를 일으킬 수 있고 또 여러 종류를 쓰는 파지 칵테일요법도 가능하다. 다음으로 파지의 숙주 특이성을 꼽을 수 있다. 파지는 특정 균주에만 감염할 수 있어 무차별적으로 폭격하는 항생제에 비해 인체의 유익균이 피해를 볼 가능성이 거의 없다. 그리고 파지는 박테리아가 아닌 사람을 포함한 진핵생물에 피해를 주지 않기 때문에 안전성이 높다. 최근에는 마우스 복막에 투여한 지카 바이러스는 뇌로 이동해 암세포를 공격하는 것이 확인되어 파지 치료제가 항암제로의 개발 가능성도 제시되었다(이영완, 2022). 파지의 세균을 죽이는 효율을 더 높이기 위하여 CRISPR-Cas3 등 유전자편집기술을 활용한 유전자 조작의 파지를 개발하고 있다(Jin, 2022). 그러나 파지 치료제 개발에 있어서 적절한 적응증 확인도 어렵지만 비임상시험 및 임상시험에서 투여의 용량 및 기간 결정에 있어서 어려움이 있다.

〈표 6-25〉 파지 치료법의 장단점

장점	단점
• 다제 약물-내성을 가진 세균을 치료 가능성 • 특정 박테리아에 대한 표적 특이성	• 세균 사멸에 파지의 용원성 기전이 파지에 대한 면역반응의 위험성 • 숙주의 유전자에 대한 파지 유전자의 삽입 위험성 • 규제 및 생명 · 윤리적인 문제가 여전히 존재

3) 독성시험에 관한 자료

마이크로바이옴 치료제 및 파지 치료법은 아직 인허가 단계에 미치지 못하여 독성자료에 대한 가이드라인은 아직 마련되어 있지 않다. 이에 세포치료제 및 유전자치료제 등에 대한 가이드라인을 응용해야 할 것으로 추정된다.

제7장

여러 가이드라인의 특성과
일부 독성시험의 분석

1. 독성시험 가이드라인 중 가장 대표적인 가이드라인과 차이점은?

독성시험 가이드라인 중 OECD 가이드라인과 ICH 가이드라인 등 2종류가 가장 대표적인 가이드라인이다. 〈표 7-1〉에서처럼 이들 2가이드라인 외에 미국 FDA의 가이드라인이 있다. 그러나 약물에 대한 가이드라인은 대부분 ICH 가이드라인과 유사하다. 그리고 미국의 경우에 일부 식품첨가제 및 복합제에 대한 가이드라인이 따로 제정되어 있다(박영철, 2019). 먼저 'OECD Test Guidelines for the Chemicals', 즉 OECD의 화학물질에 대한 시험 가이드라인(test guideline)은 인체 건강(human health)과 환경(environment)에서 화학물질의 잠재적 유해성에 대한 위해성평가의 과정으로 웹사이트에 소개되어 있다. 특히 화학물질은 단지 산업물질(industrial chemicals), 농약(pesticides) 그리고 화장품(cosmetics) 등으로 서술되어 있고 약물이라는 언급은 없다. 이들 가이드라인은 전체 5영역인 Section 1: Physical Chemical Properties, Section 2: Effects on Biotic Systems, Section 3: Environmental Fate and Behaviour, Section 4: Health Effects, Section 5: Other Test Guidelines 등으로 분류되어 있다. 약물의 비임상 안전성평가와 유사한 독성시험에 대한 가이드라인은 4번째 영역인 Section 4: Health Effects에 포함되어 있다. 건강에 대한 가이드라인 영역인 'Section 4: Health Effects'에는 TG 401부터 TG 492까지 있으며 교체되거나 새롭게 추가된다.

〈표 7-1〉 OECD 가이드라인과 ICH 가이드라인의 시험물질의 대상에서 차이점

독성시험 Guideline		시험목적
• OECD Guidelines for the Testing of Chemicals		• 환경 및 산업장 물질 평가: Section 4: Health Effects
• ICH(의약품국제조화협력회의, International Conference on Harmonization) Harmonized Tripartite Guideline		• 의약품
• US FDA	• Toxicology Principles for the Safety of Food Ingredients (FDA Red Book, 1982)	• 식품첨가제, 착색제
	• Centers for Drug Evaluation and Research(CDER): Nonclinical Safety Evaluation of Drug or Biologic Combinations, Guidance for Industry Safety Testing of Drug Metabolites	• 2가지 이상의 복합약물에 대한 독성시험 • 의약품의 대사체에 대한 독성시험

반면에 ICH 가이드라인은 약물에 한정하여 제정되었다. 약물의 품질, 안전성, 유효성 및 통합 분야 등 4개 영역에서 50가지 이상의 가이드라인과 공동기술문서(CTD)를 채택하고 있다. 약물의 비임상 안전성평가를 위한 독성시험 가이드라인은 안전실무그룹(Safety Working Group)의 논의를 통해 2019년 현재 'International Conference on Harmonization – Safety'의 제목으로 19개 guideline이 〈표 7-2〉와 같이 설정되었다. 이와 같은 약물의 비임상 안전성평가를 위한 독성시험은 ICH 가이드라인, 반면에 비약물에 대한 위해성평가를 위한 독성시험은 OECD 가이드라인에 따르는 것이 바람직하다. 이는 독성시험의 내용과 목적에 대한 분석을 통해 이해에 도움이 된다. 비약물성 물질과

약물의 독성시험 가이드라인에서 중요한 차이는 시험물질에 의한 변화에 대한 구별이다. 전자는 NOAEL-LOAEL의 2-단계구별법, 반면에 후자는 NOEL-NOAEL-LOAEL의 3-단계구별법으로 이루어진다. 비록 두 가이드라인의 NOAEL이 같지만 NOAEL의 판단 기준에 따라 용량 2-10배 정도 차이가 날 수도 있다(박영철, 2019). 이와 같은 차이는 약물 용량의 치료범위(therapeutic range) 결정에 영향을 주게 되어 약물을 개발하는 측면에서 제한적 요인으로 작용할 수도 있다. 특히 치료범위에 영향을 주는 관찰 요인은 변화에 대한 가역성(reversibility)이다. 약물 투여에 의한 가역성은 반복투여독성시험에서 회복군을 두어 시험물질을 제거한 상황에서 일정 기간의 관찰을 통해 확인된다. 회복기간 동안 시험물질에 의한 변화가 원래 상황으로 돌아가는 가역성은 약물 특성의 확인에 있어 중요하다. 예를 들어 임상시험에서 약물 투여에 의한 특정 변화가 확인되었다면 비임상 독성시험에서 가역성 유무의 확인에 따라 진행의 안전성 우려에 영향을 주게 된다. 그러나 환경·산업물질에 대해서는 시험물질에 의한 발생 그 자체가 독성의 판단기준이 되며 회복군을 통한 가역성 확인에 대한 의미가 없다. 이와 같은 중요성을 고려하여 약물과 환경·산업물질을 구분하여 독성시험을 수행할 필요성이 있다. 특히 산업물질 및 농약 등과 같은 비의도적 노출 물질과 관련된 가이드라인과 매일 의도적으로 노출되는 약물에 대한 가이드라인을 참고할 때 ① 약리작용 등과 같은 시험물질에 의한 변화의 판단, ② 인체노출안전용량 설정에서 안전계수(safety factor) 적용 등을 반드시 참고할 필요가 있다.

〈표 7-2〉 ICH 안전성-관련 가이드라인

기술문서 코드명	문서 제목
S1A	The Need for Long-term Rodent Carcinogenicity Studies of Pharmaceuticals
S1B	Testing for Carcinogenicity of Pharmaceuticals
S1C(R2)	Dose Selection for Carcinogenicity Studies of Pharmaceuticals
S2A	Specific Aspects of Regulatory Genotoxicity Tests for Pharmaceuticals
S2B	Genotoxicity: A Standard Battery for Genotoxicity Testing of Pharmaceuticals
S2(R1)	Genotoxicity Testing and Data Interpretation for Pharmaceuticals Intended for Human Use
S3A	Toxicokinetics: The Assessment of Systemic Exposure in Toxicity Studies
S3B	Pharmacokinetics: Guidance for Repeated Dose Tissue Distribution Studies
S4A	Duration of Chronic Toxicity Testing in Animals (Rodent and Nonrodent Toxicity Testing)
S5A	Detection of Toxicity to Reproduction for Medicinal Products S5(R2) Detection of Toxicity to Reproduction for Medicinal Products Toxicity to Male Fertility In November 2005, the ICH incorporated the S5B addendum with S5A and retitled the combined S5 document. The contents of the two guidances were not revised.
S5B	Detection of Toxicity to Reproduction for Medicinal Products: S5(R2) Detection of Toxicity to Reproduction for Medicinal Products Toxicity to Male Fertility In November 2005, the ICH incorporated the S5B addendum with S5A and retitled the combined S5 document. The contents of the two guidances were not revised.
S6(R1)	Preclinical Safety Evaluation of Biotechnology-Derived Pharmaceuticals
S7A	Safety Pharmacology Studies for Human Pharmaceuticals
S7B	Nonclinical Evaluation of the Potential for Delayed Ventricular Repolarization (QT Interval Prolongation) by Human Pharmaceuticals
S8	Immunotoxicity Studies for Human Pharmaceuticals
S9	Nonclinical Evaluation for Anticancer Pharmaceuticals
S10	Photosafety Evaluation of Pharmaceuticals
S11	Nonclinical safety testing in support of development of paediatric medicines
S12	Nonclinical biodistribution concentration for gene therapy products

2. 단회투여독성시험의 의미와 정량적 지표에 논한다면?

　단회투여독성시험은 다양한 용량을 각각 24시간 이내 투여하여 개체의 사망 정도를 LD_{50}(median lethal dose, 반수치사량) 또는 ALD(approximate lethal dose, 개략치사량) 등의 독성용량기술치(toxicological dose descriptor)로 나타내는 독성시험이다. ALD는 개체 치사를 유도하는 최소용량이며 LD_{50}은 개체군 중 50% 치사를 유도할 수 있는 용량을 의미한다. 이와 같은 단회투여독성시험의 목적은 ① 독성강도의 비교, 그리고 ② 반복투여독성시험의 용량설정에 응용 등으로 요약된다. 그러나 단회투여독성시험에 있어서 독성용량기술치에 대한 요청이 의약품, 기능성식품 그리고 식품 등 각각 다르다. 예를 들어 의약품에서는 ALD, 그리고 건강기능성식품에 있어서는 LD_{50}을 요청하고 있다. 초창기에는 대부분의 가이드라인에서는 LD_{50}을 요구하였다. 이는 화학물질에 대한 독성의 상대적 강도를 비교하여 이에 따른 분류를 하기 위함이다. 그러나 독성시험 과정에서 동물을 대체(Replacement), 동물 수의 감소(Reduction), 그러나 동물의 고통을 경감(Refinement) 등의 '3R' 원칙이 제시되어 LD_{50}에서 ALD로 전환되었다. 물론 동물 수를 줄이면서 LD_{50}을 산출하는 용량고저법인 OECD TG(test guideline) 425: Acute Oral Toxicity-Up-and-Down Procedure이라는 가이드라인도 있다. 우리나라 식품의약품안전평가원에서도 식품 등의 독성시험법 가이드라인 OECD TG 425에 해당하는 단회투여독성시험(용량고저법)이 발간되었다. 그 외에 일반적으로 OECD TG 420에 해당하는 고정용량법(Acute Oral Toxicity - Fixed Dose Procedure)과 OECD TG 423에 해당하는 독성등급법(Acute Oral Toxicity - Acute Toxic Class Method)에 대한 안내서를 발간하였다(식품의약품안전평가원, 2021). OECD TG 425

는 직접 LD_{50} 값을 산출하지만, 나머지 OECD TG 420 및 423은 LD_{50} 추정을 〈표 7-3〉과 같이 급성독성에 대한 국제조화시스템(Global Harmonized System of classification and labelling of chemicals, GHS) 기준에 따라 분류한다(United Nations, 2007). GHS는 유엔이 국제적으로 사용하는 화학물질 유해성 및 위해성에 대한 분류체계로 LD_{50} 용량에 따른 독성의 강도가 5카테고리(category)로 분류된 것이다(United Nations, 2007). 화학물질 4,219종 중 LD_{50}의 Category 1(〈5mg/kg) 및 2(5-50mg/kg)의 'very toxic' 분류에 속하는 화학물질은 15종으로 0.36%, Category 3(50-300mg/kg)의 'toxic' 분류에 화학물질은 144종으로 3.41%, Category 4(300-2,000mg/kg)의 'harmful' 분류에 속하는 화학물질은 396종 9.4%, 나머지 3,664종인 86.8%가 Category 5(2,000-5,000mg/kg)이거나 LD_{50} 〉5,000mg/kg 분류군에 속하는 화학물질로 거의 독성이 없는 수준 등으로 분류되었다. 이와 같은 단회투여독성시험의 가이드라인은 모두 LD_{50} 값을 산출하고 이를 기준으로 분류되고 있다. 가이드라인 측면에서 본다면 단회투여독성시험에서 ALD 산출이 불가능하다. 단, 가이드라인에서 한계용량 2,000mg/kg의 단일 용량군으로 시험을 수행한 경우에 시험물질이 ALD 및 LD_{50} 값이 2,000mg/kg을 초과할 것으로 추정된다는 결론을 내릴 수 있다. 이러한 측면을 고려할 때 식품 및 의약품에 대한 단회투여독성시험의 독성용량기술치를 각각 다르게 요구할 필요는 없다. 즉, LD_{50}이나 ALD 등의 둘 중 하나만 제출하면 되는 인식이 필요하다. 유럽연합은 이와 같은 기술치에 대한 개념을 기반으로 급성독성의 안전성에 대한 역치(threshold)로 'not classified' 분류 기준인 LD_{50} 〉2,000mg/kg 설정하였다. 이 용량 이상에서의 독성용량기술치는 독성학적 측면에서 무시할 수 있다는 것을 의미한다(박영철, 2019). 그리고 단회투여독성시험의 독성용량기술치에 대한 다른 유용한 도구는 ALD와 LD_{50}이

상호 전환이 가능한 비(ratio)이다. 마우스와 랫드의 231건 급성 또는 단회투여독성시험에 대한 분석을 통해 LD_{50}/ALD의 비가 추정되었다(Vit, 1989). 정맥투여를 통한 LD_{50}/ALD는 마우스에서 1.27-1.61, 그리고 랫드에서는 1.25-2.84로 추정되었다. 경구투여를 LD_{50}/ALD는 마우스에서 1.46-2.5, 그리고 랫드에서 1.59-2.1로 추정되었다. 전체 231건의 독성시험 중 약 8.7%인 20건에서만 LD_{50}/ALD가 2보다 높다는 점을 참고하여 투여 차이에 따른 독성용량기술치의 상호 전환이 가능하다.

〈표 7-3〉 급성독성에 대한 GHS 분류 기준

단회투여 (단위: LD_{50} 또는 LC_{50})	Category 1	Category 2	Category 3	Category 4	Category 5
경구(mg/kg)	≤5	>5 ≤50	>50 ≤300	>300 ≤2000	기준 • 경구 LD50 2,000과 5,000mg/kg 사이 • 인체에 유해성의 징후 • Class 4에서의 개체 사망 • Class 4에서 임상적 징후 • 다른 시험에서 임상적 징후
경피(mg/kg)	≤50	>50 ≤200	>200 ≤1000	>1000 ≤2000	
가스(ppm)	≤100	>100 ≤500	>500 ≤2500	>2500 ≤5000	
증기(mg/l)	≤0.5	>0.5 ≤2.0	>2.0 ≤2500	>10 ≤20	
먼지 및 미스트 (mg/l)	≤0.05	>0.05 ≤0.5	>0.5 ≤1.0	>1.0 ≤5	

3. 비임상 독성시험에도 급성독성(acute toxicity) 시험이 있는가?

전통적으로 급성독성시험은 단회투여독성시험을 포함하고 있다. 급성독성과 단회투여독성시험의 공통점은 24시간 이내에 투여가 이루어지는 것이지만 전자는 1회 또는 다회 투여(multi dose) 그리고 후자는 1회 투여라는 점에서 차이가 있다. 급성독성시험에서 다회 투여는 투여용량을 증가하면서 제1상 임상시험에서의 용량 증량(dose-escalation)을 위한 자료를 얻거나 단기간 투여에 의한 안전성 용량 범위(short-duration dose-ranging studies) 확인을 위한 목적을 지닌다. 이와 같은 이유로 단회투여독성시험은 명확하게 정량적 독성지표를 얻을 수 있지만, 급성독성은 정량적 지표를 얻기는 어렵다. 일반적으로 급성독성시험은 non-GLP 시험으로 수행된다.

4. 단회투여독성시험과 확장단회투여독성시험의 차이는 무엇인가?

단회투여독성시험(single dose toxicity study)이란 단회투여를 통해 치사량을 확인하는 전형적인 가이드라인 시험이다. 즉, 치사량 용량의 단회투여 후 14일 동안 독성에 대한 질적 · 양적 지표와 임상적 관찰이 이루어진다. 독성의 양적 및 질적 지표는 ALD 및 LD_{50}이며 임상적 관찰은 관찰기간 내 또는 부검 후 육안에 의해 이루어진다. 그러나 혈액학적 및 임상병리학적 조사를 비롯하여 독성동태시험과 조직병리학적 확인은 제외된다. 확장단회투여독성시험(extended single dose toxicity study)은 임상시험 및 의약품 시판을 위한 비임상 안전성 시험에 대한 가이드라인 ICH M3 R2에 소개된 용어이다. 확장시험에서는 단회투여 후 혈액학적 검사, 임상병리학적 및 조직병리학적 검사를 비롯하여 부검 소견 등의 반복투여독성시험에서의 검사와 유사하게 수행된다. 특히 지연 독성(delayed toxicity) 및 회복성(recovery) 유무를 확인하기 위해 투여 후 2주간의 회복군을 구성하는 특징이 있다. 단회투여독성시험과 비교하여 또 다른 차이는 치사량을 확인하는 것이 아니라 반복투여독성시험의 목적 중 하나인 독성표적기관(toxicity target organ)을 확장단회투여독성시험에서 확인하는 것이다. 소분자 합성의약품뿐만 아니라 세포치료제 등과 같이 임상시험에서 1회 투여되는 바이오의약품에 대해 확장단회투여독성시험이 자주 응용되고 있다. 바이오의약품의 등장으로 1회 투여와 4주 이상의 관찰 기간이 필요한 시험이 많아지고 있다. 비록 1회라는 측면에서 단회투여독성시험이라고 불릴 수도 있다. 그러나 결과적으로 독성용량기술치(toxic dose descriptor)가 LD_{50}이나 ALD가 아닌 NOAEL(no observed adverse effect level, 최대비독성용량)이기 때문에 반복투여독성시험으로 규정되어야 한다. 따라서 바이오의약품의 출현으로 투여의 횟수와 기간에 의해 단회 또는 반복투여독성시험 중 어떻게 규정할 것인가에 대해 다소 애매한 경우가 종종 발생한다. 이에 대한 기준은 결국 독성시험으로부터 어떤 독성용량기술치를 추정할 것인가이다.

5. 확장단회투여 및 반복투여의 독성시험에 대한 가이드라인의 차이는?

일반적으로 반복투여독성시험에서 투여기간은 임상시험기간 중 약물 투여기간과 동일하게 이루어진다. 이 점은 의약품등의독성시험기준(식약처, 2022), 그리고 임상시험 및 의약품 시판을 위한 비임상 안전성 시험에 대한 가이드라인 ICH M3(R2) 등에서 동일하다. 그러나 반복투여독성시험의 최소 투여

기간인 2주 동안 투여횟수 측면에서 차이가 있다. 〈표 7-4〉에서처럼 의약품 등의독성시험기준에서는 임상시험의 투여기간이 2주면 2주 동안 1회/1일 그리고 7회/주 투여함을 원칙으로 하고 있다. 반면에 미국 FDA의 Guidance for Industry M3(R2) Nonclinical Safety Studies for the Conduct of Human Clinical Trials and Marketing Authorization for Pharmaceuticals(임상시험 및 의약품 시판을 위한 비임상 안전성 시험에 대한 가이드라인)에 따르면 〈표 7-5〉에서처럼 2가지 예외 규정을 두었다. 먼저, 임상시험에서 1회 투여이면 2주 기간의 확장단회투여독성시험(extended single-dose toxicity studies)으로 대체할 수 있다. 확장단회투여독성시험은 일반적으로 단회투여독성시험과 비교하여 횟수 및 관찰 기간은 같지만, 독성의 표적기관을 확인하기 위해 반복투여독성시험에서 관찰지표들이 측정된다. 또한, 지연 독성 및 회복 유무를 확인하기 위해 고용량군에 대한 회복군을 둘 수 있다. 이때 시험물질의 과잉 약리작용 또는 전신독성 발현의 가능성을 예상하여 시험군에 대한 평가 시점은 시험물질 투여 후 언제 수행되어도 문제가 되지 않는다(USFDA, 2010; Watabe 등, 2021). 예를 들어 방사선의 경우에 1-5일 후 시험군에 대한 평가, 그리고 회복군 경우에는 2주 후 평가하기도 한다(Watabe 등, 2021). 반면에 바이오의약품 경우에는 1회 투여 후 관찰기관이 2주보다 훨씬 더 길 수도 있다. 일반적으로 바이오의약품 경우에 단회투여독성시험이 생략되지만 1회 투여 후 2개월 및 3개월 등의 장기간 관찰이 요구되기도 한다. 이와 같은 이유는 시험물질의 체내분포 및 소멸 등을 확인할 목적도 있지만, 바이오의약품의 독성기전인 과잉 약리작용에 의한 지연 독성을 확인하기 위함이다. 약물의 모달리티와 목적에 따라 확장단회투여독성시험에 대한 디자인을 다양하게 할 수 있다는 측면에서 일종의 임상시험과 동일 맞춤형(tailor-made) 독성시험이라고 불린다

(EMA, 2010). 두 번째로 〈표 7-4〉와 〈표 7-5〉에서의 차이점은 임상시험 기간이 2주 이내의 경우에 대한 것이다. 〈표 7-4〉의 경우에는 2주 동안 1회/1일 그리고 7회/주로 설정되었다. 반면에 〈표 7-5〉에서는 임상시험 기간이 2주보다 짧은 경우에 비임상시험은 임상시험과 동일 기간으로 설정되어 수행된다는 것이다. USFDA의 M3(R2)의 가이드라인은 가능한 동일 기간 및 동일 투여횟수를 통해 임상시험에서 발생하는 시험물질에 의한 변화를 보다 정확하게 예측하기 위함이다.

〈표 7-4〉 우리나라의 임상시험을 위한 반복투여독성시험의 최소 투여기간

임상시험기간 중 약물투여기간	최소 투여기간	
	설치류	비설치류
~2주	2주	2주
2주~6개월	임상시험 중 약물투여기간	임상시험 중 약물투여기간
〉6개월	6개월	만성[주5]

〈표 7-5〉 미국 FDA의 임상시험과 투여의 기간 비교

Maximum Duration of Clinical Trial	Recommended Minimum Duration of Repeated-Dose Toxicity Studies to Support Clinical Trials	
	Rodents	Non-rodents
Up to 2 weeks	2 weeks (In the United States, as an alternative to 2 week studies, extended single-dose toxicity studies can support single-dose human trials. Clinical studies of less than 14 days can be supported with toxicity studies of the same duration as the proposed clinical study)	
Between 2 weeks and 6 months	Same as clinical trial	Same as clinical trial
〉6 months	6 months	9 months

6. 반복투여독성시험의 고용량 설정에 있어서 한계용량의 의미는?

독성시험의 목적 중 하나가 시험물질-유도 독성반응에 대한 용량-반응 관계를 추정하는 것이다. 이러한 관계를 통해 임상시험에서 용량 변화에 따라 나타나는 독성을 예측하는 것이다. 그러나 용량-반응 관계를 추정하기 위해 독성이 거의 없는 시험물질을 실험동물에게 무한히 투여할 수는 없다. 소분자 합성 의약품은 외인성물질(xenobiotics)이며 이를 분해하여 체외로 배출을 유도하는 대사계는 cytochrome P450 효소계이다. Cytochrome P450은 외인성물질이 체내로 유입되면 몇 시간 이내에 발현되어 대사를 유도한다. 그러나 cytochrome P450 효소계가 대사할 수 있는 용량 이상으로 개체가 시험물질에 노출되면 시험물질 고유의 본질적 독성이 아닌 왜곡된 독성이 나타나게 된다. 일반적으로 개체는 약물이 장기간 투여되면 대사 능력의 증대와 빠른 대사에 의한 약물의 효능이 감소하게 되어 더 많은 약물 투여가 요구되는 내성(tolerance)이 발생한다. 본질적 독성(intrinsic toxicity)이란 외인성물질의 대사 과정인 생화학적 전환(biotransformation) 능력 또는 수선(repair) 경로가 시험물질에 의한 포화 및 내성이 되지 않는 상황에서 개체의 부정적 반응을 의미한다(박영철, 2019). 독성시험의 목적은 시험물질에 의한 본질적 독성을 확인하는 것이며 과잉 용량 투여로 발생하는 왜곡된 독성을 확인하는 과정이 아니다. 오늘날 독성시험에서 가장 문제점이 인체 용량과는 비교할 수 없을 정도로의 과잉 투여를 통해 과잉 약리작용에 의한 독성을 유발할 수 있다는 것이다. 이는 본질적 독성을 왜곡하여 독성시험의 결과를 임상시험에서 독성예측을 어렵게 하여 독성시험 자체의 의미가 상쇄된다. 이와 같은 과잉 투여에 의한 시험물질의 본질적 독성을 왜

곡하는 것을 예방하기 위해 독성시험에서 투여할 수 있는 최고용량을 설정하며 이를 한계용량(limit dose)이라고 한다. 단회경구투여독성시험 경우에 1,000 또는 2,000mg/kg/day, 그리고 반복경구투여독성시험 경우에 1,000mg/kg/day이다. 단회투여독성시험에서 한계용량이 높은 이유는 시험의 목적이 반복투여독성시험에서의 본질적 독성을 파악하는 것이 아니며 사망을 초래하는 용량을 확인하기 위함이기 때문이다. 따라서 한계용량 설정의 가장 중요한 목적은 지나친 과용량 투여에 의한 용량-반응 관계의 왜곡을 방지하고 시험물질의 본질적 독성을 유도하는 범위 내에서의 용량-반응 관계를 정확히 추정하는 것이다. 즉, 시험물질의 본질적 독성을 고려하여 독성시험의 고용량 설정에 있어서 한계용량이 설정된다.

7. 한계용량이 바이오의약품에도 적용되는가?

의약품의 시험물질은 크게 2가지 측면에서 소분자 합성의약품과 바이오의약품이다. 두 시험물질은 기원 측면과 대사 측면에서 차이가 있을 뿐만 아니라 바이오의약품 내에서도 약물 모달리티가 너무 다양하여 상호 비교가 어렵다. 특히 바이오의약품은 약리 표적이 명확하고 표적에 대한 과잉 약리작용을 통해 독성을 유도하기 때문에 바이오의약품의 투여용량과 표적 수용체의 양적 관계가 한계용량의 기준이 된다. 즉 바이오의약품은 생화학적 전환의 핵심 효소인 cytochrome P450에 의한 포화가 아니라 약리작용을 위한 체내 수용체(receptor)의 수적 정도에 의해 한계용량이 결정된다.

8. 약물의 독성동태학시험은 어떻게 수행되는가?

독성동태시험의 방법과 주요 지표: 반복투여독성시험의 목적은 소분자 합성 의약품에 대한 NOAEL 추정 및 독성표적기관의 확인이다. 이를 위해 저용량, 중용량 그리고 고용량 등의 여러 용량 실험군을 기반으로 독성의 용량-반응곡선이 추정된다. 이와 같은 곡선을 통해 임상시험에서 용량에 따른 독성을 예측한다(Baldrick, 2023). 그러나 투여량보다 독성을 유발하는 체내 용량에 대한 이해가 필요하고 이는 전신혈관계에서 측정된다. 따라서 독성을 나타내는 전신 혈관계의 용량 변화를 시간별로 확인하는 것을 독성동태(toxicokinetics, TK)시험이라고 한다. TK 시험에서 용량군은 독성시험의 용량군과 똑같게 설정되며 독성의 반응은 시험물질의 혈액농도와 비교된다. TK는 GLP-기반 시설에서 이루어진다는 점에서 PK(pharmacokinetics, 약물동태)와 차이가 있다. 특히 TK 시험은 반복투여독성시험, 생식·발생독성시험과 발암성시험 등의 GLP-기반 독성시험과 함께 수행되기도 하는데 이를 독성시험-TK 동시시험(concomitant TK test)이라고 한다(Dahlem 등, 1995). 독성시험에서 이용되는 모든 용량군을 대상으로 수행할 수도 있지만, 용량군 중에서 3마리 정도를 선정하여 수행되는데 이들 개체를 대표 소군(representative subgroup)이라고 한다. 또한, 독성시험과 별개로 TK 시험의 목적으로 구성된 동물군을 위성군(satellite group)이라고 하며 암수 3마리 정도로 군 구성이 이루어진다(ICH: S3A Guidance, 2018; Karp 등, 2023). 〈그림 7-1〉은 독성을 일으키는 최소용량인 최소독성농도(minimum toxic concentration, MTC)와 약물이 약리작용을 나타내기 위한 최소용량인 최소유효농도(minimal effective dose, MEC) 사이 약물동태학 지표인 혈장최고농도, C_{max}(the maximum plasma concentration of the drug, 단위 μg/ml), C_{max}에 도달하는 시간인 T_{max}(the time after administration of a drug when the maximum plasma concentration is reached, 단위 min), 혈장에서의 흡수된 용량의 50%가 감소하는 반감기인 $T_{1/2}$(half-life, 단위 hr), 그리고 혈중 농도-시간반응곡선하면적인 AUC(Area Under the Concentration-time curve, μg/ml) 등의 약물동태학(PK) 지표를 나타낸 것이다(Rajpoot 등, 2022). 이와 같은 PK 지표가 최소독성농도인 MTC 이하에 존재하여야 한다. 그러나 TK 시험에서는 독성을 나타내는 최소독성농도가 확보되어야 한다. 혈중 최소독성농도는 반복투여독성시험에서 독성을 나타내는 투여용량의 혈중농도이다. 또한, 최소독성농도는 PK에서 확인된 반감기를 이용하여 약물 투여 시간의 결정에 중요한 역할을 한다. 이는 반복투여를 통해 확인된 PK의 C_{max}가 혈중 최소독성 농도를 초과하지 않는 반복투여의 시간 간격이 결정되어야 하기 때문이다. 다음으로 TK를 통해 얻은 AUC를 통해 약물 축적성의 확인이 가능하다. 반복투여독성시험에서 첫 번째 투여 후 확인된 AUC와 투여 최종일의 AUC 비(ratio)

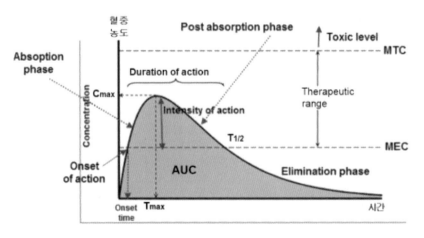

〈그림 7-1〉 혈중 최소독성용량인 MTC와 혈장최고농도인 C_{max}와의 관계

가 1 이상이면 시험물질이 체내 축적성이 있는 것으로 판단한다(Rajpoot 등, 2022). TK에서 주요 지표는 C_{max}, T_{max}, 그리고 AUC 등이다. PK에서는 $T_{1/2}$, 생체이용률(bioavailibility) 그리고 체중 및 시간당 체외로 빠져나가는 용량인 CL(body clearance, 생체청소율, μg/min) 등이 핵심 지표이다. 이 외에도 약물 작용 시작 및 기간, 그리고 MEC 등은 약력학적(pharmacodynamic, PD) 지표이며 MTC 등은 독력학적(toxicodynamic, TD) 지표이다(Welling, 1995).

독성동태시험에서 투여용량 결정: 반복투여독성시험에서 고용량은 MTD(maximum tolerated dose, 최대내성용량)에 의해 설정되어 TK에서도 이와 같은 동일용량으로 설정된다. 고용량 설정 후 공비 1.5-3을 두어 중용량 및 저용량 등을 설정하는 것이 일반적 용량설정 절차이다. MTD는 최소독성을 유발하는 용량에서 아치사(sublethal)를 유발하는 용량까지로 상당히 넓은 범위에서 다양한 독성의 강도로 규정되는 용량으로 정의되고 있다. 때에 따라서는 MTD에 의해 발현되는 독성에 기인하여 생체 내 시험물질의 정상적인 ADME(absorption, distribution, metabolism and excretion, 흡수, 분포, 대사, 배설)가 작동되지 않는 상태가 발생하기도 한다. 이와 같은 이유로 일반 독성시험에서 사용되는 3단계 용량군으로 혈중 최소독성용량을 확보하기에는 너무 적은 용량군 단계라고 할 수 있다. 따라서 반복투여독성시험에서 예측되는 NOAEL 용량에서 확인된 혈중농도가 TK에서 최소독성농도가 되는 경우가 많다. 이에 PK의 C_{max}는 NOAEL 투여용량의 혈중농도 이하 용량 범위에 존재하게 된다.

채혈의 time point 및 횟수: 체혈을 통해 생리학적 스트레스가 유발하지 않도록 동물 개체의 전혈 중 10% 이하로 채혈하는 것이 바람직하다. TK의 채혈 time point는 이미 수행된 선행시험을 통해 선택할 수 있지만, 시험물질의 원물질(parent compound) 경우에 투여 후 0.5, 1.0, 2.0, 4.0, 8.0, 12.0과 24.0 등의 7

point를 기준으로 수행할 수 있다. 일반적으로 30분에서 1시간 사이에 흡수가 대부분 이루어지는데 흡수, 혈장 최고 농도, 그리고 배설 등의 각 phase 특성에 따라 보다 정확한 파악을 위해 채혈 time point를 추가할 수 있다(Murthy 등, 2011; Rajpoot 등, 2022). 기타 선행시험을 통해 개략적 time point 및 횟수를 결정하는 것이 바람직하다. 혈액량은 설치류에서 0.25-0.50ml/day로 추천되는데 TK만을 위한 위성군(satellite group)에서는 time point당 200μl의 교차채혈로 이루어진다. 개나 원숭이 등의 비설치류 경우에는 교차채혈 없이 1ml/day로 채혈이 이루어지고 있다. 또한, 실험동물 윤리의 3R 원칙(replacement, reduction, refinement)을 강조하기 위해 합성의약품뿐만 아니라 바이오의약품에 대한 TK 시험 및 분포시험에서 채혈 용량은 50μl 이하를 의미하는 초미량 채혈(microsampling)이 이루어지기도 한다(ICH: S3A Guidance, 2018). 초미량 채혈을 이용하여 최소한 20%에서 최대한 55%까지 동물의 희생을 줄일 수 있다.

9. 면역독성은 반복투여독성시험을 통해 어떻게 확인되는가?

면역독성의 잠재성: 의약품 등의 독성시험기준(식약처, 2022)에 따르면 면역독성(immunotoxicity)이란 의도하지 않은 면역억제 또는 면역증강에 의한 독성으로 의약품에 의해 유도되는 과민반응 및 자가면역 반응은 이에 해당되지 않는다. 또한, 각각의 면역독성시험을 어떻게 수행할 것인지의 구체적인 지침도 독성시험기준의 범위로 제시되지 않았다. 의약품 등의 독성시험기준 해설서(식품의약품안전평가원, 2022)에 따르면 의약품의 잠재적 면역독성을 유발할 수 있는 요소들을 확인할 수 있는 항목은 다음과 같다.

- 반복투여독성시험의 결과
- 면역기능에 영향을 줄 수 있는 의약품의 약리학적 특성(예, 항염증약)
- 의약품을 투여할 대상 환자의 대다수가 질병상태 또는 병용요법에 의해 면역력이 약화된 경우
- 이미 알려진 면역조절제제와의 구조적 유사성
- 의약품 본래의 성질(모약물 및 그 대사체가 면역계 세포에 고농도로 잔류하는 경우)
- 면역독성을 암시하는 임상정보

그리고 면역독성 가능성을 처음 확인할 수 있는 것은 초기 단기시험부터 장기간의 반복투여 독성시험까지 설치류 및 비설치류에서 얻은 데이터이며, 고려해야 할 징후들은 다음과 같다(식품의약품안전평가원, 2022).

- 백혈구, 과립백혈구, 림프구의 감소 및 증가와 같은 혈액학적 변화
- 면역계통 장기의 중량 또는 조직학적 변화(예: 흉선, 비장, 비강 및 기관지-연관 림프조직과 림프절 또는 골수)
- 간이나 신장독성에 의하지 않은 혈청 글로불린 변화 및 알부민(A)과 글로불린(G)의 비 변화(A/G ratio)
- 감염의 발생빈도 증가
- 유전독성, 호르몬 효과 또는 간 효소 유도와 같이 다른 타당한 원인이 없는 종양

면역독성시험방법: 면역독성 가능성을 제시하는 반복투여독성시험에서 관찰된 면역학적 변화의 성질 및 의약품 투여군에서 발생하는 고려사항에 따라 다음의 시험방법을 추천하고 있다(식품의약품안전평가원, 2022).

- 세포매개성 면역시험
- 체액성 면역시험
- 대식세포 기능시험
- 자연살해세포 기능시험
- 면역표현형검사
- 숙주저항능시험

10. 면역독성시험과 항원성시험의 차이는 무엇인가?

앞서 규정한 것처럼 면역독성시험은 반복투여독성시험을 통해 확인된 시험물질의 이상면역반응을 검사하는 시험이다. 반면에 항원성(antigen)시험은 시험물질이 생체의 항원으로 작용하여 나타나는 면역원성(immunogen) 유발 여부를 검사하는 시험으로 아나필락시스 반응의 평가방법과 피부 감작성 시험 등이 있다. 아나필락시스 반응의 평가방법으로는 기니피그를 이용한 아나필락시스 쇼크 반응시험 또는 마우스-랫드의 이종 수동 피부 아나필락시스 반응시험이 권장된다. 피부 감작성 시험은 피부 외용제로 사용되는 의약품의 피부 접촉으로 인한 감작성을 예측하는 시험이다. 다른 경로, 예를 들어 경구투여 또는 흡입 노출 시의 감작성에 대한 검증은 이루어지지 않는다. 항원성시험은 전신적으로 투여되는 약물 고분자 합성의약품, 단백질의약품 및 펩타이드 의약품 등과 같은 대분자의 후보약물에 대해 실시된다. 그러나 친전자성으로 전환된 소분자 의약품도 단백질 등과 결합하여 항원성을 갖는 기전인 합텐화(haptenization)를 통해 항원성을 가질 수 있으며 이러한 물질을 합텐(hapten)이라고 한다. 그리고 때로는 부형제나 안정화와 같은 첨가제도 항원성시험의 필요성이 있다.

제8장

독성시험에서 NOAEL의 중요성과
임상시험에서 의미

1. 반복투여독성시험에서 NOAEL과 toxicity와의 연관성은?

우리나라에서는 NOAEL(no observed adverse effect level)을 무독성량, 그리고 2021년 이후 최대무독성용량으로 표기한다. 최대무독성용량의 의미는 독성이 없는 용량을 의미한다. 그러나 NOAEL이라는 단어 자체의 그 어디에도 독성, 즉 toxicity라는 단어는 없고 adverse effect라는 단어가 있다. 당연히 독성시험에서 독성 유무를 확인하는 것이기 때문에 NOAEL은 no observed toxic effect level, 즉 NOTEL이 되어야 한다. 그러나 toxic effect 또는 toxicity로 표현하지 않는다. Adverse effect와 toxicity의 의미는 동일 개념으로 볼 수도 있지만, 독성학 및 독성시험 측면에서 미세한 차이가 있다. Adverse effect의 뜻은 독성시험에 사용된 동물종을 포함하여 주어진 조건 내에서 동물의 생체 항상성(homeostasis) 유지에 대한 부정적 영향을 의미한다. 따라서 독성시험에서 adverse effect는 특정한 조건과 특정한 동물에 제한하여 나타나는 부정적인 변화로 이해할 수 있다. 반면에 toxicity(독성) 또는 toxic effect(독성 영향)는 특정한 조건 및 특정한 동물종에 제한되지 않고 약물의 부정적인 영향을 일반적 및 범용적으로 사용하는 용어이다. 여기서 두 용어의 차이에 대한 이해를 위해 특정한 조건과 특정한 동물종이라는 극히 제한적 상황에 대한 이해가 중요하다. 예를 들어 종간 차이에 의해 인체 및 다른 동물종에서는 adverse effect

가 나타나지 않거나 약리작용의 긍정적인 영향이 될 수도 있다. 따라서 약물의 인허가를 사용하는 독성시험에서 시험물질-유래 변화는 adverse effect(부정적인 영향)로 표현된다. 그러나 독성시험을 통해 동물 개체에서 확인된 시험물질에 의한 모든 변화가 반드시 adverse effect로 분류되지 않는다. 예를 들어 독성시험은 정상동물에게 시험물질 투여로 수행된다. 정상동물의 정상적인 항상성을 유지하는 상태에서 소량의 투여에 의해서도 항상성이 깨질 수 있다. 이와 같은 깨진 항상성은 기능의 변화가 없어도 지표로 나타날 수 있다. 특히, 조직병리학적 변화를 통해 약리효과를 나타내는 보톡스로 불리는 보툴리눔 톡신(Botulinum toxin)은 미량으로도 조직병리학적 변화를 나타낸다. 따라서 이와같은 변화를 독성으로 표현한다면 약리적 효과를 기대할 수 없다. 또한, 변화를 adverse effect로 분류하면 치료용량범위(therapeutic range)가 상당히 좁아져 약물개발을 어렵게 하는 요인이 된다. 약물에 대한 편익-위험 분석을 통해 질환 치료 측면에서 이익이 더 크다면 adverse effect는 수용-가능한 위험(acceptable risk)으로 판단할 수 있다(Kale 등, 2022). 또한 adversity(부정성; 부정적인 특성이나 성질)는 독성시험의 전반적인 과정에서 나타나는 여러 변화에 대한 분석을 통해 이루어진다. 예를 들어 시험물질에 의한 변화는 가역성(reversibility), primary(1차) 또는 secondary(2차) effect(영향), 그리고 적응반응 등의 비기능적인 다양한 지표와 동시에 개체의 기능성(functionality)과 연관하여 판단되어야 한다(Dorato 등, 2005; Palazzi 등, 2016). 따라서 비록 시험물질에 의한 변화가 개체의 항상성 유지를 위협하는 정도의 기능 손실이 없다면 no adverse effect(무-부정적인 영향)가 아니라 non-adverse effect(비-부정적인 영향)라고 판단되어야 한다. 이유는 시험물질-유래 변화가 이미 발생하였기에 용량-반응곡선에서 제로 용량을 의미하는 no(무) adverse effect와 다른 non-adverse effect가 구별되어야 하기 때문이다. 일단 시험물질에 의한 변화가 발생하면 그것이 어떤 영향과는 상관없이 독성시험에서는 용량-반응곡선상에 위치한다. 변화가 개체의 항상성 유지에 위협적인 기능 손실이 없다면 시험물질에 의한 변화는 non-adverse effect(비-부정적인 영향)라고 판정을 내려야 한다. 이는 독성시험에서 확인된 시험물질에 의한 변화가 no adverse effect와 adverse effect로 구별하여 판단되는 것이 아니라, non-adverse effect와 adverse effect로 판정된다는 것이다. 결과적으로, NOAEL이 non-adverse effect로 정의된다는 내용과 일치한다(Pandiri 등, 2017; The concept of the NOAEL is defined by decisions to mark test article effects in a nonclinical toxicity study as 'adverse' or nonadverse effect, and Non-adverse findings are test article-related effects that do not cause biochemical, morphological or physiological changes that affect the general well-being, growth, development, or life span of an animal). 특히 이와 같은 판정이 중요한 것은 심각하지 않은 경증 변화인 non-adverse effect의 NOAEL이 시험물질의 용량-반응곡선에 위치한다는 점이다. 즉, 경증 non-adverse effect를 유발하는 용량으로 심각한 중증 adverse effect를 유도하는 용량의 예측이 가능하다. 결과적으로 이와 같은 예측은 임상시험에서의 응용으로 인체의 안전성에 대한 확고한 설정에 도움이 되어 독성시험의 효용성과 가치를 높이는 결과를 낳는다. 따라서 독성시험을 의뢰하는 기업에서는 이와 같은 점을 시험책임자와 상세하게 논할 필요성이 있으며 이를 반영한 독성시험 디자인은 향후 마케팅에 있어서 핵심 기술이 될 것이다.

2. 바이오의약품의 독성기전을 고려한 adverse effect의 이론적 배경은?

소분자 합성의약품의 독성기전은 ① 생화학적 전환에 의한 독성대사체 생성, ② 과잉 약리기전 등으로 요약된다. 그러나 인체에서 표적 수용체가 명확한 바이오의약품은 생화학적 전환에 의한 독성대사체 생성이 없고 단지 과잉 약리기전에 의해 독성기전으로 이해되고 있다. 특히 과잉 약리기전에 의한 시험물질의 변화는 유효성의 용량-반응곡선에서 함께 존재하다. 따라서 비임상시험에서 나타난 시험물질-유래 변화가 인체에서 용량-반응곡선에서는 다를 수 있어 독성(toxicity)이라는 용어보다 adverse effect로 표현하는 것이 바람직하다.

3. 독성시험의 최종보고서에서 toxicity의 표현?

최종보고서에서는 시험물질에 의한 변화를 no adverse effect, non-adverse effect 그리고 adverse effect 등으로의 표현이 필요하다. 예를 들어 어떤 변화도 없는 무-부정적 영향인 no adverse effect, 시험물질에 영향이 있지만, adverse effect가 아니라는 개념의 비-부정적 영향인 non-adverse effect, 그리고 시험물질에 의한 심각한 변화의 부정적 영향인 adverse effect 등의 3단계 분류로 표현이 필요하다. 이러한 필요성은 ① 바이오의약품을 포함한 다양한 약물 모달리티의 출현에 따른 하나의 용량-반응곡선에서 유효성용량과 독성용량 존재, ② 시험물질에 의한 변화가 종간 차이에 따라 달라짐, ③ 보툴리눔 독신(Botulinum toxin)처럼 시험물질의 심각한 변화가 수용-가능 위해(acceptable risk)로 판단되는 시험물질-유래 변화의 존재 등으로 제시된다. 요약하면, 시험물질에 의한 영향이 있지만, 이 영향이 반드시 adverse effect가 아닌 non-adverse effect로 분류될 요인이 있다는 것이다. 그리고 시험책임자는 독성시험의 최종보고서에는 시험물질-유도 변화에 대해 독성 또는 무독성이라는 개념을 대신하여 adverse effect 또는 non-adverse effect 용어로 표현하여야 한다. 특히 시험물질에 의한 변화가 non-adverse effect 판정에 대한 이론적 배경이 명확하게 최종보고서에 서술되어야 한다. 단일 독성시험에 대한 최종보고서에서 '독성'으로 표현하는 대신에 adverse effect로 표현하는 이유는 다른 독성시험에서의 결과와 함께 평가되어야 하기 때문이다. 하나의 독성시험에서 시험물질에 의한 변화를 수많은 비임상시험 및 임상시험에서의 독성으로 일반화하는 우려와 선입감을 고려할 필요성이 있다는 것이다. 미국 FDA도 다음과 같이 NOAEL 정의에 있어 adverse effect를 사용한다; Several definitions of NOAEL exist, but for selecting a starting dose, the following is used: the highest dose level that does not produce a significant increase in adverse effects in comparison to the control group(USFDA, 2005). 본 저술에서는 표현에 익숙함을 위해 시험물질-유래 변화에 대해 non-adverse effect 또는 adverse effect 등의 원어를 그대로 사용한다.

4. 반복투여독성시험에서 중요한 지표인 NOAEL의 한계는?

NOAEL의 한계점: 반복투여독성시험의 독성용량기술치(toxicological dose descriptor)인 NOAEL(no observed adverse effect level, 최대비독성용량)은 최초 인체투여 용량(first in human) 또는 안전용량을 위해 이용되는 임상최대권장초기용량(maximum recommended starting dose, MRSD) 설정에 있어서 핵심 동물용량이며 가장 많이 사용되는 독성시험 지표이다(USFDA, 2005). 그러나 반복투여독성시험에서 추정된 NOAEL에서 관찰된 반응이 기관마다 수행된 연구 사이에 편차가 심하여 서로 비교가 어렵다. 따라서 약물개발자는 독성시험을 의뢰할 때 반드시 NOAEL을 결정하는 기준을 확인하는 것은 대단히 중요하다. 궁극적으로 이러한 확인은 유효성 용량과 연관하여 치료용량 범위의 넓고 좁은 정도를 결정하는 중요한 요소이다. 이 외에도 〈표 8-1〉에서처럼 NOAEL 응용에 있어서 한계점도 제시되었다(Crump, 1984; Dourson 등, 1985; Kimmel 등, 1988; Barnes 등, 1995; US EPA, 2012; EFSA, 2017). 특히 NOAEL이 용량-반응곡선상에 존재하지 않아 임상시험에서 용량에 따른 인체의 독성예측이 어렵다는 것이다. 이러한 어려움은 NOAEL의 활용에 있어서 한계점으로 작용한다.

〈표 8-1〉 NOAEL 응용에 있어서 한계점

- The NOAEL is limited to the experimental doses tested
- NOAELs are based on a single data point of a single effect and, therefore, ignore most of the available dose-response information of this single effect
- The observed experimental response at the NOAEL may vary between studies, making it harder to compare studies
- The NOAEL approach does not allow estimation of the probability of response for any dose level
- Studies conducted with fewer animals per dose group tend to yield higher NOAELs due to decreased statistical sensitivity. This is the opposite of what one might desire in a regulatory context because there is a disincentive for better designed, larger studies

5. 유의성-기반 NOAEL vs adversity-기반 NOAEL의 차이점은?

NOAEL의 제한점은 대조군과 비교하여 통계학적 유의성(statistical significance) 및 생물학적 유의성(biological significance)이 없는 최대용량을 NOAEL로 정의하고 있다는 측면이다(OECD, 2018). 통계학적 유의성(statistical significance)은 두 군 간의 차이를 신뢰수준 95% 또는 99%에서 유의수준으로 확인하는 것이다. 생물학적 유의성(biological significance)이란 정상범위 내에서의 통계학적 유의성이 아니라 정상범위 내와 정상범위 밖에서 관찰치의 유의한 차이이다. 예를 들어 수축기 고혈압의 정상범위가 100에서 120mmHg일 때 평균혈압이 105mmHg 집단과 115mmHg 집단 사이에 통계학적 유의성이 있을 수 있다. 그러나 두 군 모두 정상범위 안에 존재하기 때문에 생물학적 유의성은 없다고 할 수 있다(박영철, 2019). 이러한 점을 반영하여 〈그림 8-1〉의 A)에서처럼 대조군과 유의성-기반 NOAEL에서의 최대용량이란 시험물질에 의한 유의한 변화가 시작된다는 역치(threshold) 지점이다. 그러나 역치 지점을 흔히 사용하는 3단계 용량의 독성시험을 통해 시험책임자가 추정하기에는 불가능하다. 즉, 역치 용량은 이론적인 용량이다. 시험책임자가 용량설정에 있어서 가장 주의할 것이 역치 지점이 고용량인 동시에 NOAEL이 되는 시험결과이다. 이 경우에 용량-반응곡선을 얻지 못하기 때문에, 임상시험에서 용량에 따른 변화의 예측을 할 수 없다. 이는 결과적으로 임상시험에서의 독성예측이라는 독성시험의 효용성과 가치를 상실하게 된다. 이러한 관점에서 대조군과 유의성-기반 NOAEL은 용량-반응곡선을 얻는 데 상당히 취약한 방법이며 투여용량 및 투여기간에 따른 시험물질-유도 변화의 연속적인 특성을 고려하지 않는다는 점이 지적되고 있다(Dorato 등, 2005). 예로 용량에 따라 어떤 변화도 없는 no effect → non-adverse effect(비독성) → adverse effect(독성)의 단계로 진행되는 연속적이고 단계적인 독성발현(adverse outcome)의 특성이 고려되어야 하는데 no effect vs adverse effect의 단순한 이분법적 관점만 고려되었다는 점을 들 수 있다. 전자와 후자의 차이는 NOAEL의 어원에서처럼 adverse-effect, 즉 adversity(부정성; 부정적인 특성이나 성질)의 정의를 통해 이해할 수 있다. 원어인 'no observed adverse effect level' 중에서 adverse effect(부정적인 영향), 독성학에서 adversity는 정상적인 항상성의 유지를 위한 개체 기능에 있어서 장애를 유도하는 변화 또는 시험물질 추가에 의한 개체의 대응 장애를 유도하는 변화를 의미한다(Palazzi 등, 2016). 이와 같은 관점에서 동물의 정상적인 항상성 유지에 지장을 초래할 정도의 부정적 영향을 유도하는 최대 용량이 NOAEL로 정의되었다(Holsapple 등, 2008). 이는 곧 개체의 항상성 유지에는 문제점이 있지만, 개체의 기능장애가 없는 용량이 NOAEL로 결정된다는 것이다. 특히 NOAEL 설정에 기준이 되는 non-adverse effect는 시험물질에 의해 동물의 웰빙 및 수명 등을 비롯하여 성장과 발달에 영향을 주지 않는 생화학적·생리학적 그리고 형태학적 변화라는 주장도 있다(Pandiri 등, 2017). 이와 같은 adversity 또는 adverse effect에 따른 NOAEL 추정을 adversity-기반 NOAEL이라고 한다. 〈그림 8-1〉의 B)에서처럼 adversity-기반 NOAEL에서는 시험물질에 의한 영향이 있지만, 기능장애까지 유도하지 않는 non-adverse effect의 영역이 NOAEL로 설정된다(Lewis 등, 2002; Park 등, 2011). 따라서 통계학적 관점에서 유의성-기반 NOAEL은 OECD TG 408 등에 의해 규정지어진 NOAEL 사용에 기인한 영향이 크다고 할 수 있다. 결론적으로 OECD 가이드라인은 의도적 노출의 시험물질인 약물이 아니라 비의도적으로 노출되는 화학물질과 같은 합성물질에 초점을 둔 가이드라인이다. 이들 가이드라인은 용량-반응곡선을 통해 임상시험에서 발생하는 약물의 영향에 대한 예측에 중점을 두지 않고 단순히 1일 노출안전용량 설정을 위한 NOAEL 추정에 초점을 둔 가이드라인이라고 할 수 있다. 근래에는 유의성-기반 NOAEL보다 독성학적 관점에서 adversity-기반 NOAEL이 독성시험의 결과 판정에 있어서 훨씬 더 자주 반영되고 있다(Pandiri 등, 2017; 박영철, 2019). 이유는 NOAEL이 용량-반응곡선에 존재하여야 임상시험에서 독성에 대한 예측이 가능하기 때문이다. 이는 IND 과정에서 독성/약리 리뷰어(reviewer)에 의해 명확하게 확인되어 임상시험에서 피시험자의 안전성을 높일 수 있도록 점검이 이루어져야 한다.

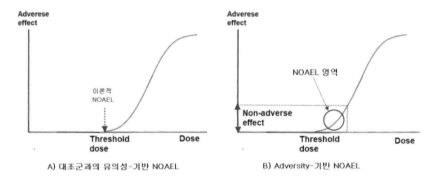

〈그림 8-1〉 유의성-기반 NOAEL vs adversity-기반 NOAEL

6. Adverse effect와 non-adverse effect의 분류를 위한 3대 기준은?

최근에는 독성시험에서 adverse effect와 non-adverse effect를 분류하는 방법

이 3가지 측면인 ① 독성의 명백한 증거(evidence of overt toxicity), ② 독성의 대리지표(surrogate markers of toxicity), ③ 생리적 농도의 상한 영향 또는 과잉 약리작용(supraphysiologic effects = exaggerated pharmacodynamics) 등으로 제시되었다(Baldrick 등, 2020). 다음은 이러한 3가지 요소를 기반으로 NOAEL 결정을 위해 adverse effect와 non-adverse effect의 분류 예시이다.

- 〈Example-1〉에서는 심장근육에 상해가 발생했을 때 혈류로 방출되는 트로포닌(troponin)이 증가되었지만, 심장에서는 조직병리학적 변화는 없는 사례이다. 이와 같은 사례에서는 조직병리학적 변화가 대리지표로써 NOAEL 판단의 의사결정 과정(decision-making process)에서 주요한 역할을 하게 된다. 비록 혈중 트로포닌 수치가 상승되었지만, 원인이 되는 심장에서 조직병리학적 병변이 없었기 때문에 non-adverse effect로 판단되었다. 여기서 시험물질의 NOAEL은 트로포닌 수치가 증가한 최대용량이 된다. 결과적으로 〈그림 8-1〉의 B)에서처럼 용량-반응곡선상에 NOAEL이 존재하여야 용량 변화에 따른 반응의 변화에 대한 예측이 가능하다.

  〈Example-1〉 Measurement of cardiac troponin in a nonclinical toxicity study gives notably raised levels but no microscopic evidence of degeneration in the heart. What is the NOAEL? Obviously, other information would need to be taken into consideration to answer this question, but it highlights that isolated findings - in this case, a surrogate marker of toxicity - can have a major influence on the decision-making process.

- 〈Example-2〉는 흔히 개 등의 중동물에서 자주 발생하는 구토(emesis) 사례이다. 구토가 모든 용량군에서 확인되었지만, 체중 및 식이섭취량에서는 변화가 없었다. 구토는 시험물질 노출로 흔히 발생하는 생리학적 반

응이지 adverse effect는 아니다. 따라서 이와 같은 생리적 변화는 non-adverse effect로 분류되어 구토를 유발하는 최대용량이 NOAEL이 된다.

〈Example-2〉 Emesis is seen at all drug dose levels in a dog toxicity study with inconsistent effects on body weight and food consumption. What is the NOAEL? Again, other information would be needed to assist in NOAEL setting to confirm that the findings are considered to be non-adverse due to the common physiologic (not toxic) response of dogs to test article exposure.

• 〈Example-3〉은 소분자 합성의약품의 항염증 약물개발을 위해 개를 이용한 독성시험이 수행된 사례이다. 시험물질 투여에 의한 간세포 손상에 기인하여 알라닌아미노전달효소(alanine aminotransferase, ALT)가 중용량 및 고용량군에서 대조군과 비교하여 혈액에서 4-5배 정도 상승하였다. 반면에 랫드를 이용한 시험에서는 이와 같은 증가와 간의 조직병리학적 변화가 없었다. 이와 같은 변화에 대한 분석을 통해 독성기전(mode of action) 측면에서 시험물질에 의한 독성-표적기관은 아닌 것으로 판단한 사례이다. 이러한 경우에 NOAEL은 어떻게 판정될까? 우선적인 2가지 사항이 고려된다. 먼저, 특별한 변화가 없다면 임상병리학적 지표가 adverse effect로 분류되는 사례는 희귀하다는 지적이다(Pandiri 등, 2017). 두 번째는 개에서 ALT의 증가 또는 랫드에서 간 손상의 징후에 대한 잠재성을 확인하는 것이다(EMA, 2020). 다른 연구에 의하면 단기간에 간 손상의 혈중 지표들에서 상승은 안전성에 있어서 심각한 증상은 아닌 것으로 판단되었지만, 장기간 지속적인 노출로 중증의 간 손상이 유도되는 것으로 확인되었다(Dorato 등, 2005). 이와 같은 근거를 통해 단기간 노출로 혈중 간 손상 지표의 상승과 더불어 이어서 장기간 노출로 심각한 간 손상의 발생이 우려된다면 이는 진행성 간독성의 선행인자(predator)로 판단하여

adverse effect로 판정된다.

〈Example-3〉 A toxicity study in dogs supporting an For first-in-human clinical trials with a small molecule drug for an anti-inflammatory indication raised serum activity of alanine aminotransferase (ALT, a hepatocyte cytosolic enzyme released via membrane damage) by up to 4.5-fold at the mid- and high-dose levels. There were no other study findings, no visible effect on liver structure in the rat toxicity study, and no indication of the liver as a possible target based on knowledge of the mode of action. What is the NOAEL? Initial considerations include the statement that *[i]ngeneral, it is rare for a clinical pathology marker to be adverse in the absence of any other change(Pandiri et al,, 2017) but that [a]n increase of ALT of 2-4 fold in dog and/or rat may raise concern as an indication of potential hepatic injury unless a clear alternative explanation is found(EMA, 2020)*. A published example of altered liver enzyme activity in a short-term nonclinical toxicity study with no microscopic correlate in liver sections was interpreted to indicate "no safety issue," but a subsequent longer duration study showed severe hepatic damage. In this latter case, it was concluded that such a liver enzyme change as a predictor of potential progressive liver toxicity should be considered adverse.

• 〈Example-4〉는 랫드 수컷의 모든 용량군에서 신장 근위세관 내 유리방울 발생과 세관상피세포의 상해 등이 유의하게 증가되었다. 이 경우에 NOAEL 이 어떻게 결정될까? 열거한 것 외에 adverse effect라고 판단되는 다른 병변이 없다면 가장 높은 용량을 NOAEL로 간단하게 결정하면 된다. 수 컷 랫드의 신장에서 유리질 용적 신장병(hyaline droplet nephropathy)은 알파-2 마이크로글로블린(α2 microglobulin)의 배출 장애에 의하여 서 서히 발생하는 병변이다. 유리질 용적 신장병은 암컷 랫드를 비롯하여 마 우스, 개 그리고 원숭이에서는 발생하지 않는다(Swenberg 등, 1989). 만 약에 경험이 부족한 병리책임자가 랫드에서 발생한 유리방울을 adverse effect로 판단한다면 NOAEL 추정에 잘못이 있다고 할 수 있다.

〈Example-4〉 In a nonclinical toxicity study in rats, increased incidence of hyaline droplets and/or tubular epithelial damage in the proximal kidney tubules was seen in males at all dose levels. What is the NOAEL? In theory, this situation should be easy to address, with an NOAEL at the high-dose level (if no other findings were observed that are considered adverse). Hyaline droplet nephropathy has been shown to be a progressive background lesion cuased by an impairment of α2 microglobulin clearance specifically in kidneys of male rats; it is not seen in female rats or in either sex of other test species such as mice, dogs, and nonhuman primates(Swenberg et al.,, 1989). However, an inexperienced study director might interpret the finding as adverse, and if the study report is not peer reviewed by knowledgeable colleagues, an inappropriate conclusion that an NOAEL was not established might be made.

• 〈Example-5〉는 국소(topical) 또는 안(ocular) 독성시험에서 부분적으로 자극이 확인되었지만, 시험물질-유래 다른 변화가 없는 사례이다. NOAEL은 어느 용량일까? 사례에서 시험물질 주입에 의한 손상 아니면 전신독성에 기인하는 것인지 등 판단에 따라 NOAEL이 결정된다. 따라서 국소 자극이 주입 부분인지를 먼저 명확하게 파악하여야 한다. 만약 주입 부분이 아닌 부위에서 자극 병변이라면 이는 전신독성에 기인하는 것으로 판단하여 adverse effect가 된다.

〈Example-5〉 In a topical or ocular toxicity study, some local irritation findings were noted but nothing else. What is the NOAEL? It might be possible to establish two NOAELs: one on the basis of effects at the site of administration and another based on any systemic effects. In this situation, it is not clear if this dual-NOAEL approach is generally accepted, or which NOAEL might be the more relevant for predicting potential human risk.

• 〈Example-6〉은 영장류(cynomulgus monkey)에 단일클론항체 주입으로 2차 반응에 의한 항약물항체(antidrug antibody, ADA) 형성과 관련된 면역

복합체-관련 사례이다. 면역항암 치료제로 사용되는 단일클론항체의 장애 중 하나가 체내 면역체계에 의한 항약물항체 생성이다. 항약물항체 생성은 약물의 치료 효과를 감소시킨다. 약물 투여 후 이와 같은 항약물항체 생성 등과 같은 면역반응이 NOAEL 설정에 있어 반영 여부가 논쟁이 되고 있다. 물론 대부분 시험책임자가 NOAEL 설정에 있어서 참고하고 있지만, ADA 형성에 대해 분리 대응하고 있는 현실이다. 어떤 최종보고서에서는 영장류에서의 ADA 발생을 adverse effect로 판정하고 있다. 반면에 어떤 최종보고서에서는 단일클론항체 투여에 의한 ADA 발생은 당연한 결과이며 사람에서도 나타날 수 있다는 예측이 되기에 non-adverse effect로 판정된다(Baldrick 등, 2019). 따라서 임상시험에서 발생이 예측됨으로써 면역복합체 생성은 NOAEL 설정의 non-adverse effect로 평가된다. 반면에 임상시험 결과의 평가와는 관련이 없이 동물에서는 adverse effect로 특별히 분류하는 수행기관도 있다. 이와 같은 상황에서 IND 과정에서의 독성/약리 리뷰어(reviewer)는 인체 위해성에 대한 예측을 비임상 독성시험으로 유래된 NOAEL의 근거로 단순히 판단하는 것이 아니라, 다른 시험결과와 함께 통합·분석을 통해 안전성평가를 수행할 필요성이 있다(Brennan 등, 2018).

〈Example-6〉 Immunocomplex-related study findings(secondary to antidrug antibody[ADA] formation) were seen with a monoclonal antibody in a cynomolgus monkey toxicity study. What is the NOAEL? The issue with this situation is that some toxicologists do not include such findings (ie, expected generation of an immune response following exposure of a test species to a foreign protein) in the establishment of an NOAEL, while others do. Furthermore, there can even be separate NOAELs: one based on an interpretation that the ADA finding is adverse to the monkey, and another acknowledging that immunogenicity is an expected consequence in nonhuman primates and therefore may be deemed "non-adverse" with respect to assessing risk in humans (Baldrick et al., 2019). Thus, for some companies, immune complex disease is not included within the NOAEL assignment but instead is categorized as adverse in animals specifically, but not relevant for evaluating human outcomes. In such cases, predictions of human risk are built around an integrated safety assessment that is not focused mainly on an NOAEL derived from nonclinical toxicity testing (Brennan et al., 2018).

7. 미국 FDA의 NOAEL 결정을 위한 non-adverse effect의 기준은?

FDA는 ① 생물학적 유의성(biological significance), ② NOEL(no observed effect level; 최대무영향용량)과 NOAEL(no observed adverse effect level, 최대비독성용량)과의 차이 등을 고려하여 NOAEL을 정의하고 있다(USFDA, 2005). 첫 번째, 통계적 유의성(statistical significance)보다 생물학적 유의성(biological significance)에 더 무게를 두어 NOAEL이 결정된다. 두 번째는 NOEL과 NOAEL이 동일 개념이 아니라는 점이다. 〈그림 8-2〉는 NOEL은 시험물질의 효능의 용량-반응곡선에서 역치(threshold) 용량, NOAEL은 독성의 용량-반응곡선에서 역치 용량을 나타낸 것이다(박영철, 2019). 따라서 NOEL

은 시험물질에 의한 반응이 효능 또는 독성반응에 대해 상관없이 모든 반응에 대한 역치 용량이다. NOEL의 예시로 효능과 독성 등의 어떠한 변화가 없어야 하는 식품첨가물이 시험물질일 때 적용되는 것을 들 수 있다. 반면에 NOAEL 은 adverse effect에 대한 역치 용량에서 시작된다. 시험책임자, 약물개발자 그리고 독성/약리 리뷰어(reviewer)가 NOAEL 판단 기준에 있어서 반드시 고려해야 할 사항은 다음과 같다; NOAEL은 시험물질에 의한 긍정적인 반응 및 부정적 반응 등의 모든 반응을 포함한 용량-반응곡선에 존재하여야 한다. 이와 같은 위치에서 NOAEL은 용량 변화에 대한 반응의 변화를 예측하고 임상시험에서도 적용되어 인체 안전성 확보에서 그 역할이 커진다. 이러한 점이 약물의 독성시험에 있어서 진정한 목적이다.

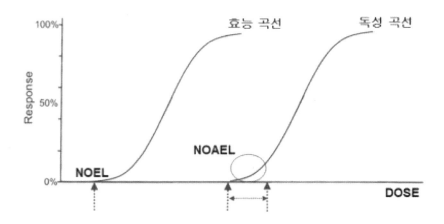

〈그림 8-2〉 NOEL과 NOAEL의 효능 및 독성 용량-반응곡선에서 역치(threshold)

8. 미국 FDA 비임상 약리/독성 리뷰어(reviewer)의 NOAEL 견해는?

Dr. Alapatt의 견해는 2019 Annual meeting of the American College of Toxicology에서 발표된 내용이 논문 형태로 요약된 것이다(Baldrick 등, 2020). FDA의 평가자가 NOAEL에 대한 견해를 밝히는 것은 극히 드문 사례이다. 이에 국내 약물개발자 및 시험책임자에게 미국 FDA의 인허가를 위해 도움이 될 수 있는 내용을 정리하였다. 독성시험의 NOAEL에 전적으로 의존하여 인체의 잠재적 안전성 확보를 위해서는 너무 단순한 결론이라는 측면이 있다. 그러나 FDA의 비임상의 약리/독성 리뷰어는 시험물질 안전성에 대한 의사결정 과정에서 NOAEL 응용에 의존하며 상당히 신뢰하는 편이다. 다음은 소분자 합성의 약품의 NOAEL에 제한하여 제시된 Dr. Alapatt의 의견이다.

① Adversity와 NOAEL의 관계에 대한 예시: 시험물질의 용량에서의 변화에 따라 특정 지표도 변화된다면 용량-반응 관계가 존재한다. 그러나 특정 영향만 변화되는 것이 아니라 2차 영향에 의한 변화 및 다른 변화도 관찰된다. 따라서 NOAEL 결정은 실험동물의 다양한 조직 수준에서 발생하는 용량-반응 관계에 따라 이루어져야 한다. 예를 들면 임상병리적 지표(혈액학적 지표, 혈액화학적 지표, 요분석 지표 등) 단독으로 시험물질에 의한 변화를 adverse 또는 non-adverse로 구별하기는 어렵다. 따라서 임상병리학적 변화 그 자체만으로 NOAEL 설정에 있어서 충분한 자료가 되지는 않는다. Pandiri 등(2017)의 발표논문 내용에 따르면 '임상병리적 지표 그 자체가 adverse effect로 판단되는 경우는 매우 드물며, 또한 그 자체가 NOAEL 결정의 기준도 아니다. 그러나 임

상병리학적 지표는 조직형태학적 병변 및 임상적 징후 등과 연관되어 NOAEL 결정에 역할을 한다. 따라서 adversity(부정성; 부정적인 특성이나 성질) 및 이와 연관하여 NOAEL의 전반적인 결정은 각각의 임상병리적 지표에 기준을 두는 것이 아니고 시험물질 투여에 의한 adverse effect 발생의 원인, 즉 병인론(pathogenesis)의 초점에 기준을 두어 이루어져야 한다'라고 설명되고 있다. 그러나 모든 사례가 이에 포함되지는 않는다. 예를 들어 28일 반복투여독성시험 중 투여 2주 차와 4주 차의 간 손상과 관련된 혈액화학적 지표가 대조군보다 50-100배 증가되었다. 그러나 간조직 표본에서는 어떠한 병변도 확인되지 않았다. 간조직의 병변이 확인되지 않는 것은 대식세포의 식자용에 의한 청소에 기인하거나 간조직의 표본에 있어서 오류에 기인할 수도 있다. 즉, 임상병리학적 지표가 상당히 증가되었지만 간조직 병변의 확인 오류에 의해 설정된 용량이 NOAEL로 잘못 결정될 수도 있는 사례이다. 따라서 혈액생화학적 검사에서 특정 지표의 유의한 증가로만 단순히 NOAEL로 설정하기보다도 조직병리학적 병변의 발생 과정을 포함하여 독성발현(adverse outcome)의 전반적인 과정을 세밀하게 관찰할 필요가 있다. 그러나 조직병리학적 병변을 수반하지 않거나 2차 영향에 대한 징후가 없다면 병인론 측면에서 임상병리학적 지표의 유의한 증가는 NOAEL 설정의 근거가 된다는 점을 시험책임자는 참고하여야 한다.

② 동물종과 NOAEL의 관계에 대한 예시: 독성시험에 이용된 동물종에 특이적으로 NOAEL이 결정되는 사례도 있다. 시험물질의 안전성평가가 다양한 동물에 대한 독성시험의 결과를 근거로 이루어지지만, 특정 단일 종에서만 특이적으로 발견되는 지표도 NOAEL 설정에 있어서 고려된다. 예를 들면 28일 반복투여독성시험에서 소분자 합성의약품 투여로 내분비선의 중요한 기관인

난소와 부신에 심각한 액포형성(vacuolation)과 더불어 혈청 콜레스테롤 농도 증가가 랫드에서 확인되었지만 비글견에서 확인되지 않았다. 이와 같은 독성 시험의 복합적인 결과를 토대로 건강한 피험자를 대상으로 단일용량 증량시험(single ascending dose, SAD)이 수행되었다. 결과적으로 랫드 NOAEL보다 안전역이 최소한 10배 이상이었기 때문에 안전에 대한 우려는 없었다. NOAEL은 위해성평가에 있어서 유일한 정량적 요소이며 최우선적으로 임상시험을 위해 적용된다. 일단 시험물질에 대한 임상적 자료가 축적되면 NOAEL에 대한 추가적 응용과 중요성이 사라진다. 이유는 전신노출에 의한 임상정보를 포함하여 참여자 개별의 임상 자료로부터 모든 정보의 취합을 통해 이해가 높아지기 때문이다. 따라서 비임상자료 및 임상자료 등을 비롯하여 다양한 정보의 양은 약물개발 과정이 진행됨에 따라 증가하게 된다. 이와 같은 증가는 임상시험에서 올바른 대처와 정확한 예측을 가능하게 한다.

③ Adverse vs non-adverse effect의 판단기준 및 예시: 시험책임자는 독성보고서에 FDA 약리/독성 리뷰어의 명확한 이해를 돕기 위해 adverse 및 non-adverse effect의 판단기준을 제시하여야 하며 다음과 같은 예시를 들 수 있다.

- 〈예시-1: 철저한 자료-기반에 의한 결정〉 시험물질-유래 다양한 변화가 관찰되었다면 adversity는 실험동물에게 실질적으로 유해성이 있는 변화에 한정하여 적절하게 적용되어야 한다. 또한, 이와 같은 변화에 대한 adverse 또는 non-adverse effect의 최종 결정은 독성시험으로 얻은 전체적인 결과를 근거로 이루어져야 한다. 예를 들어 고용량 및 투여 기간의 연장으로 adverse effect가 발생할 수 있다는 가정을 근거로 추정 또는 임상

시험에서의 외삽(extrapolation)은 당연히 절제되어야 한다.

- 〈예시-2: adverse 또는 non-adverse effect의 판단 기준〉 시험물질에 의한 adverse effect가 특정 실험동물에만 나타나고 임상시험을 통한 인체에서의 발생이 희박하더라도 동물에서는 여전히 adverse effect라는 이유로 무시할 수 없다. 특히, 시험책임자는 FDA의 약리/독성 리뷰어가 정확히 이해할 수 있도록 시험물질-유래 모든 변화에 대해 adverse 또는 non-adverse effect로 결정한 근거가 무엇인지에 대해 최종보고서에 논리적으로 서술되어야 한다. 이는 리뷰어가 임상시험에서 발생할 수 있는 잠재적 위해성을 확인하고 결정에 있어 도움을 주기 위함이다. 따라서 중요한 adverse effect뿐만 아니라 경미한(modest) 또는 다소 중한(moderate) 변화임에도 adverse effect가 아니고 non-adverse effect라고 판정한 것에 대해 논리적으로 명확하게 독성시험의 최종보고서에 서술되어야 한다. 예를 들어 비글견에서 시험물질-유래 다소 중한 구토인 간헐적인 구토는 비글견의 체중 및 식이섭취에 있어서 변화가 없다면 구토 자극성에 대한 일종의 생리학적 반응이다. 따라서 체중 및 기타 연관된 심각한 변화가 없다면 단순한 구토는 non-adverse effect로 분류된다. 또 다른 예시로 시험물질이 빌리루빈 대사체와의 상호작용으로 혈청 빌리루빈 농노의 일시적인 상승을 들수 있다. 이러한 경우에 간독성의 결과로 잘못 판단할 수 있다. 만약 간독성의 혈액지표효소인 알라닌 아미노기전달효소(alanine aminotransferase, AST)와 아스파르트산 아미노기전달효소(aspartate aminotransferase, AST) 농도의 변화 및 간조직 병변이 없고, 특히 회복기간을 거쳐 정상적으로 돌아오는 가역적일 경우에는 혈청 빌리루빈 상승은 일시적 현상이

기 때문에 non-adverse effect로 판단한다. 이와 같은 독성시험 최종보고서에는 FDA의 약리/독성 리뷰어의 명확한 이해를 위해 adverse 또는 non-adverse effect를 결정한 근거에 대해 논리적으로 서술되어야 한다.

• 〈예시-3: 약물재창출(drug repurposing)에 있어 독성자료의 예시〉 독성자료의 활용과 관련하여 약물의 새로운 적응증에 따른 독성의 차이를 예를 들 수 있다. 때로는 약물개발에 있어 시험물질의 효능은 다른 질환이나 적응증에 이루어지기도 하여 개발 시간을 단축할 수 있다. 그러나 adverse effect는 하나의 적응증에 대한 것이며 다른 적응증에 대해서는 잠재적 또는 부적절한 위해성을 고려해야 한다. 예를 들어 폐경기 및 폐경 후 여성에만 투약되며 이들에게는 독성이 없는 약물일지라도 임산부에게는 심각한 태아 기형을 유발할 수 있다. 독성은 적응증에 따라 차이가 있을 수 있어 효능과는 별개로 잠재적 독성을 항상 인지하여야 한다. 또 다른 사례로 노인에 대한 항암제로 개발 중인 약물을 약물재창출을 통해 어린이에게 국소항생제(topical antibiotics) 개발을 들 수 있다. 이러한 경우에 약물의 2개 적응증에 대한 독성 정보가 서술된 비임상시험 자료를 각각의 적응증에 동일 보고서 제출이 가능하다. 물론 모든 adverse effect 및 non-adverse effect 등의 변화가 각각의 다른 적응증에 따라 서술되는 것이 권장되고 있다. 이는 다른 적응증 개발을 위해 허가된 약물이 때론 임상에서 특정 질환을 위해 긴급한 처방을 위해 약물재창출이 요구되는 상황에 도움이 된다.

• 〈예시-4: 독성자료에 대한 독성전문가의 견해와 CTD〉 약물개발자는 이러한 경우에 독성전문가가 재창출약물의 잠재적 효능뿐만 아니라 안전성

에 대한 위험-편익(risk-benefit) 관점에서 비임상시험 자료를 임상시험 의사에게 설명할 필요성이 있다. 연구보고 수준에서 약리기전 및 해석이 통합된 보고서는 단순히 새로운 적응증만 서술된 보고서를 대체할 수 있다. 일반적으로 해석 및 견해는 NDA(New Drug Application, 신약허가신청)를 위한 의약품 국제기술보고서(common technical document, CTD)에 서술된다. CTD의 비임상개요(nonclinical overview) 항목에는 비임상시험의 계획에 대한 개요, 약리시험, 약동학시험, 독성시험 그리고 종합적 개요 및 결론 등으로 구성되어 있다. 이 부분에 다른 적응증을 위해 수행된 동일 시험물질의 독성학적 및 약리학적 비임상자료에 대한 독성전문가의 견해가 표현될 수 있다.

• 〈예시-5: Adverse effect와 non-adverse effect의 결정에 있어 FDA 약리/독성 리뷰어 입장〉 NME(New Molecular Entities, 신규물질 품목허가)에 대해서는 약물평가연구센터(Center for Drug Evaluation and Research, CDER), 그리고 바이오의약품의 인허가를 의미하는 BLA(Biological License Applications, 바이오의약품 품목허가)는 생물학제제평가연구센터(Center for Biologics Evaluation and Research, CBER)에서 독성/약리의 비임상자료에 대한 평가자 팀이 구성된다. 약물개발자는 FDA의 센터와 팀 내 독성/약리 리뷰어 사이에 안전성 자료에 대한 견해에 있어서 상당히 차이가 있다는 점을 인식하여야 한다. 특히 이들의 견해 차이는 약물재창출에 의한 개량신약에 있어서 두드러진다.

④ 시험물질에 의한 변화와 가역성에 대한 견해: 시험물질에 의한 변화가 투

여를 중단한 후 원상태로 다시 돌아가는 가역성(reversibility)은 독성시험 자료의 전체적인 해석(holistic interpretation) 측면에서 대단히 중요한 요소이다 (Lewis 등, 2002). 여기서 전체적인 해석이란 시험물질에 의한 변화 발생부터 회복기간에서의 변화에 대한 관찰 후 판단을 의미한다. 시험책임자는 독성시험에서 회복군과 고용량군이 동일 용량으로 투여가 이루어지며 회복기간은 시험물질의 반감기를 기준으로 결정된다는 점을 시험 전에 확인하여야 한다. 예를 들어 시험물질의 반감기가 5일이라면 회복군(recovery arm)은 반감기의 5배 정도의 시간 동안 투여 중지 후 희생된다. 따라서 독성시험에서 회복기간은 반감기의 5배인 25일이 된다. 그러나 반감기 확보가 어려운 경우에 본시험의 기간에 따라 결정된다. 시험물질의 투여기간과 동일하거나 1/2에서 1/3 정도의 기간이 추가되어 회복기간이 결정된다. 물론 회복기간에는 시험물질이 투여되지 않는다. 투여 중단 후 시험물질이 전신혈관계에서 더는 존재하지 않는다는 확인이 필요하다. 시험물질에 의해 발생한 생물학적 영향이 투여 중지로 가역성이 있다면 그 영향에 대해 과도하게 우려할 필요가 없다(Lewis 등, 2002). 또한 가역성에 있었다는 시험물질-유래 변화에도 임상시험에서 참고할 수 있도록 시험책임자는 최종보고서에 기록되어야 한다. 시험물질-유래 변화의 가역성에 대한 평가는 회복기간 중 1-2번 정도의 점검을 통해 얻는 자료를 근거로 이루어진다. 그러나 가역성에 대한 평가는 구조적 병변의 분포와 중증도, 영향을 받은 기관과 조직의 재생력 및 회복력 등의 관련 지식을 포함하여 과학적인 자료만으로도 가능하다. 예를 들어 시험물질에 의한 변화의 가역성이 반드시 회복군과 회복기간을 통해 관찰되는 것은 아니다. 가역성이 병리전문가의 논의와 판단으로도 가능하다는 것을 시험책임자는 인식할 필요가 있다. 물론 이에 대한 의견은 신뢰할 만한 자료를 첨부하는 것이 약리/독성 리뷰어의 이해에 도움이 된다. 따라서 약물의 안전성 확보에 있어서 adverse effect의 가역성 여부를 완벽한 증명으로 결론을 내릴 정도로 회복군을 시험의 필수적인 군구성 요소로 항상 고려해야 하는 것은 아니다. 시험물질-유래 변화의 가역성이 non-adverse effect로의 판단에 정당한 근거이지만 반면에 adversity(부정성; 부정적인 특성 이나 성질)가 없다는 입증 요구에 필요한 논리를 제시하기에는 이론적으로 어려울 때도 있다는 인식도 시험책임자가 가져야 한다. 사례로 시험물질에 의해 기관의 일시적인 위축과 더불어 기질에 세포괴사(necrosis)가 유도되었지만, 전체 기관의 내부구조 조직상에는 손상이 없는 경우를 들 수 있다. 비록 회복기 간 후 기관의 정상적인 무게로 회복되었을지라도 투여기간이 끝난 후 관찰된 최초의 병변은 adverse effect로 판정되어야 한다. 또한, 세포괴사는 시험물질에 의한 심각한 변화이기에 NOAEL 설정에서도 반영되어야 한다. 또 다른 예시로 고용량군에서 임상병리학적 지표를 비롯하여 조직병리학적 병변이 확인되었는데 회복군에서 모든 병리적 징후가 사라진 가역성을 들 수 있다. 비록 가역성이 있지만, 시험물질에 의한 중증의 병변으로 분류하여 adverse effect로 판단하여야 한다. 즉, 세포괴사나 조직병리학적 병변은 회복성 유무와 상관없이 adverse effect로 판단되어야 한다. 가역성에 대한 다양한 관점은 독성시험의 결과 해석에 있어서 표적기관, 용량-의존, 노출 특성 등과 함께 중요한 요소이며 ICH M3(R2)〈임상시험 및 의약품 시판을 위한 비임상 안전성 시험〉 가이드라인에 자세히 서술되어 있다.

⑤ 시험물질에 의한 변화와 적응반응에 대한 견해: 관찰이 때로는 어렵고 기능적인 측면에서 반응하는 적응반응(adaptive response)은 독성시험 지표를 통해 시험물질에 의한 변화로 측정 또는 확인할 수 없는 경우가 많다. 이는 적응

변화(adaptive change)가 지속적인 시험물질 투여에 맞서 개체가 정상적인 기능이 가능하도록 하는 변화이기 때문이다. 세포 및 개체의 수준에서 치명적 세포 변화(cellular change)가 없는 반응을 적응변화라고 한다. 이들 적응변화에서 '변화(change)'의 본래 의미를 반영한다면 당연히 adverse effect 또는 non-adverse effect로 분류될 수 있다. 일부 적응변화는 세포 및 조직 내에 다양한 내인성물질 또는 시험물질과 같은 외인성물질 등이 함께 축적된다. 이에 의해 세포 소기관의 부피를 비롯하여 수적 증가를 유도하는 대사 및 기능 측면에서 나타나는 변화도 있다. 이들 변화는 생존에는 영향을 주지 않아 세포 및 개체가 정상적인 상태가 유지된다(Thoolen 등, 2010). 시험물질-유래 변화로 동물에게 유해 영향이 없다면 적응반응은 non-adverse effect로 고려되어야 한다. 일단 독성시험에서 적응반응이라고 판단하였다면 이와 관련하여 모든 인과적 관계를 추적할 필요는 없다. 간세포의 비대(hypertrophy)는 독성시험에서 시험물질-유래 적응반응의 가장 대표적인 사례이다. 세포독성 또는 간세포 변성과 동반되지 않거나 중증도가 낮다면 간조직 비대는 시험물질에 의한 직접적인 영향에 기인하는 것이 아니라는 것이 일반적인 견해이다. 이와 같은 간비대의 적응반응은 시험물질 제거를 촉진하기 위해 유도되는 마이크로솜 효소의 증가에 기인한다. 그러나 간의 비대가 간과 관련된 비정상적인 관찰, 예를 들어 혈청 ALT 및 AST를 비롯하여 간세포 지질과 혈청콜레스테롤 등의 증가가 산발적인 간세포괴사와 동반되어 나타난다면 적응반응보다 adverse effect로 분류되어야 한다. 미국 FDA의 약리/독성 리뷰어는 시험물질에 의한 변화를 적응반응으로 판단하였으면 이에 대한 정당성을 입증하기 위한 추가적인 자료를 요구하기도 한다. 예를 들어 시험책임자는 동물 및 사람에 있어 간의 마이크로솜 cytochrome P450 유도에 대한 비교 평가는 시험물질과 간비대의 인과적 관계로 해명할

수 있다. 약물을 포함한 대부분의 유기성 외인성물질은 간에 cytochrome P450
에 의해 생화학적 전환(biotransformation)을 통해 대사되어 배출된다. 특히
cytochrome P450은 유도효소이기 때문에 외인성물질 노출로 간에서 발현이
증가되어 간비대의 주요 원인이 된다(Maronpot 등, 2010).

9. MTD의 adverse effect와 non-adverse effect에 대한 관계는?

약물개발에서 비임상 독성시험의 목적은 단순히 안전성만이 아니라 그 범
위와 임상시험에서 인체에 대한 예측에 있다. 이는 약물이 왜 산업·환경물
질과의 독성시험 디자인에 있어서 차이가 있는가의 질문에 대한 핵심적인 답
변이다. 산업·환경물질은 의도적으로 노출되지 않기 때문에, 인체 노출용량
에 따른 반의 변화에 대한 예측의 목적에 부합하지 않아도 된다. 즉, 산업장이
나 환경에서 70년 평생 매일 노출로 인체 영향이 없는 용량설정을 위한 독성
용량기술치의 자료만 제공되면 된다. 반면에 약물 경우에 질환모델동물을 통
해 확인된 치료용량 범위를 포함하는 독성용량기술치, 그리고 독성용량기술치
를 포함한 용량-반응곡선 자료를 얻을 수 있는 시험디자인이 요구된다. 이와
같은 시험디자인을 위해 가장 중요한 것은 고용량 설정이며 이를 위해 용량범
위결정시험(dose-range finding test, DRF test)이 본시험(main test) 이전에 수
행된다. DRF 시험의 목적은 본시험에서 고용량으로 설정되는 최대내성용량
(maximum tolerated dose, MTD) 추정이다. MTD는 1970년대 초반에 발암성
시험에서 최고용량으로 설정된 후 현재까지 다양한 정의로 제시되었다(Songag

등, 1976; 박영철, 2019). MTD 정의로는 '생리적인 생존과 수명에 영향을 주는 adverse effect를 유발하지 않는 최소독성용량(minimally toxic exposure)(Huff 등, 1994), 그리고 '생리적 현상으로 변화와 수명의 단축이 없이 아치사(sublethality)의 독성을 유도할 수 있을 정도의 용량'(Stevens 등, 1997) 등이 있다. 그러나 MTD의 용량 범위가 최소독성용량에서부터 아치사 용량까지 범위가 대단히 넓다. 일반적으로 본시험의 기간보다 DRF test 기간이 짧다. 따라서 DRF test에서 MTD 용량을 설정할 때 본시험의 긴 투여 시간을 고려하여 설정하는 것이 필요하다. 예를 들어, 간의 조직병리학적 병변과 더불어 간지표 효소인 혈청 AST나 ALT 상승의 용량보다 AST나 ALT 상승만 확인되는 용량이 본시험의 잠재적 MTD로 결정되는 것이 바람직하다. 그러나 비록 DRF test에서 적절하게 추정된 MTD를 본시험에 적용하더라도 NOAEL의 독성용량기술치와 용량-반응곡선 등의 2가지 목적을 3용량군으로 달성하기는 무척 어렵다. 이러한 어려움으로 인하여 시험물질에 의한 변화는 가능한 높은 용량군에서 확인될 필요성이 있다. 이는 저용량군에서 확인될 필요성이 있는 NOAEL이 no effect가 아니라 adverse effect와 non-adverse effect를 기준으로 결정되기 때문이다. 〈그림 8-2〉에서처럼 3용량군 모두에서 no effect일 경우에는 NOEL이 NOAEL로 잘못 설정되어 임상시험에서 안전용량의 범위가 좁아지거나 유효용량이 배제되는 경우도 발생할 수 있다. 반면에 아치사를 유도할 수 있는 고용량으로 MTD가 본시험에 응용된다면 표적독성 유도를 어렵게 하거나 치사용량이 될 수 있는 문제점도 발생할 수 있다. DRF test에서 MTD 설정의 특별한 기준은 없다. 그러나 임상병리학적 징후 및 본시험의 투여 기간 등을 고려하여 MTD 추정을 위해 디자인한다면 본시험의 고용량 설정에 큰 도움이 된다는 점을 시험책임자는 인식할 필요가 있다.

10. MTD-기반 고용량 설정을 위해 임상병리학적 지표의 사례는?

MTD 정의 자체가 다양하여 DRF test에서 MTD 결정을 위한 임상병리학적 및 조직병리학적 지표의 제시는 쉽지 않다. 각국 규제정책의 차이점이 가장 크지만, 독성시험의 결과 해석에 있어서 시험책임자 및 병리책임자 등 관련자의 개별 입장도 큰 차이가 있다. 즉, NOAEL을 no effect, no adverse effect, non-adverse effect 등에서 어느 것을 기준으로 설정할 것인가에 대한 견해도 너무 다양하다. 그러나 약물개발자와의 독성시험에 대한 컨설팅 경험을 통해 무엇보다도 중요한 것은 독성시험 이전에 약물개발자와 시험책임자 간의 다양한 정보의 교환이다. 예를 들어 약물 모달리티의 규정부터 임상시험 예정용량까지 약물개발자가 정보를 많이 제공하면 할수록 안전성평가를 위한 디자인에 큰 도움이 된다. 때로는 상호 의견조율이 더 필요한 경우에 약물개발자는 규제기관에 반드시 문의가 필요하다. 특히 독성시험의 결과는 IND(investigational new drug, 임상시험계획승인)와 연구자에게 제공되는 임상시험자료집(Investigator's Brochure, IB)에 요약하여 기재된다. 이 요약에는 치료 효과뿐만 아니라 사람에게 바람직하지 않거나 기대되지 않는 시험물질-유래 변화의 가능성도 포함된다. 이는 임상시험에서 예측을 통해 안전성 확보에 주요한 사항이므로 독성시험에서 반드시 시험물질에 의한 변화가 도출되는 용량이 적용되어야 한다. 이러한 관점에서 영국의 국립기관인 실험동물의 감소 및 대체 연구전문센터인 NC3Rs(National Centre for the Replacement, Refinement and Reduction of Animals in Research)와 영국 실험동물학회(the Laboratory Animal Science Association, LASA)가 공동 개발한 가이드라인 '약물의 일반독성시험과 용량 설정에 관한 지침서(Guidance on dose level selection for regulatory general toxicology studies for pharmaceuticals)'를 통해 MTD 개념과 고용량 설정 기준에 대한 제시는 적절한 방안이라고 할 수 있다. 여기서 일반독성시험은 단회투여독성시험과 반복투여독성시험을 지칭한다. 독성시험에서 중요한 목적 중의 하나가 표적기관독성(target organ toxicity)이지만 투여된 고용량에 의해 adverse effect가 발생할 수 있다. 이를 극복하거나 내성을 가지지 못하고 고용량에 의해 병적인 상태나 사망이 유발될 수도 있다. 따라서 시험책임자는 병적 상태와 사망이 유발되도록 높은 용량의 MTD는 고용량으로 설정될 수는 없고 단지 표적기관독성을 유발할 수 있는 고용량으로 MTD가 설정되어야 하는 점을 인식할 필요성 있다. 일반적으로 동물이 긴 기간 동안 고용량에 연속적으로 노출되면 독성발현에 대한 극복 또는 내성이 감소한다. 이는 용량의 투여 기간이 MTD 결정에 영향을 준다는 것을 의미한다. 예를 들어 단회투여에 대한 MTD가 3-4일 반복투여에 의한 MTD보다 높고 또한 일주일 투여에 대한 MTD가 28일 또는 90일 투여에 의한 MTD가 높다. 투여 기간이 짧을수록 독성시험에 대한 MTD는 높은 것을 의미하는데 단기간의 MTD 용량은 장기간 투여를 통해 유사하거나 좀 더 중증의 독성이 기대되기 때문이다. 그러나 개의 13주와 1년 독성시험에서 얻은 NOAEL과 LOAEL(lowest observed adverse effect level, 최소독성용량)의 기간별 비교에서처럼 90일 투여를 통해 얻은 MTD는 그 이상의 투여 기간을 통해 설정된 MTD와 유사한 특성이 있다(NC3Rs and LASA, 2009). 즉 90일 이상의 독성시험을 통해 설정된 MTD는 6개월 또는 2년 등의 독성시험의 기간과 차이가 없이 동일 MTD를 의미한다. 이는 3개월 이후부터 동일 용량투여에 의한 약물 내성력(drug tolerance)이 유지되기가 어렵다는 것을 의미한다(NC3Rs and LASA, 2009). 시험책임자는 이러한 점을 잘 인식하여 다양한 독성시험 디자인에 있어서 MTD 설정 및 투여기간의 관계를 잘 반영하여야 한다. 그리고 실험동물 윤리의 3R 측면에서 동물의 수와 고통을 줄일 수 있도록 투여 기간이 가장 짧은 독성시험으로부터 MTD를 설정하는 것이 권장되고 있다. 이러한 경우에 투여 기간에 따른 MTD를 본시험 기간에 따라 용량의 조정이 가능하다. 예를 들어 2주간 반복투여독성시험의 DRF 시험에서 MTD를 설정하였다면 4주 반복투여독성시험에 그대로 적용하고 또한 13주 반복투여독성험에서는 MTD의 4/5 정도의 용량을 적용할 수도 있다. 이는 MTD가 일단 설정되면 설정된 독성시험의 기간과 본시험의 기간을 잘 고려하여 적절하게 MTD를 조정하여 본시험에 적용할 수 있다는 것이다. 이러한 점들이 반영되어 단기간 독성시험에서 MTD 결정과 관련된 adverse effect의 지표 또는 임상 징후에 대한 분류가 개발되었다(Robinson, 2008; NC3Rs and LASA, 2009). 〈표 8-2〉는 단기간 투여에 의한 설치류에서 경증, 중간, 심각 정도 등의 중증도(severity)에 대한 임상 징후의 예를 나타낸 것이다. 일반적으로 MTD는 임상적 징후, 체중과 식이량 등과 같은 지표를 통해 결정된다. 〈표 8-2〉에서는 개로부터 중간 정도(moderate)의 중증도에 해당하는 임상 징후가 MTD를 결정하는 요소로 제시되었다. 이는 MTD를 결정하는 최상위의 임상 징후가 중간 정도의 중증도(moderate severity)를 나타내는 용량까지라는 의미도 있다. 특히 중간 정도의 임상 징후가 MTD 기준이 된다는 의미는 개체가 생물학적 내성을 가진 상태에서 독성을 예측하기 위한 것으로 이러한 징후가 임상시험에서 반드시 나타나야 한다는 것을 의미하지는 않는다. 그러나 여기서 임상 징후의 강도나 기간에 대한 명확하게 설정되지 않았기 때문에 MTD 결정을 위한 절대적 징후는 아니다. 이는 임상 징후와 MTD에 대한 이해에 있어서 전문기관마다 다소 차이가 있을 수 있다는 것을 의미한다.

〈표 8-2〉 중증도의 상한범위에 따른 설치류와 개의 임상 징후

설치류			개
경증 중증도 (mild severity)	MTD: 중간 정도의 중증도 (moderate severity)	중증의 중증도 (substantial severity)	MTD: 중간 정도의 중증도 (moderate severity)
증체중 감소	대조군의 20% 체중감소	대조군과 비교하여 25% 이상 체중감소	대조군과 비교하여 20% 까지 체중감소
72시간 동안 대조군의 40-75% 정도의 식이량 및 식수 소비	72시간 동안 대조군의 40% 이하의 식이 및 식수 소비 감소	7일 동안 대조군의 40% 이하의 식이 및 식수 소비 감소. 72시간 동안 식욕 부진증	72시간 동안 대조군의 40% 이하의 식이량 감소
부분 입모(Partial piloerection)	곱슬털 및 확실한 입모	곱슬털 및 확실한 입모, 탈수와 텐트형 피부	구토와 설사
착 가라앉고 움직이지 않지만, 자극에 대한 정상적 반응 보여줌	착 가라앉아 있으며 자극을 주어도 반응이 없는 상태	외부 자극에 반응이 없음	자세 및 외형적으로 착 가라앉은 상태
동료 동물과 상호작용	동료와 상호작용이 아주 적음	동료와 상호작용이 거의 없음	중간 정도의 탈수
투여 시 순간적으로 등을 구부리는 행동	간헐적으로 등을 구부림	지속적인 등의 구부림	비정상적인 울음
일시적 울음	자극을 주었을 때 울음소리를 냄	절망적인 울음	운동장애
눈물 및 콧물의 일시적 방출	눈물 및 콧물의 지속적인 방출	지속적인 다량의 콧물과 눈물의 방출	일시적 경련
일시적 떨림	간헐적으로 비정상적인 호흡형태	호흡의 어려움	
경련 없음	간헐적으로 경련	지속적인 경련	
탈진 없음	1시간 이하의 일시적 탈진 상태	1시간 이상의 연장된 탈진 상태	
자해행위 없음	자해행위 없음	자해행위	

이와 같은 MTD는 규제 영역에서 최소독성을 유발하는 용량에서 명백하게 중증의 독성을 유도하는 최고용량으로 정의될 정도로 고용량 설정의 기준에 대해 다양한 견해가 존재한다. 그러나 MTD에 의한 고용량 선택에 있어서 다음과 같은 문제점을 고려할 필요가 있다(Buckley, 2009; 박영철, 2019).

- 과잉 고용량이란 동물종의 대사 또는 수선 기전의 포화를 유도하는 용량임. 이 용량은 개체의 본질적 독성(intrinsic toxicity)을 얻을 수 없음. 따라서 이와 같은 결과를 저용량 투여로 이루어지는 임상시험에서의 인체 예측에서 독성의 오류를 유도할 수 있음.

- 또한, 과잉 고용량에서 발생하는 독성이 저용량의 장기간 노출에 의한 적절한 치료용량에서 발생하는 유관독성(relevant toxicity) 확인을 불가능하게 할 수 있음. 유관독성이란 시험물질에 의한 정상적인 개체에서 약리작용으로 나타나는 독성을 의미함.

- 과잉은 아니지만, 고용량 사용이 동물에게 과도한 강박성을 주어 약물의 본질적 변화와 무관한 변화 유도 가능성도 있음.

11. 반복투여독성시험에서 MTD 외의 고용량 설정 방법은?

고용량 설정의 필요성은 2년의 장기간 발암성시험에서 발암과 관련된 독성을 유도하기 위한 적절한 용량설정에서 제시되었다. 암은 단기간 노출에 발생하지 않고 장기간 노출과 긴 잠복기를 거치는 특성이 있다. 지나친 고용량은 발암 이전에 개체 사망을 초래할 수 있어 발암기전과 독성기전에 대한 이해가 우선되었다. 이에 발암성시험에서의 적절한 고용량설정의 중요성에서처럼 모든 독성시험에서의 고용량 설정의 중요성을 제시한 계기가 되었다. 동물을 이용하는 독성시험에서 고용량 설정 방법으로 ① Maximum tolerated dose(MTD,

최대내성용량), ② Limit dose(한계용량, 1,000mg/kg/day), ③ Maximum feasible dose(MFD, 최대투여가능용량), ④ Dose providing a 50-fold margin of exposure(임상용량치 50배 MOE 제공하는 용량), ⑤ Exposure saturation(노출포화용량) 등의 5가지가 제시되었고 〈표 8-3〉과 같다(박영철, 2019).

〈표 8-3〉 독성시험에서 MTD 외의 고용량 설정 방법

고용량 설정 방법	정의 및 개념
한계용량 (limit dose)	• MTD 추천이 어려운 상황의 독성시험에서 투여할 수 있는 소분자 합성의약품의 최고용량 1,000mg/kg/day • 설치류 및 비설치류에 대한 단회. 90일 및 장기간 반복투여독성시험 등의 모든 동물 독성시험에서 한계용량은 1,000mg/kg/day. 일부 단회독성시험 가이드라인에서 2,000mg/kg • 한계용량일지라도 〈2,000mg/kg/day〉/〈임상예정용량〉으로 산출되는 MOE가 10 이상이어야 함
노출포화용량 (exposure saturation)	• 투여 후 전신혈관계에서 용량이 추가적 증가가 되지 않는 포화상태를 생체이용률(bioavailibility)을 통해 확인 후 고용량 설정이 이루어지는 방법 • 생체이용률이란 정맥투여를 통한 전신혈관계 용량에 대한 경구투여 후 흡수된 전신혈관계 용량의 비율
최대투여가능용량 (maximum feasible dose)	• 시험물질의 물리화학적 특성이나 실험동물의 해부적 또는 생리학적 특성으로 정상적인 투여 및 빈도를 유지하기 어려운 경우에 투여할 수 있는 최대용량 • 식이의 5% 함유를 통한 경구투여 • 임상예정용량이 500mg/day 이상일 경우 독성시험에 사용 가능한 용량
임상용량-50배 MOE의 제공용량 (dose providing a 50-fold margin of exposure)	• 동물을 이용한 약물동태학이나 독물동태학에서 얻은 〈평균 AUC 또는 C_{max}〉을 인체에서의 〈평균 AUC 또는 C_{max}〉 나누어 준 값이 50이 넘는 용량을 임상용량-50배 MOE(margin of exposure, 노출안전역, dose providing a 50-fold margin of exposure) • 임상예정용량-50배 MOE를 제공하는 용량에서 어떤 독성도 없다면 동물 투여최고용량의 1/50 임상예정용량이 됨 • 임상시험의 기간이 2주 이내일 경우에 임상예정용량이 동물 투여용량의 1/10까지 고용량 설정이 가능

12. 독성시험에서 adversity 결정에 있어 실제적인 7대 고려사항은?

〈표 8-4〉는 다양한 논문을 통해 NOAEL 설정을 위한 7대 기준이며 각각 기준의 상세한 개념과 예시를 들어 다음과 같이 설명되었다(Kale 등, 2022; Pandiri 등, 2017; Kale 등, 2022; Palazzi 등, 2016).

〈표 8-4〉 NOAEL 결정을 위한 요소

① Is the effect natually occurred? - 자연 발생
② Is the effect severe enough to cause functional impairment? - 기능 장애
③ Is the effect an adaptive response? - 적응 반응
④ Is the effect reversible? - 가역성
⑤ Is it a primary effect of the test article, or secondary to the primary effect? - 전조 또는 2차 영향
⑥ Is it an exaggerated pharmacological effect? - 과잉 약리작용
⑦ Is the totality of the effects severe enough (weight-of evidence) to result in dysfunction of the organs or organism? - 여러 변화의 증거가중치-기반 기능 장애

① 자연발생적 변화의 병소 악화: 자연발생(natural occurrence, spontaneous or background findings)이란 시험군뿐만 아니라 대조군조차에서도 변화가 발생하여 시험물질에 의한 변화로 판단하기 어려운 발생이다. 특히 실험동물 자체적으로 자연발생적인 변화 또는 질환이 있다. 그러나 시험책임자는 대조군 및 시험군 등 모든 군에서 자연발생적으로 특정 질환이 발생하여도 통계학적 유의성 또는 용량-의존성 등 근거를 통해 특정 변화를 adverse effect로 판단하는 사례도 있다는 인식을 하여야 한다. 예를 들면 동맥의 여러 부위에 발생하는 염증과 함께 세포의 죽은 병변이 특징인 다발성동맥염(idiopathic polyarteritis)은 비글견에서 자연발생적인 질환이다(Clemo 등, 2003). 이와 같은 원인의 약

물로 발한 등의 증상을 경감시켜 주는 벤조디아제핀(benzodiazepines)과 혈관 확장제 투여에 의해 비글견에서 다발성동맥염이 증가될 수 있다. 비록 자연발생적인 질환이지만 대조군과의 통계학적 유의성이 있다면 다발성동맥염의 발생은 adverse effect로 판단할 수 있다. 어떤 경우에는 대조군에서도 발생하였지만 시험군에서 통계적으로 유의하게 증가한 사례가 있다. 이러한 경우에 시험군에서의 변화를 반드시 adverse effect로의 판단 대신에 변화가 발생하였기 때문에 non-adverse effect로 판정할 수 있다. 물론 자연발생적인 지표의 변화가 기능장애를 유도하지 않았다는 조건은 필요하다. 따라서 자연발생적인 경우에도 지표의 중증도(severity) 및 기능장애에 따라 non-adverse 또는 adverse effect로의 판정이 가능하다는 점을 시험책임자가 인식할 필요성이 있다. 또 다른 예시로 랫드에서 만성진행성신장증(chronic progressive nephropathy, CPN)의 자연발생적 질환을 들 수 있다. α2u-글로불린에 의한 신장증은 CPN으로 전환되며 이는 신장기능의 장애를 유발할 수 있어 adverse effect로 판정한다. 그리고 광선 노출에 의한 망막변성(retinal degeneration)은 백변종 설치류(albino rodents)에서 자연발생적 변화의 예시를 들 수 있다. 악화(exacerbation)도 자연발생적 변화의 예시로 분류된다(Yamashita 등, 2016). 병소 악화는 약물 투여로 자연발생적 병소가 증가 또는 심화된 상태를 의미한다. 이와 같은 병소 악화는 장기간 시험이나 종의 특징으로 대조군에서 발생할 수 있다. 대조군에서 비시험물질-유래 병소 발생 및 과도한 악화(exacerbation)가 adversity(부정성; 부정적인 특성이나 성질) 결정에 영향을 줄 수 있어 여러 사항에 대한 고려가 필요하다. 요약하면 대조군에서 자연발생적 병소가 발생하는 주요 원인은 연령 증가에 따라 발생률 및 중증도의 증가, 그리고 종 특이성(species specificity) 등이 있다. 대조군에서 자연발생적 병소 발생과 더불어 시험물질 투여에 의한 병소 악화의 경우에는 새로운 판단 기준이 마련되어야 한다. 예를 들어 대조군 병소의 기본적 발생 수준과 악화를 구분하는 역치(threshold)를 설정하여 시험물질에 의한 병소 악화와의 비교를 통해 adversity를 결정할 수 있다. 역치 설정을 통한 adversity 결정은 독성시험에서 비발암적 병소의 양적 및 질적 분석을 근거로 이루어진다는 측면에서 공식적인 권장 사항이다(Shackelford, 2002).

- 〈사례-1: 악화에 의한 역치(threshold) 판단 사례〉 자연발생적 병소와 악화와 관련하여 adversity 판정 사례로 랫드에서 만성진행성 신장병에 의한 자연발생적 병소와 악화의 발생률, 그리고 adversity 판단의 결과를 들 수 있다(Maronpot, 2014). 약 12개월의 시험기간 동안 대조군에서 만성진행성 신장병의 발생은 10%이며 저용량군에서의 발생률은 15%이다. 이러한 경우에 시험물질에 의해 증가한 발생률이라고 고려할 수 있지만, 중증도 평균은 각각 1.0과 1.0으로 통계적 유의성이 없다. 반면에 중용량군 및 고용량군에서의 발생률은 각각 25% 및 30%, 그리고 평균 중증도는 대조군보다 유의하게 높은 2.2 및 2.7이다. 따라서 역치는 저용량군으로 판단할 수 있다. 중용량군 및 고용량군은 시험물질에 의하여 악화 현상에 의한 발생률이 증가하여 adverse effect로 분류가 된다. 따라서 시험물질의 NOAEL은 저용량군의 용량, LOAEL은 중용량군의 용량으로 판정할 수 있다.

② 기능장애(functional impairment)를 유도할 정도의 심각한 변화: 세포 재생의 수단으로 살아 있는 세포나 세포군의 한 형태가 다른 형태로 전환되는 것을 화생(metaplasia)이라고 한다. 자연발생적 및 시험물질-유도 후두편평화생 병변이 아주 작게 확인되어 non-adverse effect로 판정한 사례가 있다. 그러

나 병변 부위가 점차 확산하여 후두의 여러 부위에서 중증 상태로 확인되었다. 이와 같은 병변의 확산은 후두의 기능에 대한 영향을 줄 잠재성이 있을 수 있어 adverse effect로 판정하였다(Kaufmann 등, 2009). 앞서 시험물질 노출에 의한 간비대는 cytochrome P450의 발현 증가에 기인한 일종의 적응반응이라고 설명하였다. 또한, cytochrome P450 유전자의 전사인자인 PPARα(peroxisome proliferator‑activated receptor alpha) 활성 증가로 간의 무게도 증가한다(Maronpot 등, 2010; Thomas 등, 2013; Pandiri 등, 2017). 이 외에도 괴사 병변과 더불어 혈청효소 활성과 기능장애가 없다면 non‑adverse effect로 판단된다. 그러나 간비대와 더불어 간괴사와 혈청효소 활성이 증가하면 adverse effect로 판단한다(Hall 등, 2012; Maronpot 등, 2010). 결론적으로 세포괴사(necrosis)에 의한 조직병리학적 병변이 확인되면 기능장애와 연관될 가능성이 있을 것으로 추정된다. 이와 같은 추정은 독성시험 자체로는 간 기능을 비롯하여 다른 조직 및 기관의 기능장애를 확인하기 어렵기 때문이다.

③ 적응반응: 미국의 FDA뿐 아니라 규제기관의 약리/독성 리뷰어가 시험물질-유래 변화에서 가장 신중하게 평가하는 반응 중 하나가 adverse effect와 적응영향(adaptive effect)의 차이에 대한 구별이다. 독성시험에서 적응반응은 기능장애가 없이 약물이 포함된 새로운 환경에서 생존을 위해 세포 또는 개체가 반응하는 과정이다(Karbe 등, 2002; Keller 등, 2012). 이와 같은 특징의 사례는 독성시험에서 시험물질 투여 후 기능장애의 전구증상(predrome)이 아니지만, 항상성 상태로 되돌아가는 가역성(reversibility) 특징을 들 수 있다(Pandiri 등, 2017). 특히 적응반응으로 가장 많이 확인되는 시험물질-유래 변화로는 유전자 발현 또는 전사체학적 변화 등과 같은 초기 항상성 조절 등을 예로 들 수

있다. 대표적인 적응반응으로는 세포 적응반응(cellular adaptive response)으로 약물 및 화학물질 노출로 생리학적 측면에서는 정상이고 병리학적으로는 비정상 상태이다. 세포 적응반응의 주요 5가지 종류로는 세포의 크기와 관련하여 위축(atrophy)과 비대 또는 비후(hypertrophy), 세포 수의 증가와 관련된 과형성 또는 과증식(hyperplasia), 다른 세포 성상으로 전환되는 화생(metaplasia), 그리고 다른 세포로의 불규칙적인 변화인 이형성(dysplasia) 등이 있다. 실질적인 판단 사례는 앞서 서술한 FDA 비임상 약리/독성 리뷰어인 Dr. Alapatt의 NOAEL 추정에 대한 견해를 참조하면 된다.

④ 가역성: 가역성(reversibility)이란 시험물질에 의한 변화가 다시 원상태로 돌아가는 현상이다. 독성시험에서 가역성은 90일 반복투여독성시험 등에서 확인이 가능한데 90일 동안 투여 후 나타난 변화가 약 4주 동안의 시험물질 중단 후 원상태로의 회복력이다. 시험물질에 의한 영향이 가역성이 있다는 자체만으로 당연히 non-adverse effect로 분류된다는 것은 아니지만, non-adverse effect로의 판단될 가능성은 크다. 반면에 시험물질에 의한 변화에서 가역성이 없다면 adverse effect로의 전환 또는 병소 악화의 가능성을 높일 수 있는 요인이 된다. 이는 adverse effect 결정이 시험물질에 의한 변화가 가역성 유무에 의해 판단되어야 한다는 주장과 일치한다(Perry, 2013; Lewis, 2002). 특히 USFDA는 시험물질에 의한 독성의 강도가 심각하다면 가역성 평가가 의미 없지만, 시험물질에 의한 변화가 심각하지 않다면 가역성 존재는 non-adverse effect 판단에 중요한 근거가 됨을 제시하였다(USFDA, 2010). 이는 시험물질에 의한 변화가 가역성이 있을 때는 그 만큼 중증이 아니라는 것을 의미한다. 그러나 가역성이 있는 시험물질에 의한 변화라도 adverse effect로의 판정이 요구되기도 한다. 이

와 같은 가역성 사례의 경우에 FDA 비임상 약리/독성 리뷰어인 Dr. Alapatt의 견해를 참고하면 된다.

⑤ 1차 및 2차 영향: 시험물질에 의한 1차 영향(primary effect)이란 시험물질의 원물질 및 대사체가 표적기관 또는 표적조직과의 상호작용으로 발생하는 직접 영향(direct effect)이다. 반면에 2차 영향(secondary effect)이란 일차 영향 또는 직접 영향과는 관련이 없이 발생하는 간접 영향(indirect effect)을 의미한다(Palazzi, 2016). 일반적으로 1차 영향은 시험물질 또는 대사체가 4대 거대분자와 직접 작용하여 병소가 발생할 수 있는 상황이기 때문에 adverse effect로 분류되는 경향이 있다. 반면에 2차 영향은 non-adverse effect로 분류되는 경향이 있지만 실제로는 adverse effect와 non-adverse effect 등 모두 가능하다. 특히 수많은 형태학적 병소가 전조 변화(precursor change) 후 발생한다면 1차 영향과 2차 영향의 구별에 있어서 어려움이 있을 수 있다. 그러나 1차 영향이 adverse effect를 유도할 가능성이 2차 영향보다 더 높을 것으로 기대되지만, adversity(부정성; 부정적인 특성이나 성질)를 항상 1차 영향에만 제한하여 결정하는 것은 적절하지 않다. 즉, MOA(mechanism of action, 독성작용기전)와 같은 확인된 독성기전을 통해 시험물질에 의한 effect 전후 과정과 전반적인 단계를 잘 분석하는 것이 중요하다. 다음 사례는 adverse effect와 non-adverse effect, 그리고 1차 영향과 2차 영향이 어떻게 결정되는가에 대한 이해에 도움이 된다.

• 〈사례-1: 1차 영향의 adverse effect〉 1차 영향의 adverse effect 사례로는 N-methyl carbamate와 같은 카바메이트 계열과 유기인제 계열의 화학물질인 콜린에스테라아제 저해제(cholinesterase inhibitor) 역할을 들 수 있다(Colović

등, 2013). 이들 물질은 아세틸콜린에스테라아제(acetylcholinesterase, AChE) 효소의 활성 저해를 통해 약리작용 또는 부정적 작용을 이해할 수 있다. 비록 신경조직에서 조직병리학적 병소가 없더라도, 뇌, 말초신경계 또는 적혈구 등에서 AChE 효소 저해는 신경전달 장애의 임상적 병소로 분류되어 adverse effect로 판단한다. 활성 저해와 같은 생물학적 지표(biomarker)는 콜린에스테라아제 저해제에 대한 독성시험에 있어서 NOAEL/LOAEL(lowest observed adverse effect level, 최소독성용량) 설정에 응용된다.

• 〈사례-2: 2차 영향의 adverse effect〉 Secondary adverse effect(이차성 adverse effect), 즉 간접 영향의 사례는 천식 치료제인 베타-2 수용체 작용제(β-2 receptor agonist)에 의해 비정상적으로 빨리 뛰는 심장의 활동상태인 빈맥(tachycardia)을 들 수 있다. 중증의 지속적인 빈맥이 개나 랫드에서 이차 심근유두괴사 및 섬유화(secondary myocardial papillary necrosis/fibrosis)를 유도하는데 이는 국소저산소증에 기인하는 것으로 추정하고 있다(Palazzi, 2016). 베타-2 수용체 작용제의 2차 영향은 용량 노출 기간 그리고 개체 간 민감도에 따라 차이가 있을 수 있다.

⑥ 과잉 약리작용: 독성학적 MOA(toxicological MOA)는 시험물질에 의한 조직 및 기관의 구조적 변화와 기능장애를 유도하는 독성기전이며 약리학적 MOA(pharmacological MOA)는 투약의 목적에 맞게 의도하는 표적에서 약리작용의 기전이다. 반면에 과잉 약리작용(exaggerated pharmacology)은 항상성을 위해 요구되는 약리 활성의 한계를 넘거나 일차 약리작용 표적(primary pharmacological target)에 지나친 작용으로 발생하는 용량-관련 영향(doserelated effect)이다. 약리작용은 생체 또는 세포 내의 특정한 경로에 있는 표적 또는 수용체에 대한 활성 또는 억제를 통해 이루어진다. 그러나 과잉 약리작용의 MOA는 adverse effect를 유도할 수 있다. 이와 같은 과도한 약리작용 및 장기 투여로 약제 내성이 발생할 수 있다는 사실을 시험책임자는 독성시험 수행팀에 미리 알릴 필요성이 있다. 또한, 독성시험에서 약물의 약리작용이 시험물질에 의한 변화로 나타날 수도 있다는 점에 대해 시험책임자는 시험 및 투여 전에 인식하여야 한다. 비록 약리학적 변화가 adverse effect의 판단 근거가 아닐지라도 약리적 변화가 정상동물을 이용하는 독성시험에 어떠한 변화로 나타나는지에 대한 예측을 세밀하게 인지가 필요하다(Holsapple, 2008). 그리고 과잉 약리작용에 대해서는 이익-위험 균형(benefit – risk balance) 측면을 고려한 약물개발에 순기능이 되도록 독성시험의 최종보고서에 기록은 시험책임자의 질적 수준을 높이는 정보제공이라고 할 수 있다. 특히 약물개발자의 자료 제공을 통한 약리작용의 확실한 표적, 약리적 MOA를 비롯하여 독성시험을 통한 독성학적 MOA, 그리고 병리학적 기전 등의 결과물에 대한 해석 노력은 차후 adversity(부정성; 부정적인 특성이나 성질) 결정에 있어 일관성 유지 및 신뢰성 확보에 큰 도움이 된다.

- 〈사례-1: 인간의 삶에 큰 영향을 주지 않는 시험물질-유도 변화〉 약물에 노출되었을 때 개체의 전반적인 기능에 영향을 주지 않는 변화이거나 사람의 삶 전체에 있어서 생애주기(life cycle)의 각 단계에 영향을 주지 않은 변화들은 non-adverse effect로 판단한다.

- 〈사례-2: 정상적인 약리작용과 과도한 약리작용에 의한 부정적 영향의

판단〉 독성시험에서 확인된 영향이 표적약리작용과 독성학적 영향과 관련이 없는 영향이라면 그 자체는 정상 동물에게는 부정적인 영향으로 adverse effect로 판단해야 한다(Dorato, 2005). 약리학에서는 약리작용이 정상 동물에게는 adverse effect로 판정되기도 하지만 약리작용에 기인하는 부정적인 결과를 반드시 adverse effect로 분류하거나 배제할 필요는 없다는 것이 대체적인 견해이다. 그러나 정상적으로 예상되는 약리작용에 의한 부정적인 영향과 과도한 약리작용에 의한 부정적인 영향을 구별할 수 있는 역치에 대한 참고자료를 제시하는 것이 바람직하다. 즉, 정상적 약리작용 범위 내에서 발생하는 부정적인 영향은 non-adverse effect, 반면에 과잉 약리작용으로 발생하는 부정적인 영향은 adverse effect로 분류할 수 있는데 이는 임상시험에서의 안전성 우려를 줄일 수 있는 자료가 된다.

⑦ 증거가중치(weight-of evidence): 증거(evidence)란 어떤 사실 증명을 위해 필요한 실험 및 측정의 데이터이며 정보(information)란 시험이나 측정을 통해 수집된 데이터를 실제 문제에 도움이 될 수 있도록 해석하고 정리한 지식을 뜻한다. 따라서 증거와 정보의 관계는 증거를 수집하여 특정 정보가 생산되는 것이다. 독성시험에서 증거가중치(weight of evidence, WoE)란 시험의 여러 지표에 대한 데이터 및 결과에 대한 정보를 얻고 이를 조합 및 재평가를 통해 기존의 effect에 대해 non-adverse effect 및 adverse effect로 재결정하는 접근이다. 증거가중치는 다음과 같이 2가지, 즉 (1) 하나의 기존 연구에서 정보 부족에 기인하거나 단일한 증거로부터의 정보가 결정에 충분히 부응하지 못할 때, (2) 개별 연구들이 상반되거나 다른 결론을 제공할 때 등의 상황에서 도움이 된다. 유효한 증거의 비중 강도는 데이터의 질, 결과의 일치성, 독성의 특징과 중

증도, 정보의 접합성 등에 의해 결정된다. 증거가중치의 접근은 과학적인 판단이 요구되기 때문에 신뢰성을 가진 보고서를 제공하는 것이 필수적이다. 증거가중치의 일반적인 원리는 정보를 많이 생산하면 할수록 증거의 비중이 더 강하다는 것이다. 특히 정보를 제공하는 원천에 따라 증거의 신뢰성 및 강도에서 차이가 있으며 이는 특정 사안의 연구자 주장에 대한 정당성(justification)을 결정하는 근거이다. 예를 들어 병소에 대한 이해와 논리적 설명, 대조군의 히스토리칼 자료(historical data), 중증도, 발생률, 장기 무게와의 상관성, 임상병리학, 육안적 관찰(gross observation), 시험물질 특성, 그리고 다양한 참고문헌 등에 대하여 전문적 분석 및 의견 제시에 대해서는 증거가중치가 적용된다. 시험책임자는 이들 개별보고서를 통합적 및 독성학적 기반에서 adversity(부정성; 부정적인 특성이나 성질)를 결정하지만, 개별 변화가 병리학적 변화와의 연관성은 없는지 등에 대한 의문을 가지고 항상 병리책임자와의 상의가 필요하다. 이러한 상호 의사교환을 통해 최종보고서에서는 adversity 결정에 정당성을 부여하기 위해 과학적 분석 및 이론이 상세히 기술되어야 한다.

13. 안전성약리시험에서 NOAEL 존재와 용량설정의 기준은?

NOAEL은 기본적으로 반복투여독성시험 그리고 이를 통해 관찰된 시험물질-유래 adversity(부정성; 부정적인 특성이나 성질)를 기반으로 추정된다. 안전성약리시험 수행의 기본 배경은 치료 영역의 용량 또는 더 높은 용량에서 발생하는 급성 약력학적(acute pharmacodynamic) 기능 이상을 생명 유지에 핵심 기관계(vital organ system)인 호흡계, 신경계, 그리고 심혈관계에서 확인하는 것이다. 급성 약력학적 기능 이상은 과잉 약리작용 및 면역-매개 반응에 기인한다. 따라서 이와 같은 기본적인 배경을 바탕으로 안전성약리시험과 NOAEL의 연관성을 이해할 필요성이 있다.

① 안전성약리시험의 배경과 의미: 안전성약리시험의 출발은 1970년대에 미국과 유럽의 대학에서 교수이었던 Dr. Gerhard Zbinden(1924-1993)이 독성시험에서 확인한 부정적인 변화이다(Bass 등, 2015). 이런 변화의 특성은 급성적-약력학적-부정적 영향(acute pharmacodynamic adverse events)이며 그는 비임상 독성시험에서 이들 영향의 확인에 실패하였다. 또한, 90년대, 심장증후군의 생명을 위협하는 잠재성을 보인 antihistamine 및 terfenadine 등의 약물이 퇴출 후 안전성약리에 대한 관심이 더욱 높아졌다(Monahan 등, 1990; June 등, 1997). 여기서 특별히 고려할 점은 유효용량 범위에서의 약력학적 측면이다. 약리학(pharmacology)은 약동학(pharmacokinetics)과 약력학(pharmacodynamics)으로 구성되어 있다. 약동학이 인체에서 약의 대사에 미치는 영향을 연구한다면 약력학은 약효, 약의 독성, 약물이 작용하는 메커니즘 등을 연구하는 분야이다. 따라서 약력학적 측면의 부정적인 영향이란 약리적 효능이 발휘되는 용량에서 일반 독성시험에서 관찰되는 측정 지표로 확인할 수 없는 부정적 영향(adverse effect)이다. 반복투여의 장기간 독성시험에서 이용되고 있는 임상병리학적 및 조직병리학적 지표로는 급성이면서 약력학적 영향에 의한 부정적 영향을 파악하기 어렵다. 특히 이와 같은 부정적 영향이 임상시험에서 심혈관계, 호흡계 그리고 신경계에서 급성 발생이 된다면 생명에 치명성(fatality)을 주게 된다. ICH는 Dr. Gerhard Zbinden의 견해를 반영하여 작성된 안전성약리(safety pharmacology) 시험법인 S7A 가이드라인을 제정하였다.

약력학적 측면에서의 부정적 영향이므로 시험에서 용량은 치료용량 범위이거나 약간 높은 용량이다. 초창기에는 소분자 합성의 약력학적 평가는 유효성 모델을 사용하거나 효능시험을 통해 이루어졌다. 그러나 이에 대한 중요성을 인지한 규제기관에 의해 안전성약리시험은 약리학적 분야에서 GLP-기반 독성시험에서 다루는 것으로 빠르게 전환되었다(Pugsley 등, 2008; Mow 등, 2020). 또한, 심실재분극지연 시험법 등의 내용으로 더 정밀한 시험 가이드라인 ICH S7B가 제정되기도 하였다. 가이드라인 제정과 더불어 안전성약리시험은 동물의 전반적인 생리현상과 약물의 약리현상에서의 차이를 좁혀 후보약물 발굴과 약물개발에서의 안전성에 도움이 된다. 다른 독성시험과 비교하여 안전성약리시험의 축적된 경험과 자료는 아직은 부족하다. 그러나 분자·세포학적 수준의 발달로 갈수록 생명 유지에 필수적인 생체징후(vital signs) 변화를 정확하고 빠르게 확인이 가능한 안전성약리시험으로 발전하고 있다. 이는 결국, 약물의 장기 복용과 관련하여 발생할 수 있는 급성 부정적인 영향에 대한 예측에 큰 도움이 될 것이다.

② 안전성약리시험의 개념: 안전성약리시험은 시험물질이 생명 유지에 필수적인 기능에 미치는 영향을 평가하는 시험이다. 대부분 독성시험이 세포 및 조직의 손상 등을 통한 안전성 확인이라면 안전성약리시험은 생명 유지와 관련된 핵심 기관계의 기능장애를 확인하는 시험이다. 생명유지에 필수적인 기관계(vital organ system)는 심혈관계, 호흡기계 및 중추신경계 등의 3기관계이다. 이들 기관계에 대한 기능평가를 위한 안전성약리시험을 core battery test(필수시험)라고 한다(Pugsley 등, 2008; ICH S7A, 2001). 구체적으로 중추신경계에 대한 기능평가를 위해서는 운동량, 행동 변화, 협조성, 감각/운동 반사 반응 및

체온 등의 검사가 이루어진다. 심혈관계에 대한 기능평가를 위해 혈압, 심박수 및 심전도 검사가 실시된다. 그리고 호흡기계에 대한 기능평가를 위해서는 호흡률과 호흡 기능의 척도(예: 일회 호흡량(tidal volume) 또는 헤모글로빈의 산소포화도)에 대한 검사가 이루어진다. 의약품의 안전성약리시험은 ICH S7A 가이드라인(2001)과 식약처의 의약품 안전성약리시험 가이드라인(2016)에 따라 수행된다. 안전성약리시험 수행에 있어서 시험계는 in vivo, in vitro 및/또는 ex vivo 등이 고려된다. In vivo 시험에서 용량설정은 유효용량을 포함하여 다른 시험에서 중증도의 약물유해반응(adverse drug reaction, ADR)이 나타나는 용량이 최고용량으로 선택되어 시험이 이루어진다. 즉, 안전성약리시험에서 용량 선택은 다른 시험에서 ADR을 유도한 용량이어야 한다. 유해반응의 심각한 중증도에 의해 용량 증가를 할 수 없는 상황을 용량제한(dose-limiting)이라고 하며 이때 유해반응을 용량제한-독성반응(dose-limiting toxicity)이라고 한다. 용량제한-독성반응은 시험물질에 의한 유해반응으로 포함된다. 따라서 용량제한-독성반응을 유도하는 용량을 단일 용량군으로 설정하여 in vivo 안전성약리시험이 수행된다. 유해반응을 유도하는 용량이 시험에 포함되는 이유는 안전성약리시험의 목적이 약물의 치명성(fatality)을 확인하는 시험이기 때문이다. 일반적인 독성시험은 임상시험에서 용량 변화에 다른 부작용을 예측하기 위해 여러 용량군을 이용하여 수행된다. 반면에 안전성약리시험은 예측이 아니라 개체의 치명성만 확인하기 때문에 용량-반응관계 추정을 위한 여러 용량군의 설정이 필요하지 않다. 다만 치명성을 유도하는 용량의 확인을 위해서는 다른 독성시험에서 유해반응을 유도하는 용량을 참고하여 단일 용량군을 설정한다. 반면에 in vitro 시험은 농도-영향 관계를 명확히 얻을 수 있도록 설계되어야 한다. 이와 같은 in vivo와 in vitro 시험에서 용량군 설정에 차이가 있지만 안전성약리시험은 단회투여로 수행된다. 만약 약리작용이 지연되어 나타나거나 반복투여로 나타난다면 시험책임자는 이러한 작용을 평가할 수 있도록 시험의 기간을 합리적으로 설정하여야 한다. 요약하면 안전성약리시험의 핵심 목적은 약리작용의 과잉에 의한 치명성을 심혈관계, 호흡기계 및 중추신경계에 대한 기능을 통해 확인하는 것이다. 따라서 약리작용의 과잉을 유도하는 용량이 필요하다. 앞에서 언급된 약물유해반응 용량은 유효성 및 독성시험의 용량-반응곡선과 비교하여 과잉 약리작용을 유도하는 용량과 유사하거나 더 높은 용량이다. 이러한 점도 투여 횟수 및 시험기간의 결정에 있어서 참고할 만한 자료이다.

③ NOAEL의 존재 유무: 안전성약리시험에서 NOAEL의 존재 유무에 대한 논쟁은 다소 있었으며 실제로 이에 대한 조사도 이루어졌다(Mow 등, 2020). 사기업 및 정부기관 등으로 구성된 독성시험기관 27개에 대한 설문조사를 통해 NOAEL 존재를 찬성하는 기관이 11%, 반면에 반대하는 기관이 전체의 41%로 조사되었다. 그러나 상황에 따라 필요성을 인정하는 비율이 48%와 11%를 합치면 약 59%가 NOAEL 존재에 대해 찬성하는 기관으로 조사되었다. NOAEL 존재의 반대에 대한 기본적인 논리는 ICH S7A 가이드라인에 adversity(부정성; 부정적인 특성이나 성질)라는 단어 자체가 없을 뿐만 아니라 규제기관에서 NOAEL를 요구하지 않는다는 점이다. 그러나 일반적인 독성시험에서 NOAEL 설정을 위해 adverse effect와 non-adverse effect로 표현되는 안전성 지표를 안전성약리시험에서 치명성 기능의 지표 또는 관찰점(endpoint)에 적용하여 상호 호환 또는 전환이 쉽지 않다는 것이다(Kale 등, 2022; Pugsley 등, 2008). 즉, NOAEL 설정을 위해 안전성(safety) 지표와 치명성(fatality) 지표의 상호 교환은 독성학적 측면에서 등가(equivalence) 차이로

어렵다는 것이다. 예를 들어 심혈관계, 호흡기계 및 중추신경계에서 지표와 비생체징후(non-vital signs) 지표의 등가 교환이 어렵다는 것이다. 그러나 심장의 전기적 특성을 평가하는 데 사용되는 심전도의 평가 항목의 하나인 QT 간격 연장 등 안전성약리시험의 일부 지표가 adverse effect로 분류되지 않는다는 점을 고려한다면 이를 기반으로 NOAEL 설정이 가능하다는 의견도 제시되었다(Mow 등, 2020). 안전성약리시험은 단기간 1회 투여에 의한 생체징후 등을 측정하는 시험이고 일반적인 NOAEL은 장기간 투여로 추정되는 독성용량기술치이다. 단기간 및 1회 투여로 수행되는 안전성약리시험에서 확인된 관찰결과물들이 장기간의 노출 횟수 및 투여 기간에 의해 결정되는 관찰결과물과 동일 선상에서의 비교를 통한 NOAEL 결정은 노출 빈도에 따른 위해성 평가 측면에서 맞지 않는다(박영철, 2019). 그러나 FDA 의약품평가연구센터(Center for Drug Evaluation and Research)에 의해 검토된 국제공통기술문서(common technical document, CTD)에서는 NOAEL이 제시되었다. 〈표 8-5〉는 COVID-19 치료제로 승인된 기생충 치료제인 아이버멕틴(ivermectin)의 NDA(new drug approval, 품목허가신청)를 위한 CTD에서 안전성약리시험 결과의 요약이다(CDER, 2013). 랫드의 1회 투여 후 신경계에 대한 아이버멕틴의 NOAEL이 3mg/kg으로 추정되었다. 안전성약리시험에서 1회 투여에 의한 3mg/kg NOAEL를 4주 반복투여독성시험에서 적용한다면 투여 빈도 차이로 신경계에 영향이 없을 것으로 예측하는 것은 무리가 있다고 할 수 있다. 이러한 경우를 피하기 위해서는 반복투여독성시험을 통해 추정된 NOAEL을 이용하여 안전성약리시험의 용량을 결정하는 것이 바람직스럽다. 이와 같은 투여 빈도의 차이로 앞서 언급한 것처럼 중증도의 약물유해반응(adverse drug reaction, ADR)이 나타나는 용량이 최고용량으로 선택되는 것과 동일 개념이다. 시험책임자는 이와 같은 개념으로 안전성약리시험에서 용량설정을 수행하여야 한다.

〈표 8-5〉 아이버멕틴의 안전성약리시험 결과 요약

Safety Pharmacology

No treatment-related effects on CNS were noted in rats at single oral doses up to 5 mg/kg ivermectin. In a second study a dose-dependent decrease in motor activity was noted at single oral doses of 7 and 20 mg/kg in rats. **The NOAEL for neurological effects was identified as single oral dose of 3 mg/kg.** Single oral doses of ivermectin up to 20 mg/kg had no effects on convulsive or analgesic activity. Ivermectin had no significant effects on the delayed rectifier potassium current in an in vitro hERG assay at concentrations up to 10 μM. In a cardiovascular safety pharmacology study in conscious dogs, a single oral dose of 1.5 mg/kg ivermectin induced a slight decrease in blood pressure at 72 hr postdose. Ivermectin reduced the gastrointestinal transit in rats at a single oral dose of 20 mg/kg and dose-dependently reduced gastric emptying from 7 mg/kg. Ivermectin at single oral doses up to 20 mg/kg had no significant urinary effects.

14. 안전성약리시험에서 바이오의약품과 소분자 합성의약품의 차이는?

안전성약리시험의 출발은 소분자 합성의약품에 의한 급성적-약력학적-부정적 영향에 대한 측정의 어려움에 기인하였다. 아미노산 및 뉴클레오타이드(nucleotide) 등의 단위체 폴리머인 단백질(protein)이나 핵산(nucleic acid) 등의 대분자 바이오의약품은 당연히 먼저 인체 내에서 특정 표적수용체에 대한 명확한 약력학적 기전으로 개발된다. 만약 안전성약리시험의 대상 실험동물종이 인체와 같은 수용체가 없다면 약력학적 기전을 유도할 수 없다. 바이오의약품의 독성은 특정 수용체에 과잉 약리작용으로 발생하기 때문에 동물종에서 수용체가 없다면 약력학적 안전성 확보가 불가능하다. 따라서 전신혈관계로 유입되어 전신으로 이동하는 소분자 합성의약품 기반으로 표준화된 안전성약리시험을 대분자 바이오의약품에 적용에는 차이가 있다. 〈표 8-6〉은 소분자 합성의약품과 대분자 바이오의약품의 안전성약리시험 수행에 대한 차이점을 서술한 것이다. 대분자 바이오의약품의 안전성약리시험은 기본적으로 ICH S7A 및 S7B, 그리고 ICH S6R1 등의 가이드라인을 기반으로 수행된다. ICH S6R1은 바이오의약품의 비임상 영역에서의 안전성평가 방법을 구체적으로 안내한 가이드라인이다. 거듭 강조하지만, 시험책임자는 바이오의약품의 독성은 과잉 약리작용에 의한 기전으로 설명되기 때문에 동물종 선택이 중요하다는 점을 인식하여야 한다. 따라서 적절한 종으로 독성시험이 수행된다면 관련 지표를 포함한 안전성약리시험을 병합(integrated)하여 이루어질 수 있다(ICH S6(R1), 2011). 반면에 소분자 합성의약품은 반복투여독성시험과 병합하여 이루어지지 않고 대부분 안전성약리시험 단독의 전용시험(dadicated test)으로 수행된다.

〈표 8-6〉 모달리티별 안전성약리시험을 위한 접근법

약물 모달리티	안전성약리시험을 위한 접근법		
	S6R1	S7A	S7B
소분자 합성의약품	-	• 심혈관계 원격측정 (비설치류) • 호흡계(설치류) • 중추신경계(설치류)	• hERG 분석 • QT 분석 (비설치류)
대분자 바이오의약품	• 안전성약리시험의 관찰지표를 독성시험에 포함하여 병합(integrated) 수행	• 안전성약리시험의 관찰지표를 독성시험에 포함하여 수행 • 전용 또는 단독(dedicated) 안전성약리시험의 약식 또는 생략 가능 • 높은 표적-특이성이 없는 경우 전용 안전성약리시험 수행	• 수행할 필요가 없는 조건이 S7A에 서술되어 있음

〈표 8-7〉은 1980-2014년 사이에 미국 FDA에 등록된 신규 바이오의약품의 안전성약리시험 수행 현황을 나타낸 것이다(파나셀바이오텍, 2023). 품목 허가를 받은 바이오의약품 111품목 중 단독 및 필수(core)로 수행된 안전성약리시험은 전체 약물 중 15%에 불과하다. 그리고 일부 품목들은 단독+부분, 병합+필수, 병합+부분 등 다양한 조합으로 수행되었다. 특히 전체 품목 중 50% 이상의 바이오의약품은 안전성약리시험을 수행하지 않았거나 자료가 없다. 바이오의약품의 안전성약리시험 단독(dedicated) 수행과 독성시험과 함께 병합(integrated)하여 수행된 내용을 약물의 모달리티별로 분류하였다. 또한, 안전성약리시험의 전체 필수시험 수행 또는 부분적으로 수행된 내용이 모달리티별로 분류되었다. 안전성약리시험과 다른 독성시험과 병합하여 수행될 때는 반드시 안전성약리시험에서 in vivo 시험에서 추천되는 용량이 포함되어야 한다(Hamid 등, 2015). 임상시험에서 추천되는 용량을 충분히 상회하는 용량이면 최대용량군으로만 안전성약리시험이 가능하다(ICH S7A, 2001). 그리고 병합하여 수행될 때는 독성시험의 항목이 고려되어야 한다. 안전성약리시험과 병행되는 독성시험은 단회투여 및 반복투여 등의 독성시험 중 하나가 적절하다. 그러나 단회투여독성시험은 〈표 8-8〉에서처럼 바이오의약품 경우에 생략되거나 긴 반감기 때문에 2주 이내 수행은 적절하지 않다. 일반적으로 소분자 합성의약품은 동일 모달리티이며 반수치사량 및 개략치사량 등과 같은 지표 비교를 통해 독성강도의 정도를 확인할 수 있다. 그러나 바이오의약품 경우에 모달리티가 너무 다양하여 독성강도의 비교가 어렵고 의미가 있는 시험이 아니다. 따라서 바이오의약품 경우에는 단회투여독성시험을 요구하지 않는 것이 최근 IND 단계에서의 흐름이라는 점을 약물개발자는 인식할 필요가 있다(Shen 등, 2019). 또한, 바이오의약품은 고도의 표적 특이성을 가지고 있어 설치류와 비

설치류 모두에서 교차반응이 있다면 설치류 반복투여독성시험을 생략할 수 있다. 여기서 교차반응은 동물종에 수용체가 존재하여 바이오의약품과 수용체와의 상호작용에 의한 동일 반응이라는 것을 의미한다. 결과적으로 안전성약리시험의 병합 경우에 바이오의약품의 긴 반감기와 수용체 유무에 따른 약력학적 측면을 잘 고려한 반복투여독성시험이 적절하다. 투여경로는 임상예정경로와의 동일 경로를 선택하는 것이 바람직하다. 그러나 실험동물에서 투여경로가 임상시험에서 동일한 경로가 어려울 수 있다. 이런 경우, 임상시험에서의 투여경로와 최대한 유사한 투여경로를 선택할 수 있다(Pol Escude 등, 2021).

〈표 8-7〉 미국 FDA에 등록된 바이오의약품의 안전성약리시험 수행 현황

Drug Modality	BLA	Dedicated(단독)		Integrated(병합)		None	No data
		Core	Partial	Core	Partial		
Antibodies	41	2	6	4	11	9	10
Protein/ peptides	30	7	7	1	3	9	4
Enzymes	20	4	4	2	0	8	6
Cytokines	16	2	1	0	0	6	7
ADC	3	1	2	0	0	0	0
BiTE®	1	1	1	0	0	0	0
Total	111	17	14	7	14	32	27

BLA: 바이오의약품품목허가 신청서(BLA, Biologics License Application)

Dedicated: 안전성약리시험을 단독시험으로 수행됨

Integrated: 일반독성시험과 병합하여 안전성약리시험이 수행됨

Core: 안전성약리 필수시험 모두

Partial: 필수시험 중 일부 시험

ADC: antibody-drug conjugate

BiTE®: bispecific T cell-engaging antibodies

Study type	Small molecules	Large molecules	GLP compliance Requirement
Single-dose / dose range finding			No and Yes
Rodent single-dose (could be MTD study)	X	**NA**	
Nonrodent single-dose (could be MTD study)	X	X	
Repeat dose toxicity (ICH M3(R2))			Yes
Rodent multidose	X	Optional	
Nonrodent multidose	X	X	

15. 안전성약리시험과 다른 독성시험과의 병합시험은?

소분자 합성의약품은 반복투여독성시험과 병합하여 이루어지지 않고 대부분 안전성약리시험 단독의 전용시험(dadicated test)으로 수행되는 경우가 다수이다. 그러나 높은 표적 특이성을 갖는 바이오의약품 경우에 수용체를 가진 적절한 동물종이 있다면 다른 독성시험과 안전성약리시험과의 병합(integrated) 수행도 이루어질 수 있다(ICH S6(R1), 2011).

① 심혈관계와의 병합시험법: 바이오의약품의 안전성약리시험에서 소분자 합성의약품과의 다른 차이는 약물의 반감기 및 약리작용의 시작점이다. 특히 심혈관계에 대한 시험에서 소분자 합성의약품과 바이오의약품의 반감기 차이는 중요하다. 일반적으로 소분자 합성의약품의 반감기는 24시간 이하이며 단회투여 후 ICH S7A 가이드라인에 따라 심혈관계 지표를 측정하면 된다. 또한, 교차 투여 시험디자인이 가능하여 개개의 동물이 시험군이 되기도 하고 대조군이 되기도 한다. 반면에 바이오의약품은 훨씬 길며 단일클론항체의 반감기 경

우에는 약 2-4주 정도이다. 특히 시험책임자는 바이오의약품의 반감기가 긴 경우에는 잠재적 심혈관계 변화가 초기영향 측면과 지연영향 측면 등의 2번에 걸쳐 조사된다는 점의 인식이 필요하다. 전자는 혈중최고농도인 C_{max}에 도달하는 시간인 T_{max} 그리고 후자는 약리작용이 확실히 발생하는 시간에 조사된다. 그러나 바이오의약품의 반감기가 긴 경우에는 심혈관계의 원격측정(telemetry)이 이루어지며 약물의 교차투여 시험디자인(crossover dosing design)을 할 필요는 없다. 이러한 이유로 바이오의약품의 효과적이고 이상적인 안전성약리시험은 반복투여독성시험과 함께 심혈관계 측정과의 병합으로 수행된다. 예를 들면 재킷으로 된 비침습 원격 심전도 시스템(ECG Telemetry System)이 고정장치가 되지 않은 비설치류의 심전활동(cardiac electrical activity)에 대한 원활한 평가를 가능하게 한다. 특히 이러한 장치가 일반 반복투여독성시험에 적용되었을 때 약물의 심전도와 재분극에 대한 평가도 아주 잘 수행되었다(Chui 등, 2009; Guth 등, 2009; Derakhchan 등, 2011). 또한, 이와 같은 장치의 시도는 비인간-영장류(non-human primates, NHP)를 이용한 1개월 및 6개월 반복투여 독성시험에서 ECG 자료 확보에서도 성공적으로 이루어졌다(Vargas 등, 2010; Chui 등, 2011).

② 중추신경계와의 병합시험법: 앞서 언급되었지만, 바이오의약품의 안전성 약리시험을 위해 가장 먼저 고려되어야 하는 것이 체내 수용체 유무이며 이는 중추신경계(central nervous system, CNS)에 대한 시험에서도 적용된다. 일반적으로 설치류를 대신해 비인간-영장류를 사용하는 이유도 관련된 표적 수용체 또는 표적 항원의 항체 결합부위(paratope)인 항원결정기(epitope)의 유무이다. 심혈관계에서와 마찬가지로 〈표 8-8〉에서처럼 FDA 및 ICH S7A에 기

반하여 비인간-영장류의 반복투여독성시험과 병합하여 바이오의약품의 CNS 에 대한 안전성약리시험 수행이 가능하다. 이는 결국 전형적인 안전성약리시험 단독으로 수행하는 것보다 병합하여 수행하는 것이 3R 측면에 더 부합되는 장점이 있다. 이와 같은 인식은 시험책임자, 약물개발자와 더불어 IND 평가자도 공유하여 안전성뿐만 아니라 세계적인 흐름인 동물실험 윤리적인 측면에 더욱 부합하는 독성시험을 수행하게 된다. 소분자 바이오의약품과 비교하여 CNS에 대한 안전성약리시험에서 바이오의약품에 대한 고려사항은 뇌-혈관장벽(blood-brain barrier, BBB)을 통과할 수 없다는 점이다. 대부분의 CNS-약물은 고지질성(high lipophilic)의 400달톤 이하 저분자의 화학적 특성이 있다(Pardridge 2005; Gabathuler 등, 2010). 그러나 단백질 자체는 BBB를 통과하기 어렵지만, 일부 내인성 펩타이드는 내피세포 내의 특이적 전달 시스템을 통해 이동이 이루어진다(Pan 등, 2004). 이와 같은 CNS 이동의 문제점을 고려하여 바이오의약품 및 소분자 합성의약품의 랫드와 비인간-영장류에 있어서 CNS-안전성약리시험 결과의 특성에 대한 조사가 이루어졌다(Amouzadeh 등, 2012). 소분자 합성의약품은 22개 시험 중 14%인 3개의 시험에서 경련(convulsion), 그러나 바이오의약품 11개 종목에서 시험에서는 0% 경련이 확인되었다. 그리고 소분자 합성의약품에 의한 경련은 뇌파 전위 기록 장치 연구(electroencephalographic studies)를 이용한 추적조사를 통해 뇌의 발작성 활성에 기인하는 것으로 추정되었다. 소분자 합성의약품의 또 다른 문제는 CNS 영향을 통해 남용 및 오용에 의한 중독의 법적 책임이며 바이오의약품도 이와 같은 책임이 'Guidance for industry: assessment of abuse potential of drugs'(USFDA, 2010)에 제시되어 있다. 그러나 오남용의 문제와 바이오의약품과의 법적 책임을 연결하는 것은 BBB 통과가 어려운 이유로 적절하지 않다.

만약 일부 단일클론항체와 같이 BBB를 통과하고 뇌의 표적 수용체를 조정하는 것으로 바이오의약품이 설계되었다면 오남용에 의한 법적 책임이 따를 수도 있다(Yu 등, 2011; Pardridge, 2010).

③ 호흡계와의 병합시험법: 반복투여독성시험과 병합으로 호흡계에 대한 안전성약리시험이 이루어진다면 사육상자 옆에서 랫드 및 비인간-영장류의 관찰 및 호흡 기능에 대한 측정이 이루어져야 하는 공간적 한계가 있다. 예를 들어 이와 같은 시험 조건에서는 바이오의약품에 의한 미세한 호흡 기능의 변화를 측정하기에 민감성이 떨어지는 한계가 있을 수 있다는 것이다(Murphy, 2002). 또한, ICH S7A가 요구하는 수준과 비교했을 때 양적 문제뿐만 아니라 호흡곤란(dyspnea) 그리고 호흡률 등의 질적인 측정도 문제가 있다(ICH S7A, 2010). 그러나 폐의 기능적 관찰지표들과 함께 수행된 반복투여독성시험 종료 후 폐 조직학적 결과물을 통해 후보약물의 유해성을 병합시험을 통해서도 확인 가능하다고 할 수 있다. 또한, 병합시험을 통해 호흡계의 안전성약리시험을 수행할 때 유의할 사항은 임상적으로 고도의 판단 능력과 기술에 대한 이해의 필요성이다. 따라서 관찰 평가를 위한 시간에 대한 고려가 시험계획서에 잘 디자인되어야 한다는 점을 시험책임자는 인식해야 한다. 만약 바이오의약품의 약력학적 표적이 폐의 기능과 관련이 있다면 병합시험보다도 머리 돌출법(head-out) 또는 전신 기능잔기량(whole-body plethysmography) 등의 조절을 통해 가능한 비인간-영장류에 대한 단독(dadicated) 안전성약리시험이 수행되어야 한다(Iizuka 등, 2010; Lawler 등, 2006; Nalca 등, 2010). 이와 관련하여 암젠이 개발한 대분자 11가지 시험물질에 대한 호흡계 안전성약리시험에서 돌출법 또는 전신 기능잔기량 등을 사용한 결과가 조사되었다(Vargas 등, 2010). 시험물질

은 랫드에 단회 정맥 및 피하 주사되었으며 투여 후 6-24시간 동안에 폐의 흡입 및 배기 등의 역학적 과정인 환기(ventilation) 지표를 측정 후 시험물질-유래 호흡계에 대한 영향이 확인되었다. 조사를 통해 비록 바이오의약품이 폐에 대한 높은 표적 특이성이 있음에도 불구하고 호흡기능에 있어 큰 영향이 없다는 것이 확인되었다. 따라서, 바이오의약품 자체는 폐기능 상실과 같은 부정적인 영향을 유발하는 잠재성이 아주 낮다는 것이 일반적인 견해이며 시험책임자도 이러한 점을 인식할 필요성이 있다(Vargas 등, 2010). 그러나 바이오의약품의 호흡계 안전성약리시험에 결과에 대한 자료는 많지는 않지만 향후 모달리티 변화와 더불어 폐독성의 가능성은 있다. 따라서 비임상시험의 자료를 임상시험의 예측에 응용하기 위해서는 장기 독성시험과 병합된 안전성약리시험 수행을 통해 자료가 더 많아야 할 필요는 있다(Peerzada 등, 2011).

16. 바이오의약품의 안전성약리시험에 대한 특성을 요약한다면?

일반적인 독성시험이 안전성(safety)을 위해 수행되는 시험이라면 안전성약리시험은 후보약물의 치명성을 확인하는 시험이며 다음과 같은 특성이 있다.

- 바이오의약품은 인체의 수용체에 대한 고도의 특이성을 기반으로 개발되기 때문에 표준 시험방법으로 수행되는 소분자 합성의약품의 안전성약리평가와는 차이가 있다.

- 바이오의약품에 의한 부정적인 영향은 과잉 약리작용 및 면역-매개 반응으로 발생하는 급성적-약력학적-부정적 영향(acute pharmacodynamic adverse events)의 특성에 기인한다. 이에 바이오의약품에 대한 안전약리시험은 단독(dedicated) 및 다른 독성시험과 병합(integrated), 그리고 필수(core) 또는 부분(partial) 등을 고려하여 디자인되어야 한다.

- 바이오의약품은 고도의 특이성과 낮은 비표적 영향을 고려한다면 안전성약리시험의 관찰지표 확인이 가능한 시험디자인으로 비인간-영장류를 이용한 독성시험과 병합한 시험이 가능하다.

- 심혈관계의 지표를 얻기 위해 재킷-기반 텔레메트리와 같은 기기의 출현은 급성 또는 만성 독성시험에서 안전성약리 자료를 확보하는 최적 조건을 제공할 수 있다.

- 표적-기반 안전성에 대한 우려는 특유의 생물학적 표적의 변화와 관련하여 비정상적인 기능에 대한 영향을 파악하기 위해 안전성약리시험의 단독 수행의 필요성이 제기될 수 있다.

17. 생식 · 발달 독성시험에서 NOAEL이 존재하는가?

생식기능, 생식능력 또는 태아의 발생 및 발육에 유해 영향을 주는 물질인 생식독성 물질은 산업안전 영역에서 근로자에게 발암성(carcinogenic) 물질, 변이원성(mutagenic) 물질, 생식독성(reproductive) 물질 등과 함께 특별관리 물질인 CMR 물질로 분류된다. 즉, 생식독성 물질은 안전성을 나타내는 NOAEL 자체가 없고 발암성과 돌연변이성 등과 같이 노출만 되면 건강 위해성이 비례적으로 높아지는 물질로 분류된다. 다음은 약물에 대한 생식 · 발생독성시험의 특성에 대해 간단히 정리한 것이다.

① 생식 · 발생독성시험(Reproductive and Developmental Toxicity study) 개념과 내용: 다음의 내용은 '의약품 등의 독성시험기준의 해설서'에서 내용을 일부 발췌하여 서술하였다(식품의약품안전평가원, 2022). 생식 · 발생독성시험이란 시험물질이 포유류의 생식 · 발생에 미치는 영향을 규명하는 시험을 말한다. 생식 · 발생에 미치는 영향으로는 생식세포의 형성 장애, 수태저해, 임신

유지, 분만, 포육 등에 대한 영향, 차세대의 발육지연 및 기형아 유발성인 최기형성(teratogenecity) 발생 등에 대한 영향, 출생 후 성장과 발달, 생식능에 대한 영향 등이 있다. 오늘날 임산부를 포함하여 인간집단이 수많은 화학물질에 노출되고 있고 장기간 저용량의 노출 특성이 있다. 특히 소량이라도 민감하게 반응하는 것이 배태아의 특성이다. 특히 이러한 점을 고려할 때 태아기에 작용하여 장기의 형성에 영향을 통해 기형을 유도하는 성질인 최기형성에 대한 확인 및 탐색은 생식·발생독성시험의 중요성을 설명하는 부분이라고 할 수 있다. 의약품 등의 독성시험기준에 따르면 시험물질의 생식·발생독성시험은 포유동물을 이용하여 의약품 등의 생식·발생에 대한 영향을 일차적으로 검색하는 기본시험법이 우선하여 수행된다(식약처, 2022). 검색을 통해 어떠한 영향이 인정되는 경우에 그 영향의 특성 및 발생기전의 규명 등의 인체 적용에 필요한 추가 시험 수행을 위해 단계적 접근이 이루어진다. 의약품 등의 독성시험기준의 생식·발생독성시험에서는 표준시험법(the most probable option), 단일시험법(single study design) 그리고 조합시험법(two study design)을 제시하고 있다. 각 시험법의 주요 내용은 다음과 같다.

- 표준시험법: 생식·발생독성시험의 기본이 되는 시험법으로서 수태능 및 초기배 발생시험(Segment I : Fertility and Early Embryonic Development, FEED), 배·태자 발생시험(Segment II : embryo-fetal development, EFD), 출생 전·후 발생 및 모체기능시험(Segment III : pre-and postnatal development, PPND)으로 세분화가 이루어진다.

- 단일시험법: 표준시험법 중 수태능 및 초기배 발생시험법과 출생 전·후 발생 및 모체기능시험의 투여기간을 하나로 통합하는 시험법이다.

- 조합시험법: 두 가지 종류로 구분할 수 있는데 첫 번째는 수태능 및 초기배 발생시험과 배·태자 발생시험을 포함한 출생 전·후 발생 및 모체기능시험으로 조합하는 시험법이다. 두

번째는 수태능 및 초기배 발생시험의 투여를 경구개 폐쇄까지 계속하여 배 · 태자 발생시험을 포함하고 별도의 출생 전 · 후 발생 및 모체기능시험을 조합하는 시험법이다.

②**동물종**: 생식 · 발생독성시험에 가장 적절한 동물종은 랫드이다. 또한, 비임상시험에서 가장 많이 이용되는 동물종도 랫드이며 이에 기인하여 랫드에 대한 약리학적 및 독성학적 자료도 풍부하다. 랫드의 이용은 다른 독성시험과 연관하여 생식 · 발생독성시험의 결과에 대한 해석에 있어서 큰 도움이 된다. 마우스는 랫드 다음으로 많이 사용되는 동물종이다(EMA, 2020). 비록 EFD 평가에만 이용되지만, 포유동물 비설치류가 2번째 동물종으로 시험에 응용된다. 물론 바이오의약품 경우에는 표적-약리학적 기전에 있어 표적 특이성에 의해 비설치류는 예외일 수도 있다. 토끼는 설치류에서 확인되지 않은 인체 최기형성을 확인하기 위해 제2의 비설치류 동물종으로 적절한 것으로 증명되었다. 이는 랫드와 마찬가지로 약리학적 및 독성학적인 기초 자료의 풍부함과 접근의 용이성이다. 이 외에도 생식 · 발생독성시험에 이용되는 동물에 대한 장점과 단점은 ICH S5(R3) 가이드라인에 상세히 설명되어 있다(EMA, 2020).

③ 저용량 및 고용량 설정: 일반적으로 반복 투여되는 독성시험에서 고용량은 앞서 언급한 것처럼 MTD, 독성동태 자료, 효능용량, 기타 독성시험 자료 그리고 체중-체표 전환계수 등을 고려하여 설정된다. 생식 · 발생독성시험에서 용량군 설정은 저용량군 설정 측면에서 차이가 있다. 일반적으로 반복투여독성시험 및 안전성약리시험 등의 경우에는 약효용량, NOAEL, 그리고 MTD 등을 포함한 3단계 용량이다. 그러나 ICH S5(R3) 의약품의 생식 · 발생 독성평가에 대한 가이드라인에 따르면 'The low dose should generally provide a low multiple (e.g.,1 to 5-fold) of the human exposure at the MRHD. Dose levels that yield exposures that are sub-therapeutic in humans should be justified'에서처럼 저용량군의 설정에 있어서 특별하게 강조하고 있다는 점을 시험책임자는 인식하여야 한다(EMA, 2020). 즉, 저용량은 임상시험에서 인체에 노출되는 유효용량의 불과 1-5배의 용량이다. 이는 랫드의 NOAEL 용량이 임상시험에서 최대안전용량의 62배라는 점을 고려할 때 너무 낮은 용량이라고 할 수 있다. 그러나 생식 · 발생독성시험에서는 시험물질에 대해 더 민감하게 반응을 나타내는 생식세포, 수정체 그리고 배와 태아 등을 대상으로 하는 시험이기 때문에 더 낮은 용량의 저용량군이 요구된다. 이를 치료 영역의 아래 단계 용량(sub-therapeutic dose)이라고 한다(ICH S5(R3), 2020). 생식 · 발생독성시험에서 고용량은 25배-노출안전역(25-fold exposure margin, 동일의 〈동물시험 지표/인체 지표〉 ratio로 추정)이다. 이는 앞서 5가지 고용량 설정 방법의 하나인 50-fold MOE(margin of exposure, 노출안전역)의 50% 수준이다. 따라서 생식 · 발생독성시험의 용량군 설정은 반복투여독성시험의 저용량군 및 중용량군, 그리고 고용량군의 50% 용량을 기반으로 이루어진다. 그리고 ICH S5(R3) 가이드라인에 따르면 용량군 사이 공비는 3배수 이상으로 하는 것이 추천되고 있다(EMA, 2020). 백신 경우에 인체와 동물의 동일 단일용량군으로 생식 · 발생독성시험으로 수행된다. 그러나 1회에 전체 용량을 주는 것은 과잉 발현을 유도할 수 있어 산발적 분할 투여가 필요하다는 점을 시험책임자가 인식하여야 한다.

NOAEL 유무: ICH S5(R3) 가이드라인에 따르면 일반적으로 생식 · 발생독성시험에서 NOAEL 설정이 바람직하지만, 설정에 적절성이 필요하다(EMA, 2020). 그러나, 만약 NOAEL이 MRHD(maximum recommended human dose, 또는 MRSD: maximum recommended starting dose, 임상최대권장초기용량)보다 종간 차이의 안전계수인 10배가 되지 않는다면 안전성에 대한 우려가 있다. 예로 동물시험에서 최기형성물질(teratogen)이며 임상시험에서 사람에게도 적용할 때 NOAEL 용량이 MRHD 용량의 4배 이하의 사례를 들 수 있다. MRHD = NOAEL/10의 공식을 이용하여 추정되어야 하는데 MRHD = NOAEL/4가 된다. 이러한 경우에 임상시험에서 인체에 2.5배 높은 용량이 투여되어 인체 안전성 확보에 문제가 될 수 있다. 따라서 최소한 NOAEL 용량은 MRHD보다 10배 이상의 높은 수치가 되어야 임상시험에서 안전성 우려가 감소된다. 연구에 의하면 인체에 대한 잠재적 최기형발생물질(teratogen) 22개를 분석한 결과, 배태자 치명성과 장애 발생이 확인되었다(Andrews 등, 2019; EMA, 2020). 적용된 LOAEL(lowest observed adverse effect level, 최소독성용량)이 MRHD 용량의 6배 이하로 확인되어 당연한 결과로 추정된다. 그리고 일반적으로 고용량군 경우에 배태자 발생(embryo-fetal development) 시험에서 25-fold 노출 안전역(margin of exposure) 이상으로 설정이 필요하며 최기형성을 확인하는 데 충분하다고 할 수 있다. 참고로 반복투여독성시험에서 고용량은 50-fold 노출 안전역이다.

18. 바이오의약품에 대한 생식·발달 독성시험은 어떻게 수행되는가?

배태자발생 독성시험: 배태자발생(embryo-fetal development, EFD) 독성시험은 임신동물의 기관형성기에 약물을 투여한 후 태자의 기형, 치사, 발육지

연 등에 영향을 조사하는 시험이다. 일반적으로 임신한 랫드, 마우스, 토끼 등의 동물이 이용된다. ICH S5(R3) 가이드라인에 따르면 일반적으로 바이오의약품의 배태자발생 독성시험에서 설치류 1종과 비설치류 1종 등의 2종을 이용하여 수행된다. 이를 위한 조건은 바이오의약품의 수용체가 2종 모두에서 존재하여 약리학적 반응을 유도하는 것이다(EMA, 2020). 그러나 설치류 경우에 약력학적 기전과는 맞지 않는 경우가 있으며 이런 경우에는 당연히 적합한 1종의 비설치류로 수행된다. 수용체를 가진 비인간-영장류가 유일한 동물종 경우에 EFD를 대신하여 출생 전·후 발생 및 모체기능시험(enhanced pre- and postnatal development, ePPND)이 수행될 수 있다. 또한, 진행성 암의 치료 목적으로 개발된 바이오의약품은 약리학적으로 적합한 동물종으로만 시험이 진행되어야 한다는 것이 항암제에 대한 가이드라인 'ICH S9. Nonclinical Evaluation for Anticancer Pharmaceuticals'에 제시되어 있다(USFDA CDER, 2010). 인체 표적 수용체에 고도의 특이성으로 개발된 바이오의약품이 동물의 이종동상 표적(orthologous target)과 상호작용이 없다면 이는 바이오의약품이 동물에 대한 특이성이 없다는 것을 의미한다. 동물에 대한 시험물질의 특이성이 없다면 형질전환동물모델 또는 대리물질(surrogate molecules)이 사용된다(USFDA CDER, 2010). 그러나 대리물질로의 인체 노출에 대한 안전역(safety margin)을 원물질인 바이오의약품에 적용하는 것이 부적절하다. 동물종, 유전자변형동물 그리고 대리물질이 약리학적으로 적절하지 못하면 in vivo 생식독성시험은 의미가 없다. 이는 바이오의약품의 독성이 리간드-수용체의 특이성에 의한 과잉 약리작용으로 유도되기 때문이다. 이와 같은 이유로 바이오의약품의 안전성평가를 위한 생식·발생독성시험 수행에 있어서 제한점이 있다는 것을 시험책임자는 약물개발자 및 약리/독성 리뷰어에게 설명할 필요가 있다.

그 외 바이오의약품의 생식 · 발생독성시험과 관련된 ICH S5(R3) 가이드라인 내용에 따르면 다음과 같이 요약된다.

- **출생 전 · 후 발생 및 모체기능시험**: 비인간-영장류로만 시험이 가능하다면 ePPND 연구는 생후 영향에 대한 평가는 제한적으로 가능하다. 그러나 성숙기를 통해 자손 추적은 쉽지 않다.
- **동물종**: 비인간-영장류도 생식 · 발생독성시험에서 상용되는 동물은 아니지만, 바이오의약품의 EFD와 초기 출생 후 발달(early postnatal development) 등의 평가에서 적합한 동물종으로 사용된다. 이는 소분자 합성의약품과는 다르게 바이오의약품의 약리학적 표적에 대한 높은 특이성에 근거한다.

19. 유전독성시험의 NOGEL과 NOAEL의 차이점은?

유전독성(genotoxcity)은 유전자 및 염색체에 부정적 영향(adverse effect)이며 유전독성시험은 이러한 영향을 in vitro 및 in vivo 방법으로 확인하는 시험이다. 유전독성시험은 시험물질에 대한 음성(negative) 및 양성(positive) 등의 질적 판단에 대한 시험법이며 양적 판단을 위한 수단은 아니다. 즉, NOAEL의 정량적 지표를 추정하는 반복투여독성시험과 생식 · 발생독성시험 등과는 다르게 유전독성시험은 정성적 지표를 확인하는 시험법이다. 유전독성시험에서 정량적 지표가 없는 이유는 시험물질에 의한 유전독성과 관련하여 역치가 존재하지 않는다는 개념에서 확인이 된다. 역치(threshold)란 물질에 의해 유해작용 및 유효작용이 시작하는 용량으로 특정 반응이 시작되는 경계용량이다. 유전독성시험 목적은 시험물질의 발암 잠재성을 사전 탐색하는 것이다. 화학적 발암화(chemical carcinogenesis) 이론에 따르면 단 하나의 화학물질에 의한 유전자 돌연변이로 정상세포가 암세포로의 전환이 가능하다는 것이다. 따라서 유전독성을 유발하는 시험물질의 역치는 제로용량 역치(zero-threshold)이다. 그러나, 한편으로는 이와 같은 제로용량 역치 이론에 대한 반론도 있다. 인체 내의 DNA 수복효소는 DNA 단일나선 절단의 99%, 그리고 DNA 이중나선 절단의 90% 정도를 수복한다(Chatterjee 등, 2017). 또한, 시험물질에 노출되어 손상된 DNA를 가진 세포가 스스로 자멸하는 아팝토시스(apoptosis)가 유도되어 세포가 암세포로의 전환을 막는 방어기전도 존재한다(Kaina 등, 2017). 이와 같은 인체 방어기전이 존재하기 때문에 in vivo 및 in vitro의 유전독성시험에서 무역치 또는 제로용량 역치를 설정하는 것은 문제가 있다는 지적도 있다. 실제로 정상적인 생식세포 및 체세포의 경우에 자연발생적으로 뉴클레오타이드(nucleotide)당 $1.0 \sim 1.2 \times 10^{-8}$ 정도의 돌연변이율이며 이 중 약 10% 돌연변이가 유해 영향을 주는 아주 낮은 발생률로 추정되었다(Bielas 등, 2006; Kondrashov, 2012; Zhang 등, 2018). 이에 유전독성 물질이라도 자체의 회복방어기전에 의한 정량적인 분석과 역치 존재의 필요성이 있으며 예시로 NOGEL(no-observed-genotoxic-effect level, 최대무유전독성용량)이라는 벤치마크 용량(benchmark dose, BMD)이 제시되었다(Gollapudi 등, 2013; Johnson 등, 2014; Guo 등, 2018). NOGEL은 유전독성의 발생빈도가 시험물질을 처리하지 않은 대조군과 비교하여 통계적으로 유의하지 않은 최고용량이다. BMD는 특정 독성반응을 백분율(response rate)로 표시한 후 5% 또는 10% 등과 같은 BMR(benchmark response, 벤치마크 반응)로 미리 정해진 변화율로 유도하는 용량이다. 유전독성 평가에서는 대조군과 비교하여 10% 빈도를 증가시키는 BMD_{10}이 선호되고 있다(Zeller 등, 2017; Guo 등, 2018). 유전독성시험으로 추정된 정량적인 지표인 NOGEL과 BMD_{10}을 POD(point of departure, 출발점)라고 하며 인체노출안전기준에 응용된다. 유전독성 물질에 대한 역치가 개체 자체의 방어체계에 의해 존재하더라도 여전히 규제기관은 양성과 음성의 이분법으로 사용되고 있다. 특히 의약품의 유전독성시험 결과에 대한 의사결정은 더욱 엄격히 적용되고 있다.

20. 발암성시험에서는 왜 NOAEL을 산출할 수 없는가?

발암물질의 독성용량기술치: 〈표 8-9〉에서처럼 동물을 이용한 여러 종류의 독성시험에 대한 다양한 독성용량기술치(toxicological dose descriptor)가 있다. 독성시험 간 공통적인 독성용량기술치가 있지만 발암성시험에서도 CSF(cancer slop factor, 발암기울기인자) 외에도 T_{25}와 $BMDL_{10}$ 등의 여러 독성용량기술치가 있다. T_{25}는 동물의 용량-반응 관계에서 통계학적으로 유의하게 암 발생을 증가시키는 최저용량으로부터 고용량으로의 직선 외삽을 통해 25% 암발생률을 유도하는 용량이다(Dybing, 1997). 그리고 암이나 특정 독성을 반응 백분율(response rate)로 표시한 후 5% 또는 10% 등과 같이 미리 정해진 변화를 유도하는 용량 또는 농도를 BMD_{10}(10% benchmark dose, 벤치마크 용량)이라고 한다. 또한, 10% 발암을 증가시키는 용량의 95% 신뢰구간에서 하한 값을 $BMDL_{10}$(lower 95% confidence limit on the benchmark dose for a 10% response)이라고 한다(O'Brien, 2006).

〈표 8-9〉 동물 독성시험의 독성용량기술치

독성시험	독성용량기술치
단회투여독성시험	LD_{50} 및 ALD(approximate lethal dose, 개략치사량)
반복투여독성시험	NOEL, NOAEL, LOAEL, $BMDL_5$, $BMDL_{10}$

독성시험	독성용량기술치
안전성약리시험	NOAEL
생식 · 발생독성시험	NOEL, NOAEL, LOAEL, $BMDL_5$, $BMDL_{10}$
발암성시험	CSF(cancer slop factor, 발암기울기), T_{25}, $BMDL_{10}$
독물동태시험	AUC, C_{max}, T_{max}, $T_{1/2}$

제로용량 역치와 발암 위해도: 발암성시험을 통해 발암물질로 결정되면 발암물질(carcinogen)도 돌연변이원(mutagen) 또는 염색체이상 유발원(clastogen)이기 때문에 제로용량 역치이다. 이는 발암물질 노출에 대한 안전용량(safety dose)이 없다는 뜻이다. 따라서 발암물질의 노출용량 정도 및 강도에 따른 암이 비례적으로 발생할 확률인 위해도(risk level)로 추정된다. 위해도는 발암물질 노출에 의한 개인위해도와 집단위해도로 구분된다. 개인위해도는 평생(24 hours/day, 365 days/year, 70 years) 발암물질에 특정 용량으로 매일 노출되었을 때 발암확률이며 '인체노출량(mg/kg/day) x CSF(1/mg/kg/day)'로 산출된다. 〈그림 8-3〉에서처럼 발암기울기는 암발생 최소용량의 95% 신뢰수준 상한범위값(upper limit value of lowest dose that caused cancer)과 제로 역치용량(zero-threshold dose, 발생률 0 용량) 사이의 연결로 이루어진다. 발암기울기는 a/b가 되며 산출된 값을 발암기울기인자(cancer slope factor, CSF)라고 한다. CSF는 발암을 유발하는 가능성을 의미하는 발암물질의 발암력 또는 발암잠재력(cancer potency)을 수치화한 것인데 CSF가 크면 클수록 발암물질에 의한 암발생 확률인 발암력 또는 발암위험률이 증가한다. 집단위해도는 단위인구에서 연평균 발암률을 나타내며 '개인위해도×노출인구수(population exposed)'로 산출된다. 집단위해도는 앞서 언급한 단위인구당 자연발생적 암발생 정도를 나타내는 가상 안전용량(virtually safe dose, VSD)과 비교하여 발암물질의 위해성이 평가된다. VSD는 발암물질에 대한 규제를 위해 발암물질 노출에 의한 암

발생이 10^{-6}, 즉 백만 명당 1명 이하로 1995년 제시되었다(Gaylor, 1995). 이와 같은 발암물질 경우 노출에 안전용량 설정을 위한 NOAEL이 없으며 단지 발암기울기를 근거로 노출량에 따른 발암확률의 위해도(risk level)로 위해성평가가 수행된다.

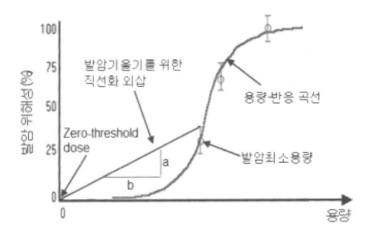

〈그림 8-3〉 발암 위해도 산출을 위한 발암기울기

21. 발암물질의 역치 존재에 대한 최근의 새로운 가설은?

유럽의 직업적 노출 기준에 대한 과학위원회(scientific committee on occupational exposure limits, SCOEL)와 유럽화학물질관리청(european chemicals agency, ECHA) 위해성평가위원회(risk assessment committee, RAC)의 공동연구를 통해 〈표 8-10〉과 같이 발암성 물질에 대한 역치의 존재를 3가지 측면에서 근거를 제시하였다(ECHA/RAC-SCOEL Joint Task Force Report, 2017). EHCA

분류의 기본적 이론은 발암물질 정의에서의 차이에 있다. 전통적으로 발암물질의 개념은 유전자(gene) 또는 유전체(genome)에 손상을 유도하여 암발생에 직접 관련되는 물질이었다. 오늘날에는 유전자의 손상뿐만 아니라 돌연변이를 가진 세포분열을 유도하는 촉진물질(promotor)과 같은 유전자-외적 발암물질(epigenetic carcinogen), 그리고 간접 유전독성 기전(mechanism for indirect genotoxicity)에 의한 암발생 유도물질도 포함되고 있다. 따라서 발암물질의 정의는 유전독성에 의한 돌연변이와 비유전독성에 의한 발암 증가를 유도하는 물질이다. 비유전독성 발암물질이란 직접적 유전독성의 유발 능력과는 상관없이 다른 기전으로 발암을 유도하는 물질이다. 이러한 다양한 발암기전을 발암물질의 MOA(mode of action, 독성작용양상)라고 한다. 또한, 발암 MOA 분석을 통해 발암물질의 역치를 구별하는 것을 MOA-기반 역치(MOA-based threshold)라고 한다. 따라서 모든 발암물질은 역치가 없다는 기존 개념을 넘어 오늘날에는 역치-발암물질(threshold carcinogen)과 무역치-발암물질(non-threshold carcinogen)로 규제안이 제시되고 있다(ECHA/RAC-SCOEL Joint Task Force Report, 2017).

〈표 8-10〉 발암기전 MOA(독성작용기전)에 따른 발암물질의 정의

분류	MOA
비유전독성-발암물질 (non-genotoxic carcinogen)	○ 비유전독성 기전(non-genotoxic mechanism): DNA와 반응하지는 않으나 생물학적 영향을 통한 발암기전 • 페록시좀 증식체(peroxisome proliferators), 호르몬, 국소 자극제(local irritants), 유사분열 촉진물질(promotors)

분류	MOA
유전독성-발암물질 (genotoxic carcinogen)	○ 간접 유전독성 기전(indirect genotoxic mechanism): DNA 또는 염색체에 직접적인 결합이 아니라 간접적 영향을 통해 유전독성이 발생하는 기전 ▪ 비-DNA 표적의 독성유발: 염색체 이수성 유발-단백질인 이수성 물질(aneugen) 등과 상호작용을 통한 유전독성 ▪ 대사를 통해 항산화적 방어시스템을 무력화할 정도의 ROS(oxygen reactive species, 유해활성산소) 등에 의한 산화 스트레스 ▪ DNA 수선효소의 불활성 기전
	○ 직접 유전독성 기전(direct genotoxic mechanism): 생화학적 전환에 의한 활성중간대사체(reactive intermediate) 또는 자연분해에 의한 활성형 물질 등의 초기반응자의 직접 DNA 결합에 의한 유전독성 기전인 DNA-반응성 유전독성기전(DNA-reactive genotoxic mechanism) ▪ 친전자성대사체 또는 물질(electrophilic metabolite, electrophiles)

22. NOAEL 설정에 고려사항과 미래의 NOAEL 패러다임 변화는?

비임상 독성시험의 NOAEL 설정에 있어서 다양한 접근이 이루어지고 있지만, 무엇보다도 중요한 것은 NOAEL을 통해 최초 임상시험에서 안전용량이 확보된다는 점이다. 이와 같은 중요성 때문에 시험책임자 및 약물개발자는 NOAEL 결정을 위해 다음과 같이 3가지 측면을 고려해야 한다.

• 기존의 자료를 기반으로 투여의 단·장기간, 그리고 소분자 합성의약품과 바이오의약품의 차이점 등을 고려한 판단

• 독성학 및 약학 등을 비롯하여 생물의학 등의 지식을 반영하는 판단

그러나 오늘날 약물에 대한 임상자료가 많아지고 있으며 이를 기반으로 안전성이 다양하게 검토가 이루어지고 있다. 특히 동물을 이용한 시험으로 자료 분석에 대한 중요성이 점차 낮아지고 있어 NOAEL은 시험물질의 모든 안전성 정보에서의 단순히 일부뿐이라는 개념도 나타나고 있다. 이와 같은 상황에서 관심은 미래에 NOAEL에 대한 패러다임이 변화할 것인가 또는 어떻게 변화할 것인가이다. 그러나 NOAEL의 패러다임 변화는 소분자 합성의약품 경우에는 해당이 없겠지만 바이오의약품 경우에는 기존 NOAEL 개념이 현재와 같이 적용되기 어려울 것이다. 이는 소분자 합성의약품과 바이오의약품의 독성기전과 일반적인 대사의 차이에 기인한다. 첫 번째 차이는 두 가지 의약품의 기원 및 구성성분에 따른 대사에서의 차이이다. 일반적으로 대사(metabolism)는 생체 내에서 효소에 의한 화학반응으로 발생하는 물질의 변화를 통틀어 이르는 생화학적 현상이다. 대사는 생체를 구성하는 성분을 합성하는 동화작용, 또한 그 성분을 분해하는 이화작용으로 분류된다. 대사는 기질인 생체에 필수적인 영양물질을 동화 및 분해 등의 작용을 통해 개체의 항상성을 유지한다. 반면에 소분자 합성의약품은 생체에 필수적인 영양물질이 아닌 외인성물질(xenobitics)이며 cytochrome P450 효소계가 핵심이 되는 과정인 생화학적 전환(biotransformation)에 의해 분해된다. 이 과정에서 소분자 합성의약품은 무독성대사체 또는 독성대사체로 전환되며 이러한 대사체 생성은 cytochrome P450 차이로 독성의 종간 차이를 유도한다. 이와 같은 문제로 소분자 합성의약품의 경우에 비임상 동물시험을 통한 자료로 인체 독성예측이 대단히 어렵다. 〈표 8-11〉은 비임상 독성시험에서 확인된 독성반응과 임상시험을 통해 확인된 독성반응에 대한 일치율(concordance rate)을 나타낸 것이며 전반적으로 50% 이하 정도이다. 낮은 이유는 여러 가지가 있겠지만 소분자 합성의약품의 독성기전인 독성대사체 생성에 있어 종간 차이에 기인한다(Guengerich, 2020; 박영철, 2019). 특히 소분자 합성의약품의 경우에 시장에서 경고 또는 퇴출 약물의 70-80%가 독성대사체 생성에 의한 독성에 기인하는 것으로 알려졌다(Walgren 등, 2005). 따라서 소분자 합성의약품에 의한 독성대사체 생성은 대단히 중요한 독성기전이다. 반면에 바이오의약품의 구성성분 자체는 아미노산이나 핵산이다. 이들 물질은 생화학적 전환의 경로가 아니고 모든 생명체에서 공통으로 이루어지는 대사를 통해 합성 또는 분해가 이루어진다. 이러한 측면에서 바이오의약품은 생물체에서는 일종의 영양물질이다. 이와 같은 인체와 동일 구성성분인 바이오의약품은 외인성물질의 소분자 합성의약품과 대사 과정이 전혀 다르다는 점도 향후 NOAEL의 패러다임 변화에 가장 중요한 역할을 할 것으로 기대된다. 즉, 바이오의약품 중에서 모달리티에 따라 차이가 있을 수 있지만, 영양물질 관점에서 NOAEL 적용이 없을 수도 있다. 두 번째 요인으로 소분자 합성의약품의 독성은 비표적의 전신독성을 유도하지만, 바이오의약품은 표적에 대한 과잉 약리작용에 의한 독성을 유도한다는 점이다. 바이오의약품에 의한 이러한 독성기전은 동물에 국한되어 인체에서는 발생하지 않아 NOAEL 적용이 안 될 수도 있다. 이는 지난 수십 년 동안 NOAEL이 항암제의 독성시험에서는 적용되지 않은 것과 마찬가지이다. 설치류에서는 NOAEL 대신에 중증 독성을 유발하는 심각한 독성용량(severely toxic dose, STD), 비설치류에서는 경미한 독성을 유도하는 최고용량(highest non-STD)의 사용에 대한 항암제 가이드라인 ICH S9에서 권장되고 있다(ICH S9, 2010).

분석된 독성시험 건수	비임상시험 및 임상시험의 일치성	참고문헌
75건	• 동물 독성의 37%가 임상에서 발생	Hackam 등, 2006
221건	• 50% 일치율	Perel 등, 2007
27건	• 평균일치율: 마우스에서 55.3%, 랫드에서 44.8% • 성별일치율: 랫드에서 50%	Wang 등, 2015
2,366건	• 동물종은 랫드, 마우스, 토끼 등으로 낮은 예측률	Bailey 등, 2014

23. 점안제의 반복투여독성시험에서 고용량 및 NOAEL 결정은?

점안제(eye drops)의 대표적인 적응증은 안구건조증(dry eye syndrome)이다. 앞서 언급되었듯이 소분자 합성의약품의 경우에 반복투여독성시험의 고용량은 MTD를 비롯하여 한계용량 등 5가지 결정 방법이 있다. 소분자 합성의약품의 점안제의 경우에는 용량 및 횟수 등의 2가지로 고용량 결정이 가능하다. 기본적으로 독성시험의 동물용량과 임상시험에서의 인체용량은 동일하게 적용된다. 소분자 합성의약품의 반복경구투여독성시험에서 HED(human equivalent dose, 인체등가용량)으로 전환을 통한 적용, 그리고 반복경피투여독성시험에서는 임상예정용량의 5배 용량으로 고용량 설정 등이 고려되는 것과 차이가 있다. 이와 같은 차이는 시험물질 접촉에 대한 눈의 민감도가 동물과 인체의 차이가 없기 때문이다. 따라서 점안제의 반복투여독성시험에서 NOAEL이 곧 임상용량이 된다. 그러나 보다 안전성을 확보하기 위해서 노출안전역(margin of safety, MOS)이 3 정도의 횟수로 고용량이 결정되는 것이 적절하다. 예를 들어 임상예정 용량이 0.24% 점안제의 1일 2회라면 고용량은 반복투여독성시험에서는 동일 용량의 6회, 중용량군은 4회 그리고 NOAEL은 2-2.5회로 설정된다. 특히 점안제라도 소분자 합성의약품과 바이오의약품과의 차이가 있다. 〈표 8-12〉는 점안제의 소분자 합성의약품과 바이오의약품의 차이를 나타낸 것이다(Weir 등, 2012). 소분자 합성의약품 경우에는 cytochrome P450에 의한 활성중간대사체(reactive metabolites or intermediates)로 생화학적 전환이 되기 때문에 IND를 위해 cytochrome P450에 의한 대사 프로파일링(metabolic profiling)을 비롯하여 약물상호작용에 대한 자료를 제출하여야 한다. 특히, cytochrome P450에 의한 대사 프로파일링의 제출은 cytochrome P450의 아종(subfamily) 차이에 의한 독성의 종간 차이를 확인하기 위함이다. 반면에 단백질성 바이오의약품 점안제는 모든 생체 내에서 동일하게 대사되어 배출되기 때문에 대사와 관련된 자료제출은 요구되지 않는다. 그러나 바이오의약품 경우에는 약리작용과 관련된 수용체 자료 및 면역원성 자료를 제출할 의무가 있다. 〈표 8-12〉는 소분자 합성의약품과 바이오의약품이 cytochrome P450에 의한 대사 유무에 의해 분류가 이루어진다는 것을 보여주는 좋은 예시가 된다.

〈표 8-12〉점안제의 소분자 합성의약품과 바이오의약품의 차이

Small molecules	Biologics
• Chemically synthesized organic molecule	• Proteins obtained from living cells
• Greater potential for off-target effects due to the potential for chemical impurities, active/reactive metabolites, extensive distribution in the body, and activity at multiple receptors or enzymes	• Highly targeted, due to lack of chemical impurities and active/reactive metabolites and decreased potential for extensive distribution as a result of large molecular weight
• Generally active and, therefore, potentially toxic in many species	• Activity and toxicity generally limited to animals possessing the intended receptor or epitope (i.e., pharmacologically relevant animal model/species)
• Generally no or negligible potential for immunogenicity	

Small molecules	Biologics
• Pharmacokinetic and pharmacologic considerations when selecting species for nonclinical studies	• Primarily pharmacologic considerations when selecting relevant species for nonclinical studies • Animals can frequently mount an immune response (immunogenicity) to biologics

제9장

특정 의약품 개발 방법과
독성시험 해석의 예시

1. 유전독성시험의 결과 해석에 추가적인 시험은?

　결과 해석: 유전독성의 목적은 화학물질에 의한 DNA 손상의 확인 및 발암의 잠재성을 확인하는 것이다. 이와 같은 목적을 달성하기 위한 3가지 핵심 유전독성시험은 박테리아를 이용한 복귀돌연변이시험(bacterial reverse mutation test), 포유류 배양세포를 이용한 체외 염색체이상시험(in vitro mammalian chromosomal aberration test), 설치류 조혈세포를 이용한 체내 소핵시험(in vivo micronucleus test) 등이 있다. 시험계는 in vitro의 미생물, 세포 그리고 in vivo 수준에서 시험이 이루어진다. 유전독성을 유발하는 기전은 염기 수준의 돌연변이, 염색체 수준의 손상, 그리고 염색체 복제 및 분리와 관련된 방추사 문제 등으로 각각 설명되고 있다. 복귀돌연변이시험과 염색체이상시험은 체외시험(in vitro)으로 이루어지기 때문에 외인성물질의 생화학적 전환(biotransformation)의 효소계가 필요하다. 일반적으로 돌연변이나 DNA 손상을 유발하기 위해 DNA 염기의 친핵성 부위에 친전자성 물질이 공유결합하여야 한다. 그러나 판매되는 약물이나 시험물질이 친전자성 물질은 아니며 세포 및 생체 유입을 통해 효소 또는 비효소적 반응을 통해 친전자성 물질로 전환된다. 유전독성시험 3종 중 미생물이나 포유동물-유래 세포에는 화학물질의 친전자성 대사체로의 전환을 유도하는 생화학적 전환을 담당하는 cytochrome

P450 효소체계가 없다. 반면에 개체수준에서는 간을 비롯하여 여러 장기에 cytochrome P450 효소체계가 있다. 이와 같은 in vitro 유전독성시험 시험계인 미생물 및 세포에 cytochrome P450 효소체계가 존재하는 랫드 간의 마이크로 솜(microsome) 분획인 S9 분획(fraction)을 첨가하여 시험이 수행된다. 결과적 으로 미생물 및 세포의 in vitro 시스템의 S9 분획 존재의 유무에 따른 양성 결 과를 통해 그 물질의 독성학적 기전 측면에서 특성을 이해할 수 있다. 예를 들 어 S9 분획이 있는 유전독성시험에서 양성이 나왔다면 생화학적 전환 효소체 계에 의한 친전자성대사체로 전환된다는 결론을 내릴 수 있다. 생화학적 전환 효소체계의 핵심은 포유동물에서 약물대사와 관련된 cytochrome P450 효소 의 아종이 20-40종 정도 존재하며 이들 효소의 차이가 유전독성에서 종간 차 이를 유발할 수 있다. 따라서 비록 양성반응이 있더라도 시험물질을 기질로 삼 는 cytochrome P450을 특정하여 동일 효소가 인체에도 있는지에 대한 확인이 필요하다. 이러한 이유로 인체에서 소분자 합성의약품의 cytochrome P450에 의한 생화학적으로 전환되는 경로가 의약품 허가 단계에서 요구된다. 이에 비 록 in vitro의 S9 분획이 존재하는 시스템에서 양성이 나왔더라도 인체에서 양 성 가능성을 cytochrome P450 분석을 통해 일치성을 확인 후 발암성시험을 고 려하여야 한다. 반면에 S9 분획이 없는 in vitro 시스템에서 양성은 가수분해 및 단백질 등과 상호작용을 위해 자연발생적으로 시험물질이 비효소적 친전자성 물질로 전환된 것이다. 이는 cytochrome P450에 의한 생화학적으로 전환되는 경로와는 관계가 없이 전환되므로 종간 차이가 없다. 따라서 동물과 인체 사이 동일 양성반응이 나올 가능성이 있다.

ICH의 추가시험: In vitro(체외) 시험에서 나온 결과, 특히 세포를 이용한 염색체이상시험에서 고용량군에서의 양성반응이 논란이 되어 왔다. 이러한 논란을 극복하고자 ICH는 〈표 9-1〉에서처럼 Guideline S2(R1)를 통해 세포독성을 유발하는 고용량군에서의 양성은 in vivo(체내) 유전독성시험을 수행하여 증거 가중치 접근이 제시되었다. 먼저, 소분자 합성의약품의 시험물질에 대한 흡수, 대사, 분포 및 배출 등이 이루어지는 in vivo의 환경은 in vitro 환경과 비교하여 큰 차이가 있다. 예를 들어 in vitro 내 pH, 삼투압 그리고 침전물 등의 물리 · 화학적 환경이 유전독성을 유발할 수 있는 잠재성을 높일 수 있다는 것이다 (ICH, 2011). 이 외에도 여러 논문을 통해 세포사멸을 유도하는 고용량군에서 in vitro 염색체이상의 양성반응에 대한 우려가 제시되었다. 연구에 따르면 고용량에 의한 세포사멸(apoptosis)을 통해 DNA 조각들이 염색체이상으로 나타날 수 있다(Tan 등, 2018). 이러한 현상은 시험물질의 유전독성에 의한 것이 아니라, 세포독성에 의해 세포사멸 과정에서 형성된 DNA 조각에 기인하는 것으로 이해된다. 이와 더불어 in vitro에 투여되는 농도가 인체에서 정상적인 생리학적 측면을 고려할 때 도저히 노출될 수 없는 농도이다. 이와 같은 현실적 노출이 불가능한 농도가 투여되는 in vitro 시험 자체뿐만 아니라 고용량에 의한 양성반응에 대해 회의적인 의견이 제시되었다(Kirkland 등, 2007). 따라서 in vitro, 특히 포유동물-유래 세포를 이용한 염색체이상시험에서 고용량 투여에 의한 양성반응은 반드시 in vivo 유전독성시험과 재현성 또는 일치성을 통해 생물학적 유관성(biological relevance) 확인이 이루어져야 한다. 〈표 9-1〉은 ICH guideline S2(R1)에서 포유동물-유래 세포를 이용한 염색체이상시험에서 양성반응에 대한 추가시험을 제시한 원문 내용이다(ICH, 2011). 세포독성을 유발하는 고용량군에서의 양성반응이 발생하였다면 추가시험의 필요성과 이에 대한 조건이다. 〈Option 1〉 중 in vivo 유전독성시험인 설치류 조혈세포(rodent hematopoietic cells)를 이용한 ① 체내 소핵시험(micronuclei test), ② 체내 염색체이상시험(chromosomal aberrations in metaphase cells) 등 둘 중 1개의 시험으로 충분하다는 것으로 제시되었다. 이는 개체를 이용한 in vivo 유전독성시험의 결과는 세포를 이용한 in vitro 결과와 비교하여 결정에서 우위에 있다는 점을 의미한다. 이와 같은 in vitro보다 in vivo 시험이 비교 우위에 있는 이유는 인체와 노출 조건과 더 유사하기 때문이다. 그리고 두 시험의 비교 우위를 통해 결정을 판단하는 방법을 증거가중치(weight of evidence) 방법이라고 한다.

〈표 9-1〉 ICH S2(R1)의 양성 판정에 대한 추가시험

5.2.2. Evaluation of positive results obtained in vitro in mammalian cell assays

Recommendations for assessing weight of evidence and follow-up testing for positive genotoxicity results are discussed in IWGT reports (e.g., Thybaud et al., 2007). In addition, the scientific literature gives a number of conditions that can lead to a positive in vitro result of questionable relevance. Therefore, any in vitro positive test result should be evaluated based on an assessment of the weight of evidence as indicated below. This list is not exhaustive, but is given as an aid to decision-making.

i. The conditions do not occur in vivo (pH; osmolality; precipitates)
(Note that the 1 mM limit avoids increases in osmolality, and that if the test compound alters pH it is advisable to adjust pH to the normal pH of untreated cultures at the time of treatment)

ii. The effect occurs only at the most toxic concentrations.

- In the MLA(gene mutation assay) increases at ≥80% reduction in RTG(Relative Total Growth).
- For in vitro cytogenetics assays when growth is suppressed by ≥50%

If any of the above conditions apply the weight of evidence indicates a lack of genotoxic potential; the standard battery (option 1) can be followed. Thus, a single in vivo test is considered sufficient.

〈Option 1〉

i. A test for gene mutation in bacteria.

ii. A cytogenetic test for chromosomal damage (the in vitro metaphase chromosome aberration test or in vitro micronucleus test), or an in vitro mouse lymphoma Tk gene mutation assay.

iii. An in vivo test for genotoxicity, generally a test for chromosomal damage using rodent hematopoietic cells, either for micronuclei or for chromosomal aberrations in metaphase cells

식약처의 추가시험: 의약품 등의 독성시험기준 해설서(2022)에 따르면 '특히 in vitro 시험계에서 비교적 높은 활성을 보이나 in vivo 시험에서는 음성 경우에 시험물질 또는 그 대사활성물질이 골수에까지 도달하지 않을 가능성도 있다. 이러한 경우에 필요한 시험을 추가하여 그 결과를 제출하는 것이 바람직하다'로 제시되었다. 이 의미는 〈표 9-2〉에서처럼 (1) 표준조합 1을 수행하여 in vitro에서 양성반응, 그리고 설치류 조혈세포를 이용한 소핵시험에서 음성이 나왔더라도 추가적인 표준조합 2에서 체내 코멧시험의 수행을 요구하는 것이다. 이유는 체내 소핵시험에서의 음성반응이 시험물질 또는 그 대사활성물질이 골수까지 도달하지 않을 가능성이 있기 때문이다. 여기서 대사활성물질이란 앞서 언급한 친전자성 물질을 의미하는데 친전자성 물질은 반응성이 높아 발생한 곳에서 독성을 유발한다. 이와 같은 골수로의 도달 가능성에 대한 우려에 기인하여 독성동태시험의 결과를 요구하기도 한다. 예를 들어 체내(in vivo) 소핵시험과 같은 유전독성시험에서 음성의 결과가 나온 경우, 동일 시험종에서 전신적 노출을 증명하거나 지표 조직에서 노출의 특성에 대한 자료가 필요하다는 것이다. 단순히 시험물질이 골수에 도달의 문제인데 소분자 합성의약품은 혈관계를

통해 전신에 분포하는 것이 특징이다.

〈표 9-2〉 유전독성시험의 표준조합 1과 표준조합 2의 구성

나. 시험법의 선택
(1) 표준조합 1
(가) 박테리아를 이용한 복귀돌연변이시험
(나) 포유류 배양세포를 이용한 다음 어느 하나의 시험
① 체외 염색체이상시험
② 체외 소핵시험
③ 체외 마우스 림포마 TK 시험
(다) 설치류 조혈세포를 이용한 다음 어느 하나의 시험
① 체내 소핵시험
② 체내 염색체이상시험
(2) 표준조합 2
(가) 박테리아를 이용한 복귀돌연변이시험
(나) 설치류 조혈세포를 이용한 체내 소핵시험
(다) 체내 코멧시험

독성학적 견해: 포유동물-유래 in vitro 염색체이상시험에서 대조군과 비교하여 시험물질에 의해 세포사멸이 약 50% 정도 발생을 유도하는 최고용량이다. 이와 같은 최고용량을 기준으로 할 때 시험군 7개군 중 고용량의 3개 군에서는 세포사멸이 발생하고 나머지 저용량의 4개 시험군에서는 세포사멸이 발생하지 않는 것이 일반적 현상이다. 만약 세포사멸을 유도하는 용량군과 연계하여 세포사멸을 유도하지 않는 용량군과의 용량-반응관계가 있거나 양쪽 모두에서 염색체이상의 양성이 발생하였다면 시험물질의 양성 판정에 문제가 없다. 그러나 세포사멸을 유도하는 용량에서 고용량군에서 용량-반응관계가 있고 나머지 세포사멸을 유도하지 않는 저용량군에서 염색체이상이 발생하지 않았다면 시험물질의 양성 판정에 유의할 필요성이 있다. 시험물질이 존재한다는

것은 같지만 시험물질에 의한 것이 아니라 세포사멸에 의한 염색체이상이 발생하였다고 판단할 수 있다. 단 하나의 물질을 in vitro에 투여 및 제거 후에 돌연변이와 암이 발생한다는 기전을 고려할 때 고용량군에서만 염색체이상의 발생을 독성학적 측면에서 설명이 어렵다고 할 수 있다. 따라서 시험물질에 의한 염색체이상의 양성 판정 경우에는 반드시 세포사멸을 유도하지 않는 용량에서 대조군과 비교하여 염색체이상 발생빈도가 유의성 또는 양성 기준에 부합하여야 양성 판정으로 볼 수 있다. 특히 세포사멸을 유도하는 in vitro 농도가 인체에서 정상적인 생리학적 측면을 고려할 때 도저히 노출될 수 없는 농도이다. 이는 인체에서 발생하는 예측을 목적으로 하는 독성시험에 대한 정확성을 낮추는 원인이 된다. 독성시험은 항상 시험물질의 본질적 독성(intrinsic toxicity)을 유도하는 용량으로 이루어져야 한다. 이러한 측면에서 염색체이상시험에서 세포사멸을 유도하는 고용량의 투여는 세포사멸을 통해 충분히 염색체이상을 유발할 수 있는 용량이 투여되었다는 확인을 위한 용량이라는 점도 참고할 만하다.

2. 의약품의 유연물질에 대한 안전성평가는?

유연물질은 원료의약품 및 완제의약품의 제조공정 또는 보관 중에 발생하는 의도하지 않게 도입되는 물질로 출발물질, 합성부산물, 중간체, 분해생성물, 시약, 리간드 등이 있다. 원료의약품 및 완제의약품의 규격 설정 시, 다음과 같이 유연물질을 특정한다(식약처, 2018).

- 구조가 확인된 특정유연물질(Each specified identified impurity)
- 구조가 확인되지 않은 특정유연물질(Each specified unidentified impurity)

- 설정기준이 화학구조 확인기준 이하인 미지유연물질(Any unspecified impurity)
- 총 유연물질(Total impurities)

유연물질(unidentified impurity)에 대한 안전성 확보는 원료의약품 및 완제의약품별, 그리고 유연물질의 함량에 따라 다소 차이가 있다. 이와 같은 원료의약품 및 완제의약품의 안전성 확보는 함량에 따라 3가지 측면인 보고 수준(reporting threshold), 화학구조확인 수준(identification threshold) 그리고 안전성입증 수준(qualification threshold) 등으로 구분되어 이루어진다. 〈표 9-3〉은 원료의약품의 1일 최대투여량 및 유연물질의 함량에 따른 자료제출 수준을 나타낸 것이다(식약처, 2018). 〈표 9-4〉는 완제의약품의 1일 최대투여량 및 유연물질의 함량에 따른 자료제출 수준을 나타낸 것이다(식약처, 2018).

〈표 9-3〉원료의약품의 유연물질 자료제출 수준

1일 최대 투여량[1]	1) 보고 수준[2,3]	2) 구조확인 수준[3]	3) 안전성입증 수준[3]
2g/일 이하	0.05%	• 0.10% 또는 1일 총섭취량 1.0mg 초과(더 적은 값 적용)	• 0.15% 또는 1일 총섭취량 1.0mg 초과(더 적은 값 적용)
2g/일 초과	0.03%	0.05%	0.05%

1. 1일 원료의약품 투여량
2. 보고수준을 더 높게 설정하는 경우, 과학적으로 타당성을 증명
3. 유연물질이 특별히 독성을 나타내는 경우, 입증 수준을 더 낮게 설정하는 것이 적절

〈표 9-4〉완제의약품의 유연물질 자료제출 수준

1) 보고 수준		2) 화학구조확인 수준		3) 안전성입증 수준	
1일 최대 복용량	보고 수준 (%)	1일 최대 복용량	화학구조확인 기준	1일 최대 복용량	안전성입증 기준

1) 보고 수준		2) 화학구조확인 수준		3) 안전성입증 수준	
• ≤	• 0.1	• <1mg	• 1.0% 또는 1일 총섭취량 5μg 중 낮은 수치	• <1mg	• 1.0% 또는 1일 총섭취량 5μg 중 낮은 수치
		• 1-10mg	• 0.5% 또는 1일 총섭취량 20μg 중 낮은 수치	• 1-10mg	• 0.5% 또는 1일 총섭취량 200μg 중 낮은 수치
• >	• 0.05	• >10mg-2g	• 0.2% 또는 1일 총섭취량 2mg 중 낮은 수치	• >10mg-2g	• 0.2% 또는 1일 총섭취량 3mg 중 낮은 수치
		• >2g	• 0.10%	• >2g	• 0.15%

원료의약품 및 완제의약품의 유연물질(impurity) 기준에 대한 가이드라인(식약처, 2018)에 따르면 유연물질 함량 정도에 따라 자료제출 수준이 다르다. 인허가의 측면에서 약물개발자가 가장 관심이 있는 부분이 유연물질의 안전성입증 수준이다. 안전성입증을 위한 독성시험은 설치류 1종을 이용한 반복투여독성시험(1종, 14~90일, 동일 투여경로)과 유전독성시험(복귀돌연변이시험, 체외염색체이상시험) 등이다. 물론 유전독성시험에서 결과가 음성반응이면 회복군을 두지 않은 28일 또는 4주 반복투여독성시험을 통해 안전성입증이 이루어진다. 유전독성에서 양성반응일 경우에 체외(in vitro)가 아닌 체내(in vivo) 유전독성시험의 결과를 통해 증거가중치(weigh of evidence) 접근이 필요하다. 그리고 반복투여독성시험을 통해 NOAEL(no observed adverse effect level, 최대비(무)독성용량) 수치를 추정한다. 유전독성시험에서 음성 경우 NOAEL 수치를 이용하여 개별 유전물질 또는 총유전물질에 대한 1일 노출허용용량인 TDI(tolerable daily intake) 제시를 통해 안전성입증을 하게 된다. 즉, TDI가 원료의약품 및 완제의약품에 포함된 유연물질의 1일 최대노출량 이상이 되어야 하며 예시는 다음과 같다.

〈유연물질 예시〉원료의약품의 1일 최대 투여량이 2g 이하이고 유연물질 1일 섭취량이 1.3mg일 경우에 안전성입증을 수행하시오.

- 1일 총섭취량인 1.3mg를 포함할 수 있는 TDI 산출 필요
- TDI는 (NOAEL/SF) x (animal Km/human Km)이며 여기서 SF(safety factor)는 개체 내 (intraspecies) 차이에 대한 안전계수 10, 그리고 Km은 아래의 〈표 9-5〉에서처럼 종간 전환계수임

〈표 9-5〉동물용량을 인체등가용량으로 전환하는 Km 계수

종(speies)	체중(kg)	체표면적(m²)	Km 계수
성인	60	1.6	37
랫드	0.15	0.025	6
마우스	0.02	0.07	3

- 랫드를 이용한 4주 반복투여독성시험 수행을 위한 동물용량 설정이 필요
- 체중 60kg 성인 경우에 랫드의 NOAEL은 1.3mg/60kg/day = (NOAEL/10) x (6/37)이 므로 NOAEL은 최소 1.34mg/kg/day
- NOAEL이 최소 1.34mg/kg/day 이상이므로 저용량 1.5, 그리고 중용량과 고용량 각각 3과 6mg/kg/day 용량으로 설정하여 독성시험 수행
- 반복투여독성시험에서 NOAEL이 3mg/kg/day에서 설정되었다면 원료의약품에 총유연물질에 대한 TDI는 0.0486mg/kg/day이 됨
- 이에 체중 60kg 성인이 총유연물질에 대한 1일 노출허용량은 2.916mg/kg/day이므로 원료의약품의 1일 총섭취량인 1.3mg을 상회하므로 안전성입증을 할 수 있음

3. 개량신약 개발을 위한 독성시험 구성의 예시를 든다면?

개량신약과 자료제출의약품: 여기서 언급되는 개량신약의 예시는 소분자 합성의약품이다. 식약처의 '의약품의 품목허가 · 신고 심사규정'(식약처, 2021)과

'의약품 등의 안전성 · 유효성 심사에 관한 규정'(식약처, 2007)에 따르면 의약품 분류에 따라 안전성 · 유효성자료 제출 내용에서 차이가 있다. 〈표 9-6〉에서처럼 신약은 안전성 · 유효성 심사에 관한 규정에 따라 모든 안전성 · 유효성 자료를 제출하는 의약품이다. 자료제출의약품은 신약과 같이 모든 안전성 · 유효성 자료를 제출하는 의약품은 아니지만, 일부 안전성 · 유효성 자료를 제출하는 의약품을 말한다. 따라서 개량신약은 자료제출의약품에 해당된다.

〈표 9-6〉 의약품 허가 시 자료제출 정도에 따른 의약품의 분류

	대분류	중분류	
		자료제출 정도에 따른 분류	의약품 소분류
의약품	안전성 · 유효성자료 제출의약품	모든 안전성 · 유효성자료제출의약품	신약
		일부 안전성 · 유효성자료제출의약품	자료제출의약품
		의약품동등성시험	제네릭 의약품
	안전성 · 유효성자료 제출면제의약품	공정서 수재 품목	
		표준제조기준에 맞는 품목	
		신고대상 고시 품목	

개량신약의 분류와 예시: 부분적으로 안전성 · 유효성 자료를 제출하는 자료제출의약품으로는 개량신약이 대표적이다. 개량신약에 대한 분류는 현재 국제적으로 통일되어 사용하는 가이드라인이 없다. 그러나 개량하고자 하는 기술의 성격별로 분류하는 것이 체계적이라고 할 수 있으며 〈표 9-7〉은 이와 같은 기반으로 개량신약의 분류와 개념을 서술한 것이다. 개량신약이란 의약품의 품목허가 · 신고 · 심사 규정에 따른 자료제출의약품 중 안전성, 유효성, 유용성 (복약순응도 · 편리성 등)에 있어 이미 허가(신고)된 의약품과 비교하여 개량되었거나 의약기술에 있어 진보성이 있다고 식약처가 인정한 의약품을 의미한다 (식약처, 2022). 개량신약은 기술적으로는 신약과 제네릭 의약품의 중간에 위

치하는데 경제적 관점에서 볼 때 개발의 가치가 충분하다고 할 수 있다. 예를 들어 개량신약 개발에는 신약개발보다는 훨씬 적은 비용이 소요되며, 일단 개발에 성공하는 경우에 독점적 위치가 보장되어 제네릭 의약품보다 훨씬 유리한 위치를 점유할 수가 있다.

〈표 9-7〉 개량신약의 분류와 개념

개량신약 분류	개념
물질변형 개량신약	• 이미 허가된 신약과 동일한 유효성분의 새로운 염 또는 이성체 의약품으로 국내에서 처음 허가된 전문의약품
신규제제/제형 개량신약	• 유효성분 및 투여경로는 동일하나 제제개선을 통해 제형, 함량 또는 용법·용량이 다른 전문의약품
신규용도 개량신약	• 이미 허가된 의약품과 유효성분 및 투여경로는 동일하나 명백하게 다른 효능·효과를 추가한 전문의약품
신규복합제 개량신약	• 이미 허가된 의약품과 유효성분의 종류 또는 배합비율이 다른 전문의약품
신규투여경로 개량신약	• 이미 허가된 의약품과 유효성분은 동일하나 투여경로가 다른 전문의약품

이와 같은 자료제출의약품으로 분류되는 개량신약의 분류에 따라 적용된 기술이나 제품 특성에 대해 〈표 9-8〉을 통해 확인이 가능하다(Bric, 2006). 〈표 9-8〉은 이와 같은 요건에 따라 개량신약을 분류한 것으로 물질변형, 신규 제제/제형, 신규용도, 신규 복합제의 개량신약 그리고 신규 투여경로의 개량신약 등으로 분류된다. 식약처의 개량신약 허가사례집에 따르면 지난 2009년부터 2021년까지 13년간 허가된 개량신약은 총 125의약품으로 이에 대한 현황에 대해 상세히 조사되었다. 보고서에 따르면 개량신약 10개 중 6품목은 유효성분의 종류 또는 배합비율이 다른 신규 복합제의 개량신약이었다. 이는 최근 들어 고령층의 증가로 고혈압, 고지혈증, 당뇨병 등의 만성질환 유병률이 지속

적 증가에 따라 여러 종류의 약을 한 번에 복용하는 투약 단순화에 기인하는 것으로 추정된다(이혜경, 2022).

〈표 9-8〉 개량신약 분류에 따른 특징과 예시

분류	기술	특징 및 예시
물질변형 개량신약	• New salt(신규염), prodrug or ester(프로드러그 또는 에스테르), new complex, chelate, clathrate or solvate(새로운 복합체 또는 용매화물), racemate or enantiomer(라세메이트 또는 단일이성체), 신규 결정형(polymorphism), 대사체(metabolite)	• 변형된 물질의 특성에 따라 기존 물질과 동등한 PK profile을 나타내는 경우와 다른 PK profile을 나타내는 경우가 있음
신규제제/제형 개량신약	• Bioinequivalent formulation(서방 또는 속방 제제), change in strength(고함량, 저함량), change in dosing regimen(예: 1일 3회 → 1일 1회), change in dosage form or route of administration(예: 경구용 → 패취제)	• 동일 용량, 동일 PK profile, 동일투여경로 등으로 제제화에 따른 부형제만 다른 경우는 제외
신규용도 개량신약	• 알려진 제품의 새로운 용도의 추가	• 새로운 용도에 대한 임상시험 필요. 미국에서는 신규용도에 대한 3년의 독점기간 부여
신규 복합제 개량신약	• 이미 알려진 두 가지 이상의 성분을 하나의 제품으로 만들어 복용의 편리성을 도모한 복합제	• 복합투여에 대한 충분한 임상적용 예가 있는 경우 허가 절차가 간소화됨
신규 투여경로 개량신약	• 투여경로를 변경하여 약물에 대한 순응성과 편의성을 개선. 국내에서는 지난 10여 년 동안 4개의 의약품이 투여경로를 다르게 하여 허가를 받음	• 알츠하이머형 치매증상 치료에 사용되는 주성분 '도네페질'을 정제에서 경피흡수제로 투여경로 및 제형을 변경하면서 1일 1회 투여를 주 2회로 개선하는 등 유용성(순응도, 편의성)을 개선했다는 평가

개량신약의 자료제출 범위: 의약품 등의 안전성·유효성 심사에 관한 규정 (식약처, 2007)에 따르면 안전성·유효성자료제출의약품으로 비임상 영역의 안전성평가를 위해서는 다음과 같은 독성시험 자료인 (가) 단회투여독성시험 자료, (나) 반복투여독성시험 자료, (다) 유전독성시험 자료, (라) 생식·발생독성시험 자료, (마) 발암성시험 자료, (바) 기타독성시험 자료 – (1) 국소독성 자료, (2) 의존성시험 자료, 그리고 (3) 항원성 및 면역독성 자료 등이 제출되어야 한다. 반면에 개량신약은 이들 중 일부 자료만 제출하면 된다. 〈표 9-9〉는 신약 과 개량신약이 포함된 자료제출의약품과의 독성시험 제출자료의 비교를 통해 항목 차이가 확연히 나타나는 것을 확인할 수 있다.

〈표 9-9〉 소분자 합성의약품의 종류 및 제출자료의 범위(천연물 신약 포함)

구분 \ 제출자료	독성에 관한 자료							
	가	나	다	라	마	바 (1)	바 (2)	바 (3)
I. 신약								
1. 화학구조 또는 본질조성이 전혀 새로운 신물질 의약품	○	○	○	○	△	△	△	△
2. 화학구조 또는 본질조성이 전혀 새로운 신물질을 유효성분으로 함유한 복합제제 의약품	○	○	○	○	△	△	△	△
3. 제1호 및 제2호에 해당하는 의약품 중 방사성의약품	○	×	×	×	×	×	×	×
II. 자료제출의약품								
1. 새로운 효능군 의약품(이성체 및 염류 등 포함)	※	×	×	×	×	△	△	△
2. 유효성분의 새로운 조성 또는 함량만의 증감(이성체 및 염류 등 포함)								
심사대상　　면제근거(국내사용 예)								

구분	제출자료	독성에 관한 자료							
		가	나	다	라	마	바 (1)	바 (2)	바 (3)
새로운조성(복합제)	단일제 또는 복합제	O	△	×	×	×	△	×	×
함량증감복합제	복합제	△	×	×	×	×	△	×	×
단일제	단일제 또는 복합제	※	×	×	×	×	△	×	×
3. 새로운 투여경로 의약품									
심사대상	면제근거(국내사용 예)								
피하, 근육주사	정맥주사	×	×	×	×	×	×	×	×
정맥주사	피하, 근육주사	O	△	×	O	×	×	×	×
경구	주사	×	×	×	×	×	×	×	×
흡입	피하, 근육주사	O	O	×	×	×	×	×	×
외용	경구 또는 주사	×	×	×	×	×	△	×	×
외용	외용	×	×	×	×	×	△	×	×
방사성의약품		×	×	×	×	×	×	×	×
기타(위 이외의 것)		△	△	×	△	×	△	×	△
4. 새로운 용법·용량 의약품		×	×	×	×	×	×	×	×
5. 새로운 기원의 효소, 효모, 균제제(약리학적으로 거의 동등)		O	×	×	×	×	×	×	×
6. 새로운 제형(동일투여경로)	규정의 별첨								

O : 자료를 제출하여야 하는 것

△ : 개개 의약품에 따라 판단하여 제출하는 것이 무의미하거나 불가능하여 면제할 수 있는 것

× : 자료가 면제되는 것

※ : 새로운 이성체 및 염류 등인 경우에 제출하여야 하는 것

〈비고〉 복합제제의약품의 경우에 독성에 관한 자료는 신물질에 대한 자료로서 제출하여야 하며, ＊표의 경우에는 식품의약품안전처장이 정한 "의약품등의독성시험기준" 중 복합제의 제제별 독성시험방법에 의한 독성에 관한 자료와 복합제의 약리작용에 관한 자료를 추가 첨부하여야 한다. 다만, 복합제의 배합에 대한 명확한 근거자료를 첨부하여 배합사유에 대한 타당성이 인정되는 경우 복합제의 약리작용에 관한 자료를 면제할 수 있다.

경구투여 이뇨제에서 국소 도포의 발모제에 대한 개량신약의 예시: 경구투여 이뇨제에서 국소 도포 발모제의 시험물질은 투여경로를 변경한 개량신약(incrementally modified drug)이면서 새로운 기능을 적용한 약물재창출(drug reposition 또는 repurposing)의 특성이 있다. 따라서 경구투여 이뇨제의 약물을 국소도포의 발모제 경우에는 개량신약의 요건 중 투여경로의 변경, 그리고 효능 및 효과를 추가한 전문의약품이다. 발모제의 개량신약은 자료제출의약품으로 〈표 9-10〉에서처럼 자료제출이 필요하다. 즉, 새로운 효능군 의약품 측면에서 (바) 기타독성시험자료의 (1) 국소독성시험자료, (2) 의존성시험 자료성, 그리고 (3) 항원성 및 면역독성 시험자료, 그리고 새로운 투여경로 의약품 측면에서는 외용 경로로 (바) 기타독성시험자료의 (1) 국소독성시험자료 등의 시험자료가 요구된다. 국소독성시험은 시험물질이 피부 또는 점막에 국소적으로 나타나는 자극을 검사하는 시험으로서 피부자극시험 및 안점막자극시험으로 구분한다. 의존성시험은 유해성에도 불구하고 약물의 지속적 사용을 원하는 욕구를 측정하는 시험, 항원성시험은 시험물질이 생체의 항원으로 작용하여 나타나는 면역원성 유발 여부를 검사하는 시험이며 면역독성시험은 반복투여독성시험의 결과, 면역계에 이상이 있는 경우 시험물질의 이상면역반응을 검사하는 시험이다. 경구투여 이뇨제에서 국소도포의 발모제로 개량신약으로 개발을 위해 안전성평가를 위한 독성시험자료는 (1) 국소독성시험자료, (2) 의존성시험 자료, 그리고 (3) 항원성 및 면역독성 시험자료이며 중복되는 시험은 국소독성시험 자료이다. 그러나 독성학적 측면에서 시험물질의 안전성평가를 위해 〈표 9-10〉과 같이 독성학적 논리를 근거로 면제 또는 자료제출이 필요한 독성시험이 제시된 것이다.

개량신약의 독성학적 특성	수행 필요 또는 면제될 수 있는 독성시험 자료	자료제출의 독성시험 구성에 대한 결론
• 투여경로가 경구제에서 국소도포이므로 전신혈관계로 유입되는 시험물질 농도는 경구제보다 당연히 낮을 것으로 예상됨	• TK 자료 면제	• 결론적으로 경구투여 이뇨제에서 국소도포의 발모제로 개량신약으로 개발을 위해 요구되는 독성시험자료는 경피 단회경피투여독성시험 및 4주 반복경피투여독성시험, 그리고 국소독성시험 등이다.
• 경구에서 경피로 투여경로의 변경에 따른 필요한 독성시험	• 경피단회투여독성시험 및 임상시험 기간을 고려하여 최소 4주 경피반복투여독성시험 자료의 필요성	
• 개량신약 개발을 위해 중첩되며 국소도포를 통해 눈 등에 접촉 가능성이 높음	• 눈자극시험 • 피부자극시험	
• 개량신약 개발을 위해 제시된 기타독성시험자료 중 의존성시험자료 및 면역독성(항원성) 시험자료	• 경구 투여에서 경피 투여 변경에 의해 전신혈관에 유입되는 시험물질의 용량은 감소되어 중추신경계에 미치는 영향은 미미하여 의존성시험은 불필요 • 경구 투여에 의해 시험물질의 합텐화 가능이 낮아 항원성 및 면역원성의 가능성은 없는 것으로 추정되어 면역독성시험은 불필요	

4. 개량신약과 제네릭 의약품은 안전성평가에서의 차이는?

제네릭(generic) 의약품은 처음 개발된 소분자 합성의약품의 원개발 의약품(오리지널 의약품)과 주성분, 제형, 함량, 안전성, 품질, 용도 등의 측면에서 동일 생산 및 판매 가능한 복제 의약품이다. 따라서 제네릭 의약품의 허가를 위해서는 의약품동등성시험을 통해 오리지널 의약품과 주성분·함량 및 제형이 동등하다는 동등성 또는 유사성이 입증되어야 한다. 의약품동등성시험은 이화학적동등성시험, 비교용출시험, 비교붕해시험 그리고 생물학적동등성시험 등으로 구성되어 오리지널 의약품과의 동등성을 입증하는 시험이다. 특히 생물학적동등성시험(bioequivalence test) 또는 생동성시험은 오리지널 의약품과 제네릭 의약품이 인체 전신혈관계의 동등한 생체이용률(bioavailibility)을 확인하는 시험이다. 생체이용률은 약물동태의 지표로 경구투여를 통한 AUC(area under the plasma concentration-time curve, 혈중농도-시간곡선하면적)/정맥 투여의 AUC의 비(ratio)로 나타낸다. 생체이용률의 최고 비의 값은 1이며 1에 가까울수록 약물의 전신혈관계로의 유입은 높다. 제네릭 의약품에 대한 안전성 정보는 사람을 통한 생동성시험에서 발생한 약물유해반응(adverse drug reaction, ADR), 중대한 이상반응, 임상시험의 검사 이상 변동 등을 통한 평가로 얻게 된다. 반면에 개량신약은 안전성평가를 위하여 전체 독성시험 중 일부에 대한 자료를 제출하는 자료제출의약품이다. 따라서 개량신약이 비임상 영역에서 일부 독성시험을 통해 안전성평가가 이루어지지만, 제네릭 의약품은 인체의 생동성시험을 통해 이루어진다는 점에서 차이가 있다.

5. 제네릭 의약품과 바이오시밀러의 안전성평가에서 차이는?

바이오시밀러의 비임상시험: 바이오시밀러(biosimilar)는 이미 허가를 받은 품목(대조약)과 비교하여 품질 및 비임상·임상적 동등성이 입증된 바이오의약품을 의미한다. 제네릭 의약품이 오리지널 소분자 합성의약품의 복제약이라면 바이오시밀러는 바이오의약품의 복제약이다. 또한, 바이오시밀러는 바이오복제약, 바이오제네릭(biogeneric)이라 불리기도 한다. 제네릭 의약품은 합성이기 때문에 오리지널 의약품과 거의 동일하다. 그러나 바이오시밀러는 합성이 아닌 사람이나 다른 생물체에서 유래된 것을 원료 또는 재료로 하여 제조된 의약품이다. 이에 바이오의약품의 고유한 변동성과 복잡한 제조공정을 통해 분자의 미세이질성(microheterogeneity, 경미한 변동성)까지 복제는 어려워 똑같게 제조하기에는 불가능하다. 미세이질성의 생성은 바이오시밀러가 동물세포와 대장균 등의 살아 있는 세포를 이용하여 제조할 때 오리지널 바이오의약품과 동일 형태로 제조 불가능하여 발생하게 된다. 이에 동등성보다도 유사성이라는 개념에 가깝다. 바이오시밀러 허가를 위해서는 제네릭 의약품의 생물학적 동등성(bioequivalence)보다 생물학적 유사성(biosimilarity)에 대한 자료가 요구된다. 약물개발자는 생물학적 유사성은 종합적인 비교 동등성 평가를 근거로 화학적 구조, 생물학적 활성, 유효성·안전성 그리고 면역원성 측면에서 대조약과 높은 유사성을 입증이 필요하다는 것을 인식하여야 한다. 여기서 대조약(reference product)이란 이미 허가된 바이오의약품으로 바이오시밀러 또는 동등생물의약품과의 품질, 안전성 및 유효성의 직접비교를 위해 선택된 바이오의약품이다. 현재 2023년까지 식약처에 의해 허가받은 바이오시밀러는 약 40여 개의 품목이 있을 정도로 우리나라는 미국에 이은 2번째 바이오시밀러 강국이다. 특히 미국을 비롯하여 우리나라에서도 오리지널 바이오의약품을 동등한 효능의 바이오시밀러로 교차처방 또는 상호교환성(interchangeability)이 가능하여 향후 지속적인 증가가 예상된다. 바이오시밀러는 독성시험이 없는 소분자 합성의약품인 제네릭 의약품과는 다르게 비임상 영역에서 다양한 유효성 및 안전성 평가가 요구된다는 점을 약물개발자 및 GLP기관은 인식하여야 한다. 이와 같은 대조약과 바이오시밀러의 비교를 통해 생물학적 유사성의 확인을 위해 사용되는 과학적 원칙을 비교동등성(comparability)이라고 한다. 즉 비교동등성 평가는 구조 및 활성 측면에서 유의한 차이를 배제하기 위하여 바이오시밀러와 대조약의 직접적인 비교 평가를 의미한다. 즉, 비교동등성 시험은 생명공학기술로 만든 의약품의 제조공정이 변경될 때 바이오시밀러와 대조약의 안전성과 유효성이 바뀌지 않는다는 것을 확인하기 위한 시험이다.

비교동등성 평가: 대조약의 품질 특성 및 목표 품질 프로파일(quality target product profile, QTPP)의 파악 후 대조군과 바이오시밀러 간의 품질, 비임상시험 및 임상시험을 통한 비교동등성 평가가 단계적으로 수행된다. 비임상시험에서도 동등성 평가를 위해 시험관 내(in vitro) 효력시험이 먼저 수행되고, 생체 외의 in vitro 시험을 통해 비교동등성의 확인이 어려운 경우에 추가적인 생체 내(in vivo) 시험을 수행하는 단계적 접근이 필요하다. 이와 같은 접근에서 중요한 점은 동물종의 선택이다. 바이오의약품의 약리와 독성 작용은 생체 내에 존재하는 표적 단백질 또는 표적 물질에 대한 영향을 통해 발생한다. 예를 들어 바이오의약품 용량이 표적에 적절한 용량으로 약리작용을 통해 효능이 나타나며 반면에 용량이 높으면 과잉 약리작용으로 독성이 발생한다. 이는 바이오의약품 자체가 인체 내 표적(on-target) 약리작용 기전을 바탕으로 개발되기 때문이다. 따라서 in vivo 시험에서 바이오의약품에 대한 표적이 없는 동물종을 선택하는 경우에 유효성 및 독성 정보에 대해 정확하게 확인하는 것이 어렵다. 따라서 대조약과 바이오시밀러의 in vivo를 통한 비교동등성을 위해서는 반드시 이들의 표적을 가진 동물종을 선택하여야 한다. 만약, 동물모델이 대조약

과 바이오시밀러 간의 차이를 확인할 만큼 민감하지 않은 동물종이 있다면 이는 시험물질에 대한 표적 수용체를 동물종이 가지고 있지 않기 때문이다. 따라서 약물개발자, 약리/독성 리뷰어 그리고 시험책임자는 이러한 점을 고려하여 적합한 in vivo 동물모델이 없다면 생체 내 시험을 생략할 수도 있다는 점을 상호 확인할 필요성이 있다(식약처, 2021). 그러나 바이오의약품 개발이 전체 개발 약물 중 비율이 높아지고 있어 인체의 수용체를 발현하는 형질전환동물모델을 이용하여 독성시험의 필요성이 제시되고 있다(Namdari 등, 2021; When no relevant species exists, the use of relevant transgenic animals expressing the human receptor or the use of homologous proteins should be considered). 이는 소분자 합성의약품에 중점을 두어 작성된 현재의 독성시험 가이드라인에 큰 변화를 가져오게 되는 중요한 요인이 된다. 즉, 독성시험에 이용되는 정상동물이 아니라 형질전환 동물을 이용하여 유효성 및 독성을 확인하는 비임상시험이 동시에 이루어진다는 의미이다. 〈표 9-11〉은 비임상시험의 단계별 절차와 in vivo 시험의 필요성과 수행할 약리-독성시험의 내용이다. 수용체를 가진 적절한 동물종이 선택되어 비교동등성을 위한 독성시험이 수행된다면 독성동태시험과 면역원성시험 등은 반복투여독성시험에서 위성군(satellite group)을 두어 함께 수행하는 것이 바람직하다. 면역원성(immunogenicity)시험이라 함은 특정 항체의 생성, T-세포 반응, 알레르기, 아나필락시스 반응 등의 면역반응을 유발할 수 있는 물질의 능력을 확인하는 시험이다. 비록 동물모델에서의 면역원성 평가는 인체의 면역원성 예측에 있어서 한계가 있을 수 있다. 예를 들어 인체 단백질들은 동물에서는 외래성 단백질로 인식되어 항원으로 작용할 가능성이 있기 때문이다. 그러나 면역원성시험을 함께 수행하는 것이 독성동태자료 해석과 전체 비교동등성시험의 결과 평가에 도움이 된다(식약처, 2021). 또한,

비교동등성시험에서 다소 차이가 있더라도 바이오시밀러의 치료에 대한 이익이 위험보다 더 크다는 긍정적 위험-이익 균형(risk-benefit balance) 측면에서 입증할 때 허가가 가능하다(식약처, 2021).

〈표 9-11〉 비교동등성을 위한 단계별 비임상시험

비임상시험	내용 및 필요성
• In vitro 약리-독성학적 활성의 차이	• 대조약과 바이오시밀러의 in vitro 수용체에 대한 농도-활성/결합 관계를 비롯하여 세포 증식 등에 대한 동등성을 확인 • 이와 같은 확인은 두 약물의 생체 내에서 생물학적 품질 평가에도 도움이 됨
• In vivo 시험의 수행 필요성에 대한 요건	• In vitro 시험으로 충분하지 않아 비교동등성에 대한 확인이 어려운 경우 • 동등생물의약품과 대조약 사이 임상적인 영향을 미칠 수 있는 정량적 및/또는 정성적 차이가 있는 경우 • 임상적인 영향을 미칠 수 있는 조성의 차이(예: 의약품에서 널리 쓰이지 않는 부형제의 사용) • 동물실험은 시험물질에 적합한 종을 사용(예: 대조약이 약력학적·독성학적 활성을 나타내는 동물 종)
• 권장 In vivo 약리-독성시험	• 동등생물의약품과 대조약의 약동학 및/또는 약력학 측면에서 정량적 비교. 또한, 적용 가능한 경우 독성동태시험에는 항체반응에 대한 측정 필요성 • 적절한 동물 종에서 독성동태가 포함된 적어도 하나 이상의 반복투여 독성시험 • 생체내 시험이 요구되는 경우 3R 원칙을 따라야 하며 근거가 타당할 경우 • 동등생물의약품이 대조약과의 품질 평가에서 비교동등성이 확인된 경우, 반복독성시험을 개량된 디자인으로 수행할 수 있음 • In vivo 시험을 통해 비교동등성이 확인되면 안전성약리, 생식독성, 유전독성, 발암성 시험과 같은 추가 독성시험이 요구되지 않음 • 국소내성시험은 반복투여독성시험으로 대체 가능함

비임상시험	내용 및 필요성
• 면역원성시험의 필요성과 수행 방법	• 제품 또는 공정 관련 불순물이나, 단백질 번역 후 변형 등 구조적 변이체가 존재하게 되면 면역원성을 일으키는 원인이 될 수 있으므로, 면역화학적 성질을 파악하는 것은 중요. 하여 가능한 수행 필요성 • 면역원성 조사를 위해 요구되는 관찰기간은 임상적으로 의미 있는 항체 생성을 관찰하기에 충분하여야 하며 약물의 투여기간과 항체 생성이 예상되는 기간을 고려하여 결정할 필요성 • 면역화학적 특성이 활성의 일부인 제품(예: 항체 또는 항체 기반 제품)인 경우에는 정제된 항원 및 항원결정기(epitope)에 대한 결합 특성(affinity) 및 교차반응을 포함한 면역 반응성(immunoreactivity)을 결정하기 위해 결합특성을 분석하고, 비교 평가가 요구됨

(식약처, 2021)

6. 바이오시밀러와 바이오베터는 안전성평가 측면에서 어떠한 차이가 있는가?

바이오시밀러(biosimilar)가 오리지널 바이오의약품(biologics)의 동등생물의약품이라면 바이오베터(biobetter)는 기존 바이오의약품보다 여러 측면에서 개선된 바이오의약품으로 개량생물의약품이라고 불린다. Biobetter에서 better는 기존 바이오의약품보다 더 좋게 개량되었다는 것을 의미한다. 특히 바이오시밀러는 기존 바이오의약품의 특허 기간이 만료되어야 시장 진입이 가능하지만, 바이오베터는 신약이기 때문에 오리지널 바이오의약품의 특허에 영향을 받지 않는다. 즉, 바이오베터는 기존 바이오의약품에 새로운 기술을 적용하여 개선된 새로운 치료제로서 일종의 개량신약이다. 기존 바이오의약품과 비교하여 바이오베터의 개량된 측면은 선택성(selectivity), 안정성(stability), 면역원성(immunogenicity), 반감기(half-life) 등이 있다(이시우, 2022). 그러나 바이오베터 개발을 위해 기존 바이오의약품에 적용되는 기술은 크게 지속형(long-acting)과 항체-약물접합체(Antibody-Drug-Conjugate, ADC) 등 2가지이다(김지운 등, 2022). 지속형 바이오베터 기술은 기존의 바이오의약품의 체내 지속성 증가를 유도하는 기술로 ① 체내 반감기(in vivo half life)의 증가, ② 오리지널 바이오의약품의 약효 유지, ③ 인체에 장기간 투여 시에 면역원성 우려가 없어야 함 등의 세 가지 핵심적인 특징을 지녀야 한다(정혜신, 2011). 즉, 이들 조건이 충족되면 체내에서 약효가 오래가기 때문에 주사나 투여 횟수를 줄일 수 있고, 면역원성 등에 의한 부작용도 줄일 수 있는 바이오베터 신약이 개발된다. 대표적 기술로는 바이오의약품에 폴리머(polymer)를 화학적으로 결합을 유도하는 페길레이션(PEGylation) 기술, 그리고 과당화를 목적으로 유전자재조합 단백질을 만드는 형태인 당화(glycosylation) 기술 등이 있다. 특히 페길레이션은 신장 배출의 감소와 약물동력학 측면의 개선을 유도한다. 또한, 비면역원성인 PEG(Polyethylene glycol)는 항체에 의해 인식되는 항원결정기(epitope)를 덮어 면역원성 감소를 유도한다(김지운 등, 2022). 당화는 당단백질의 발현을 조절하여 재조합 단백질의약품의 성능 향상을 높이는 기전으로 사용되는 당사슬공학(glycoengineering) 기술이다. 항체-약물접합체 기술은 암세포의 항원에 대한 단일클론 항체의 선택성을 화학요법의 세포사멸 특성과 결합하도록 설계된 기술이다(박봉헌, 2022). ADC 기술은 종양학 분야에서 빠르게 성장하고 있는 바이오베터 개발에 응용되는 플랫폼 기술 중 하나이다. 기본 원리에 대해서는 앞서 약물 복합체의 예시로 소개하였듯이 항체-약물접합체 기술은 단일클론항체의 암세포-표적 특이성과 소분자 합성의약품에 의한 암세포에 대한 선택적 살상 능력을 높이는 기술이다.

제10장

약물 모달리티의 전환기와
투여 기술의 중요성

1. 바이오의약품의 비경구적 주사 투여에 특별한 관심을 가져야 하는 이유는?

 바이오의약품은 치료를 위해 매우 정확한 표적-특이성(target-specificity)을 가지고 있다. 소분자 합성의약품 경우에 경구 또는 주사 등 비수술적 투약이 대부분이다. 반면에 바이오의약품 경우에는 표적-특이성에 기인하여 질병과 관련 조직 및 기관에 외과적 수술을 통한 주입과 주사에 의한 투여 특성이다. 또한, 소분자 합성의약품이 전신혈관계로 이동하지만 대분자 바이오의약품은 혈관으로의 이동이 되지 않아 주입되는 조직 및 기관에서 발생하는 부정적 영향의 빈도가 높을 수 있다. 그러나 오늘날까지 약물개발의 핵심 모달리티인 소분자 합성의약품의 주사 특성에 대한 정보가 많이 축적되어 있지만 지난 20여 년의 짧은 기간 동안 관심을 받기 시작한 바이오의약품에 대한 자료와 정보는 부족하다. 이에 비임상시험에서 확인된 다양한 바이오의약품의 주입과 주사에 대한 정보는 임상시험에서의 응용에 큰 도움이 된다. 예시로 바이오의약품의 주입부위 반응(injection site reactions, ISR)을 들 수 있다. 인체에 있어서 바이오의약품의 주사를 통해 가장 흔히 발생하는 ISR은 화끈거림(burning), 찌르는 듯함(stinging), 붉은 발진(red rash, Itching), 붓기(swelling), 타박(bruising), 통증(soreness) 등의 증상들이 나타날 수 있다. 물론 이러한 증상들이 동물과 비슷하게 나타나지는 않지만, 주입 방법의 정확성 및 정교함의 차이로 동물실험에서 더 심각한 ISR이 발생할 수도 있다. 따라서 ISR은 동물실험에서 주사 및 외과적 수술을 통한 주입의 미숙으로 발생할 수도 있다. 이러한 경우에 독성시험 및 유효성시험의 결과에 대한 영향을 주게 된다. 따라서 바이오의약품의 주사 기술은 비임상시험 및 임상시험에서 치료에 영향을 미치는 아주 중요한 기술적 요인이라고 할 수 있다.

2. 비경구적 투여의 문제점과 바이오의약품의 독성학적 특징을 서술한다면?

소분자 합성의약품과 비교하여 바이오의약품은 본질적 및 물리적 차이로 주사 및 주입으로 다음과 같이 3가지 측면에서 독성학적 특성을 이해할 수 있다.

① 알레르기 과민성 반응: 대부분의 바이오의약품은 큰 분자량으로 인하여 잠재적으로 알레르기 과민성 반응(allergic hypersensitivity reactions)을 유도할 수 있다. 물론 바이오의약품이 인체 면역반응 활성을 저해하는 경우에 과잉 반응 및 알레르기 반응 등의 치료에 도움이 된다. 알레르기 과민성 반응은 인체 내 면역계가 특정 알레르기 유발 항원에 반응하여 나타나는 항원-항체의 과도한 반응이다. 항원성(antigenecity)은 동물종마다 차이가 있으며 이와 같은 면역응답의 항원 강도를 면역원성(immunogenecity)이라고 한다. 바이오의약품을 개발할 때 반드시 고려해야 하는 면역원성 문제가 있다면 개발과정에서 안전성 해결을 위한 전반적인 재검토가 필요하다. 아래의 〈표 10-1〉은 바이오의

약품과 소분자 합성의약품의 면역학적 측면에서 차이점을 나타낸 것이다. 소분
자 합성의약품은 분자 크기가 작아 그 자체로는 항원(antigen) 역할을 하지 못
한다. 그러나 소분자 합성의약품 자체가 생화학적 전환 과정에서 친전자성 대
사체로의 전환 그리고 단백질에 결합하는 합텐화(haptenation) 기전으로 항원
및 알레르기 반응을 유도할 수 있다(Sakamoto 등, 2023). 반면에 바이오의약품
중 단백질의약품은 고분자 물질로 충분히 면역원성을 유발할 수도 있다(Ezan
등, 2014). 또한, 유전자재조합의 단백질의약품은 물리 · 화학적 불안정성과 생
산 시 부가되는 수식물(modifications) 종류에 따라 다양한 면역반응을 유발할
수 있다(Hamuro 등, 2012; Pham 등, 2020).

⟨표 10-1⟩ 바이오의약품과 소분자 합성의약품의 면역학적 비교

바이오의약품	소분자 합성의약품
• 단백질, 항원성 물질	• 합텐화 가능성을 지닌 합성물질
• 소화분해, 가공과정, 비대사성물질, 덩어리 형성	• 생화학적 대사, 독성대사체 생성(reactive metabolites), 자연분해에 의한 독성전환체 생성
• 비경구적 투여	• 경구 및 피부도포 등
• 선천성 면역활성	• 면역억제제를 제외한 비선천성 면역
• IgG와 IgE의 항체에 대한 압도적 유도에 의한 과민성 반응	• 항체 유도가 아닌 T-cell 활성화

② 감염병의 위험성: 류마티스 관절염(rheumatoid arthritis), 건선(psoriasis)
등을 비롯하여 다른 면역-관련 질환을 치료하기 위한 바이오의약품은 때로
는 면역체계 활성 저하를 유도하여 감염병의 위험성 증가를 유도할 수도 있다
(Ritchlin 등, 2019; Winthrop 등, 2012; Ducarmon 등, 2021). 합성의약품에
의한 경우와는 다르게 바이오의약품 투약은 표적 투약으로 감염의 위험이 있
다. 또한, 면역반응을 억제하는 바이오의약품이라면 감염병에 더욱 취약함을

나타낸다. 따라서 바이오의약품 투약 시 소분자 합성의약품보다 감염병에 더욱 취약하다는 것이 일반적인 견해이다. 연구에 따르면 바이오의약품의 투약 시 환자의 2-5% 정도에서 심각한 감염의 우려가 있는 것으로 추정되고 있다 (Isaacs, 2013; Wallis, 2014; Quartuccio 등, 2018). 감염은 신체의 여러 부위에서 발생하지만, 상기도 감염(upper respiratory infections)이 되는 특성이 있다. 바이오의약품 투여에 의한 감염의 재활성(infection reactivation)도 우려되고 있다. 감염의 재활성은 hepatitis B virus를 보유·잠복하고 있지만, 활성이 없는 환자에게 발생하는 사례도 있다(Ogawa 등, 2020; Fan 등, 2009; Loomba 등, 2017). 즉, 환자에게 바이오의약품 투여는 기존의 비활성화된 hepatitis B virus의 활성을 통해 간독성을 유도하기도 한다. 잠복성 결핵(tuberculosis)도 유사한 과정으로 바이오의약품에 의해 활성화될 수 있다. 예를 들어 비활성 결핵균(tuberculosis bacteria)을 보유한 환자에게 바이오의약품을 투여한 경우에 균이 활성화되어 호흡에 문제를 유발할 수도 있다(Popescu 등, 2013; Cantini 등, 2019). 따라서 바이오의약품 투여 시에는 항상 특정균에 대한 모니터링이 우선하여 수행되어야 하고 활성화에 대하여 지속적인 영향을 확인할 필요성이 있다.

③ 바이오의약품의 주입부위 반응(injection site reactions, ISR): 바이오의약품은 표적기관에 직접 주입되는 경우가 다수이며 투약과 관련된 부작용 (infusion-related reactions)인 주입부위반응(injection site reactions, ISR), 그리고 정맥투입을 통해 주입반응(infusion reaction)을 유도할 수 있다. 이는 바이오의약품의 표적기관 투여에 의한 대표적인 반응인데 바이오의약품의 피하주사(subcutaneous injection)에 의한 투여로 ISR이 가장 빈번히 발생한다. 어떤 경우에는 ISR이 IgE-매개 면역반응(IgE-mediated reactions) 또

는 비IgE-매개 면역반응인 T세포 매개 면역반응(T cell-mediated reactions)을 유도하는 것으로 알려졌다(Patel 등, 2017; Chow 등, 2022). 바이오의약품의 피하주사를 통해 확인된 대표적인 ISR에 대한 조사는 중증의 판상형 건선(severe plaque psoriasis) 치료에 사용된 adalimumab, etanercept, ixekizumab, secukinumab 그리고 ustekinumab 등의 바이오의약품에 대해 이루어졌다(Grace 등, 2020). 또한, USFDA 허가 후 2년 동안 피하주사에 의한 ISR-관련 보고 내용은 연방정부-부작용보고 시스템(Federal Adverse Event Reporting System, FAERS)의 데이터베이스를 통한 확인이 가능하다. FAERS 데이터베이스에 따르면 adalimumab의 15637, etanercept의 141, ixekizumab의 1771, secukinumab의 654 그리고 ustekinumab의 8건 보고가 이루어졌으며 ISR 건수에 대한 특정 증상이 비율로 확인되었다. 가장 빈번히 발생하는 ISR은 주사 부위(injection site)의 통증(pain)으로 adalimumab에 의해 23%, etanercept에 의해 16%, ixekizumab에 의해 20%, secukinumab에 의해 25%, 그리고 ustekinumab에 의해 75% 등으로 확인되었다. 이 외도 이들 바이오의약품에 의해 자극성(irritation), 홍반(erythema), 출혈(hemorrhage), 타박상(bruising), 경화(induration), 붓기(swelling) 등이 ISR로 확인되었다.

3. 비경구투여에 어떤 종류가 있으며 중요성은 무엇인가?

비임상시험에 약물 투여는 크게 경구투여(oral administration) 및 비경구투여(prenteral administration)로 구분된다. 소분자 합성의약품은 경구투여가 거의 70%에 해당된다. 반면에 바이오의약품은 성분의 분해 및 표적기관의 도달 문제로 거의 100% 비경구투여로 이루어진다. 물론 바이오의약품뿐만 아니라 소분자 합성의약품도 주사(injection)를 통한 비경구적 투여가 이루어진다. 시험물질을 주사기에 넣어 주사하는 부위에 따라 방법이 다르며 척수내 주사(intrathecal injection), 뇌실질내 주사(intracerabral injection), 동맥내 주사(intra-arterial injection), 국소도포(topical application), 역안와 주사(retro-orbital injection), 기도와 폐에 도달하는 비강내 점적노출(nasal instillation)과 분무(nebulization), 복강내 조사(intraperitoneal injection), 간문맥 주사(intraporteal injection), 종양내 주사(intratumoral injection), 방광내 주사(intravesical injection), 미정맥 주사(tail vein injection) 등의 다양한 방법이 있다. 주사를 통한 물질의 주입은 크게 3가지 목적으로 이루어지며 그 중요성은 다음과 같다.

① 전신혈관계 내에서 시험물질의 용량을 높이기 위함이다. 예를 들어 경구투여를 통해서는 간에 의한 초회통과대사(first pass metabolism) 및 이에 의한 영향으로 전신혈관계로 들어가는 용량이 감소하게 된다. 따라서 초회통과대사는 경구로 약물을 투여한 후 전신혈관계로 들어가기 전 소장 흡수 및 간에서의 대사이며 초회통과영향(first pass effect)은 최초 경구 투여용량이 장, 그리고 간의 대사에 의해 전신 혈관으로 유입되는 용량의 감소를 의미한다.
② 기관 보호를 위해 시험물질의 출입을 막는 장벽(barrier)을 극복하기 위한 것이다. 예를 들어 뇌에는 혈액-뇌 장벽(blood-brain barrier)이 존재하여 치료에 효능이 있는 약물이 뇌 또는 척수에 도달하는 경로를 막는다. 이러한 경우에 시험물질 또는 약물 주입을 위하여 뇌 척수강 내 주사방법이 응용된다.
③ 약물 등의 시험물질이 표적기관 이외로의 유입을 최소화하기 위함이다. 항암제는 독성이 상당히 강하여 종양이 발생한 부위에만 주입된다. 이는 항암제가 다른 부위로의 이동을 최소화하여 독성을 예방하기 위함이다.

4. 비임상시험의 성공에 영향을 미치는 바이오의약품 주사 부위와 특성은?

바이오의약품의 주사 중 가장 고난도의 기술이 필요한 주사는 조직에 직접 주사하는 뇌내주사(intracerebral injection)와 뇌실(cerebral ventricle)에 주사하는 뇌실내 주사(intracerebroventricular injection, ICV), 척수강내 주사 (intrathecal injection) 및 척추와 관련-기타 주사를 비롯하여 관절내 주사 (Intraarticular injection) 등이다. 바이오의약품은 합성의약품보다 수백 배 크기 때문에 체내에 흡수되어 뇌실 또는 뇌조직으로 이동하려면 BBB(blood brain barrier) 통과가 어렵다. 이러한 이유로 뇌의 표적 위치에 직접 주입을 위해 다양한 주사 기법이 응용된다. 그러나 주사 미숙으로 유효성 및 독성에 대한 올바른 자료 획득 및 이에 의한 해석이 어려움이 있는 것도 사실이다. 따라서 투여 성공이 시험물질-유래 영향 파악에 있어서 결정적인 역할을 한다는 측면에서 시험책임자는 뇌의 투여에서 고난도의 기술이 필요하다는 것을 인식하여야 한다. 다음은 바이오의약품의 주사에 있어 고난도 기술을 위해 도움이 되는 내용이다.

① 뇌내주사(intracerebral injection)와 stereotaxic apparatus: 뇌내주사 (intracerebral injection) 장비: 뇌내주사는 뇌조직 자체가 주사 부위이다. 뇌조직 자체에 주사는 주사액의 부피가 크면 클수록 그에 따른 부작용이 크다. 따라서 마우스 및 랫드에 대한 적절한 바이오의약품의 주입 액량이 요구된다. 이를 위해 소동물용뇌심부고정장치(stereotaxic apparatus)를 사용하는 것이 중요하다(Mathon 등, 2015). 소동물용뇌심부고정장치란 소동물용 뇌심부 고정장

치를 사용하여 살아 있는 설치류 등 소동물의 뇌에 대한 수술 조작을 의미한다. 소동물의 뇌수술에 있어 대부분은 stereotaxic apparatus가 응용될 정도로 상당히 유용한 장치이다. 소동물의 뇌수술 경우에 아주 깊게 위치한 뇌의 표적을 시각적으로 보는 것이 불가능하여 정확하게 수술 또는 주사하는 데 상당히 어렵다. 그러나 stereotaxic apparatus는 시각적 경계표지에 따라 뇌의 공간적 관계와 연결되어 표적 위치를 명확히 구별할 수 있도록 개발되었다(Zhou 등, 2022).

② 뇌실내 주사(intracerebroventricular injection, ICV)와 stereotaxic apparatus: 뇌실내 주사가 뇌내주사와의 차이는 바이오의약품의 주사 부피에 있다. 뇌내주사는 뇌조직 자체에 주입 공간이 협소하여 주사 부피가 크면 그에 따른 부작용이 매우 클 수밖에 없다. 랫드의 경우에 1μl 이하의 부피만 가능하다. 반면에 뇌에는 연결된 빈 공간과 이들의 서로 연결된 빈 공간을 뇌실(cerebral ventricle)이라고 한다. 마우스의 경우에 뇌의 크기가 랫드에 비해서 작아 정확한 주사가 쉽지가 않다. 그러나 마우스 뇌실은 상당히 넓은 부위이기 때문에 주사가 더 쉬울 수 있다. 뇌실 외에 아주 특정한 뇌의 위치에만 주사한다면 뇌내주사가 이루어져야 한다. 반면에 ICV는 혈액 BBB를 우회하기 위해 뇌실에서 뇌척수액으로 직접 물질을 침습적으로 주입하는 기술이다. BBB는 뇌를 효과적으로 보호하지만 중요한 약물이 중추신경계(central nervous system, CNS)에 유입되는 장벽이기도 하다. 소분자 합성의약품을 주입할 때에도 ICV 기술이 응용되지만(Moreira-Silva 등, 2019), CNS-관련 마우스 질환모델에 치료용 RNA(therapeutic RNAs), 플라스미드 DNA(plasmid DNA), 그리고 바이러스 벡터(viral vector) 등의 바이오의약품을 뇌실에 주입할 때도 ICV 방법이 사용된다(Pflepsen 등, 2022). 인체의 경우에는 신경퇴행

성 질환(neurodegenerative disorders)인 척수근육위축(spinal muscular atrophy, SMA), 또는 신경교종(gliomas)의 치료제 투여, 그리고 CNS에 신경영양인자(neurotrophic factors) 전달을 위해 응용되는 주입기술이다.

③ 척수강내 주사(Intrathecal injection): 척주관(spinal canal, 척수관; vertebral canal, 축추관) 및 지주막하공간(subarachnoid space) 내로 주삿바늘을 통해 약물 또는 바이오의약품을 주입하는 방법이다. 척주관은 각각의 척추뼈에 있는 척추뼈구멍들이 연속적으로 이어져 1개의 관을 형성한 것이다. 척주관 속에는 척수와 수막, 혈관, 말초신경의 일부가 위치하여 척주관으로부터 보호받는다. 또한, 척추강내 주사는 지주막하공간으로 주입되기 때문에 지주막과 연막 사이의 뇌척수액(cerebrospinal fluid, CSF)에 시험물질이 도달된다. 〈그림 10-1〉의 A)에서처럼 마우스에서 요추(lumbar vertebrae)의 L5와 L6 사이를 통해 주입된다(Kagiava 등, 2018). 요추는 흉추(thoracic vertebrae)에서 아래로 이어지는 6개의 척추뼈로 몸무게를 받쳐주고 있어 가장 큰 형태를 띠며 다른 척추뼈에 비해 운동성이 크다. 좌골신경(sciatic nerve)은 허리뼈신경 및 엉치뼈신경이 합쳐져 만들어지는 허리엉치신경얼기에서 갈라져 나오는 가장 큰 단일신경이다. 배근신경절(dorsal root ganglia, DRG)은 척추의 후근에 축색의 세포체들이 모여 있는 부위이다. 배근(dorsal root)은 등쪽에서 척수로 들어가는 척추신경에서 감각섬유만 있는 부분이다. 이 섬유의 세포체는 신경의 바깥쪽에만 분포한다. 복근(ventral root)은 척수에서 시작되는 운동섬유가 있는 배쪽에 위치한 척추신경의 일부 부분이다. 마우스에서 요추(lumbar vertebrae)의 L5와 L6 사이를 통한 척수강 내 주사는 지주막하공간(subarachnoid space) 주사라고도 한다. 지주막하공간은 〈그림 10-1〉의 B)에서처럼 척수(spinal cord)가 마우

스의 요추 L2에서 끝이 나고 L4와 L5에서는 척수가 없는 뇌척수액만 존재하는 곳이다. 척수는 척추 및 요추에 의해 보호받으며 척추 내에는 감각 뉴런과 운동 뉴런이 모여 있다. 척추동물의 신경계는 중추신경계와 말초신경계로 이루어져 있다. 중추신경계는 외부 및 내부로부터 받은 자극을 종합·분석하여 판단하고 그에 대한 반응을 명령한다. 또한, 중추신경계는 두개골에 싸여 있는 뇌와 척추 뼈로 둘러싸여 있는 척수로 이루어져 있다. 척수는 뇌와 마찬가지로 3층의 수 막에 둘러싸여 있고, 그 사이 공간으로 뇌척수액이 흐른다. 척수의 가장 중요한 기능은 뇌와 온몸의 신경계를 연결하는 역할이다. 말초신경계에서 받아들이는 자극은 척수를 통해 뇌로 올라가고, 마찬가지로 뇌에서 보내는 운동 신호는 척 수로 내려와서 말초신경계로 보내진다. 즉, '자극 → 척수 → 뇌 → 척수 → 반 응' 경로로 신호가 이루어진다. 이렇게 척수가 있으면 척수가 없는 동물에 비해 훨씬 빠른 속도로 뇌의 신호를 전달할 수 있어 척추동물이 무척추동물과 비교 하여 중추신경계가 크게 발달해 있다.

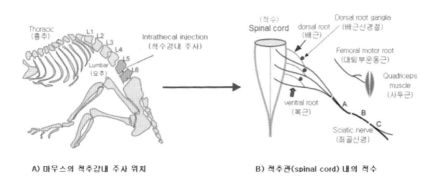

A) 마우스의 척추강내 주사 위치   B) 척추관(spinal cord) 내의 척수

〈그림 10-1〉 마우스의 척추강 내 주사 위치와 척추관 구조(Kagiava 등, 2018)

○ BDNF-유전자 치료제의 지주막하공간 주사 예시: BDNF(Brain-derived neurotrophic factor)는 뇌유래신경영양인자, 또는 뇌 유도성 신경영양인자 등으로 불리기도 하는 뇌신경 생장인자이다(Garraway 등, 2016). BDNF는 BDNF 유전자에 의해 생성되는 뇌 안에 있는 단백질이며 성장인자의 일부인 신경영양인자(neurotrophic factor)이다. BDNF 결핍은 우울증, 조현병, 강박장애, 치매, 알츠하이머병, 레트 증후군, 헌팅턴병, 신경성 식욕부진증, 폭식증, 뇌전증과의 연계성이 있다는 연구결과들이 다수 발표되었다. 또한, 자폐성 장애를 가진 사람에서는 뇌- 유래 BDNF의 신경영양인자가 부족하다는 연구결과도 있다. 〈그림 10-2〉는 인위적으로 마우스의 척수에 상해 유발 후 나타나는 신경계 장애를 치료하기 위해 BDNF-expressing DNA를 지주막하공간에 주사하는 것을 나타낸 것이다(Hayakawa 등, 2015). BDNF-유전자의 효과적 주사를 위하여 전달체(delivery vehicle)로 plasmid DNA 벡터가 이용되었고 BDNF는 다시 양전하를 띠고 있는 합성 고분자물질(polycation)과 결합하게 된다. 이들 복합체를 폴리플렉스(polyplex)라고 한다. 바이오의약품의 체내 투입과정에

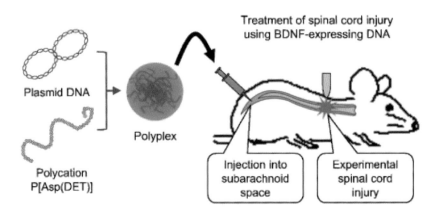

〈그림 10-2〉 BDNF-발현 유전자 치료제의 지주막하공간주사(Hayakawa 등, 2015)

서 발생할 수 있는 대표적인 약점은 전달하고자 하는 단백질 또는 유전자의 반감기가 짧아 활성이 급격히 감소하는 문제점이다. 문제점 해결을 위해 폴리플렉스는 생체분자를 껍질의 형태로 보호하며 오랜 기간 세포내 혹은 체내에 머물며 서서히 방출되도록 하여 장기간 활성 또는 유전자 발현을 유도할 수 있도록 도와주는 역할을 한다.

④ 척추와 관련-기타 주사: 예시로는 말초신경계와 바이러스 벡터-매개 유전자 치료제 주사를 들 수 있다. 〈그림 10-3〉은 말초신경계(peripheral nervous system, PNS)와 바이러스-매개 유전자 치료제를 척수강 내 주사 외에 위치에 따라 직접 신경절내(direct intraganglion) 및 직접 척수내(direct intraspinal) 등의 여러 주사방법을 나타낸 것이다(Hoyng 등, 2015). 예를 들어 위치에 따라 유전자를 가진 바이러스-매개 유전자 치료제를 배근신경절(dorsal root ganglia, DRG)과 일차감각신경계를 비롯하여 운동신경계 등에 주사할 수 있다. 특히 척수내의 신경계에 주사는 일차감각신경계 및 근육의 운동신경계에 모두 유전자 전달체가 도달한다. 또한, 필요에 따라 배각(spinal dorsal horn), 복각(spinal ventral horn), 회백질(gray matter), 백색질(white matter) 등에 주사가 가능하다. 척추와 관련 미량주사를 위한 기본 장비는 소동물뇌정위 고정기(stereotaxic instrument), 척추고정장치(spine clamps) 그리고 미량주사펌프(microsyringe pump) 등으로 구성되어 있다. 척추고정장치는 척수를 보호하는 척주(vertebral column)와 미량주사 펌프를 고정하는 기능을 한다. 디지털 조절기를 가진 소동물뇌정위 고정기는 유리 미세모세관(glass microcapillry)을 주입 위치로 유도한다. 이때 미량주사 펌프는 바이러스 시험물질 용액의 주입 속도를 조절한다. 바이러스가 포함된 시험물질은 50nl/min의 속도로 0.5μl 바이러스가 주입된다.

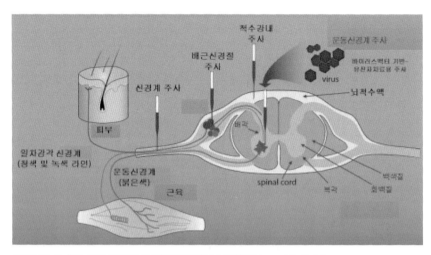

〈그림 10-3〉 척추 내의 위치에 따른 바이오의약품 주사방법(Hoyng 등, 2015)

⑤ 관절내주사(intraarticular injection): 〈그림 10-4〉의 A)는 마우스의 무릎 관절 구조이다. 관절(articulation)이란 둘 이상의 골간의 접합부위, 즉 뼈와 뼈 사이가 서로 맞닿아 연결된 부위를 말하며 신체 활동을 가능하게 하는 부위이다. 〈그림 10-4〉의 B)에서처럼 관절의 뼈와 뼈 사이에는 관절연골(articular cartilage)이라는 유리연골의 얇은 층이 있다. 그리고 연골 주머니모양 구조의 윤활막(synovial membrane)과 윤활액이라는 끈끈한 액체를 분비하는 윤활막세포(synoviocyte)로 구성된 윤활조직이 있다(Choy 등, 2001). 윤활액은 단백질 · 염류 · 하이알루론산 등을 포함하고 있으며 관절 표면에 영양을 공급하고 관절 부위를 매끄럽게 한다. 윤활액에는 또한 백혈구와 림프구가 존재한다. 수백만 개의 백혈구(leukocyte)는 혈액과 조직에서 이물질을 잡아먹거나 항체 형성을 통해 감염에 대한 저항을 유도한다. 백혈구는 중성백혈구, 염기성백혈구, 산성백혈구, 단핵구와 대식세포, 림프구 등의 5종류다. 중성백혈구(neutrophil)는 산성백혈구 및 염기성백혈구와 함께 과립구로 알려진 백혈구 그룹을 구성한

다. 인체 내에서 생성되는 전체 백혈구의 약 50∼80%가 중성백혈구이다. 대식세포(macrophage)는 큰 세포로 아메바운동을 통해 손상된 염증이 있는 세포와 부속물을 삼킨다. 산성백혈구는 알레르기 반응을 일으킬 때 증가하는데 항원-항체 복합체를 삼키며, 히스타민과 같은 특정 화학물질의 작용을 억제한다. 염기성백혈구는 치유되고 있는 곳이나 만성적인 염증이 있는 곳에 특히 많다. 림프구(lymphocyte)는 B세포와 T세포의 2가지로 나누어져 있는데, 2가지 모두 몸에서 이물질(항원)을 식별하여 이에 결합한다. B세포는 항원에 반응하여 항체를 생산하여 혈액 속으로 보낸다. 일부 T세포는 감염된 세포에 결합하여 이를 죽이고, 그 외의 T세포는 다른 T세포나 B세포의 활성화를 유도하거나 방해한다. 혈관은 관절주머니의 섬유층과 윤활막이 만나는 부분까지만 들어가 있어서 관절연골에는 영양공급이 직접 이루어지지 않는다.

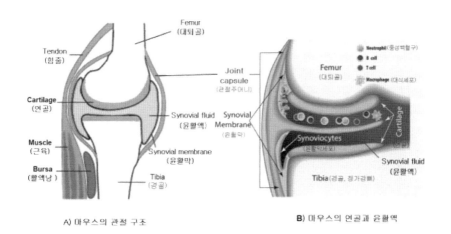

〈그림 10-4〉 마우스의 무릎 관절과 연골 구조(Choy 등, 2001)

제11장

독성시험을 통한
성공적인 IND 전략

1. IND 종류와 제출자료는?

IND의 종류: 식약처 고시인 의약품 임상시험 계획승인에 관한 규정(2021)에 따르면 임상시험계획승인신청(Investigational New Drug Application, IND)이란 인체를 대상으로 한 안전성·유효성 자료 수집을 목적으로 해당 의약품을 사용하여 임상시험을 실시하고자 하는 자가 식약처장의 승인을 신청하는 절차를 말한다. 즉, IND는 비임상시험에서 유효성과 안전성이 확보된 의약품 후보물질을 임상시험에서도 안전하고 효과가 있는지를 확인하기 위하여 임상시험에 대한 식약처 승인을 요청하는 제도이다. IND는 연구 IND, 응급 IND(emergency use IND) 그리고 치료용 IND(treatment IND) 등 3가지 유형이 있다. 연구 IND는 가장 보편적인 IND로 미승인 약품 및 승인 약품의 새로운 적응증, 그리고 새로운 환자 모집단에 대해 제1상부터 제3상 임상시험이 요구되는 IND 유형이다. 응급 IND와 치료 IND는 특수 IND 유형이다. 일반적인 신약은 제1상부터 제3상 임상시험의 결과가 모두 얻어져야만 이를 평가하고 허가를 받을 수 있다. 그러나 AIDS, 암 등과 같이 긴급한 치료가 요구되는 질병이나 기존에 유효치료법 또는, 약물이 개발되어 있지 않은 질병을 치료하기 위한 신약의 경우에는 제2상이나 제3상 임상시험 단계에서 질병 치료에 바로 사용할 수 있도록 승인해 주는 것을 응급 IND라고 한다. 치료용 IND는 임상의 마지막 단계 또는 허가기관의 검토가 이루어지고 있는 동안에 즉각적인 생명을 위협하는 질환에 대해 긴급 처방 허가를 치료용 IND라고 한다. 단, 치료용 IND는 임상시험에서 질환 치료에 대한 가능성을 보인 실험적 의약품에 제한된다.

IND 자료: IND 자료는 크게 임상시험계획 승인 신청서와 제출자료로 나눌 수 있다. 임상시험계획 승인 신청서는 의약품안전나라(https://nedrug.mfds.go.kr/)에서 로그인 후 전자민원 신청을 통해 전자 신청서를 작성한다. 민원신청 상세내역에 여러 가지 탭이 있고, 각 탭을 하나하나 눌러서 신청정보를 입력하면 된다. 신청서 자체에 입력하는 정보 외에도 각 탭에 첨부해야 하는 자료(원료의약품 별첨규격, 제조방법, 완제의약품 기준 및 시험방법, 임상시험계획서)가 있다. 제출자료는 아래와 같다.

- 개발계획
- 임상시험자자료집(Investigator's Brochure, IB)
- GMP에 맞게 제조되었음을 증명하는 서류 또는 자료(예: GMP certificate, GMP statement, etc.)
- 임상시험용의약품 관련 제조 및 품질에 관한 자료(Chemistry, Manufacturing and Control, CMC)
- 비임상시험성적에 관한 자료(Nonclinical data)
- 시험약의 과거 임상적 사용경험에 관한 자료(Clinical data, 제출 가능한 경우)
- 임상시험실시기관, 시험자 및 수탁기관 등에 관한 자료
- 임상시험 피해자 보상에 관한 자료
- 시험대상자 동의서 서식(Informed Consent Form, ICF)
- 임상시험계획서(Protocol)
- 기타자료

의약품 구분에 따라 제출자료 중 일부가 면제되기도 하는데 '의약품 임상시험 계획승인에 관한 규정'의 아래 [별표 1] 임상시험계획승인을 위한 제출자료의 범위에서 확인할 수 있다. 비임상시험 성적에 관한 자료는 약리작용에 관한 자료와 독성에 관한 자료 등 2가지이다.

[별표 1] 임상시험계획승인을 위한 제출자료의 범위

구분 / 제출자료	개발계획	임상시험자료집	임상시험용 의약품 관련 제조 및 품질에 관한 자료	비임상시험성적에 관한 자료							
				약리작용에 관한 자료			독성에 관한 자료					
				효력시험자료	일반약리시험자료 또는 안전성약리시험자료	흡수분포대사배설에 관한자료	단회독성	반복독성	유전독성	생식발생독성	발암성	기타독성
1. 개발 중인 신약	○	○	○	○	○	○	○	○	○	○	△	△
2. 새로운염(이성체)을 유효성분으로 함유한 의약품	○	○	○	△	△	△	△	×	△	×	×	△
3. 신조성 의약품	○	○	○	△	△	△	△	△	×	×	×	△
4. 신투여경로 의약품	○	○	○	△	△	△	△	△	△	△	△	△
5. 신효능 의약품	○	○	△	×	△	×	×	×	×	×	×	×
6. 신용법용량 의약품	○	○	△	×	△	×	×	×	×	×	×	×
7. 생물학적제제, 유전자재조합의약품, 세포배양의약품, 유전자치료제, 세포치료제 및 식약처장이 임상이 필요하다고 인정하는 의약품	○	○	○	제출자료의 범위는 개개 의약품의 특성에 따라 판단한다.								

○: 자료를 제출하여야 하는 것
△: 개개 의약품의 특성에 따라 제출 여부를 판단하여야 하는 것
×: 자료가 면제되는 것
주: 1. 새로운 투여경로 의약품의 경우, 변경 전의 투여경로에 비하여 의약품의 전신노출도가 증가하지 않는 경우에는 원칙적으로 반복투여독성(장기), 생식발생독성, 발암성자료를 생략할 수 있다. 또한 투여경로가 변경되어 해당 의약품이 장기간 사용되는 경우에는 사용기간에 따른 반복투여독성시험자료 및 발암성시험에 관한 자료를 제출할 필요가 있다.

2. 반복투여독성시험자료는 임상시험단계에 따라 식약처장이 정한 "의약품의독성시험기준"에서 정하는 최소투여기간에 해당하는 자료이어야 한다. 다만, 항암제의 경우, 임상기간 동안 독성이 수용할 만하고 임상적 유익성이 나타나는 경우에 한하여 상기규정[별표 5]에서 정하고 있는 반복투여독성시험의 최소투여기간을 초과하여 임상시험 투여기간을 설정할 수 있다.

3. 반복투여독성시험에서 웅성(雄性)생식기관에 대한 검토가 이루어진 경우 남성에 대한 제1상 단계 및 제2상 단계 임상시험은 웅성생식독성시험자료 제출 전에 실시할 수 있으며, 제3상 단계 임상시험 시작 전까지는 웅성 생식독성시험자료를 제출하여야 한다.

4. 반복투여독성시험에서 자성(雌性)생식기관에 대한 평가 등 적절한 검토가 이루어진 경우 영구피임, 폐경기 이후 등 임신 가능성이 없는 여성에 대하여는 생식 · 발생독성시험자료 없이 임상시험을 실시할 수 있으며, 제3상 단계 임상시험 시작 전까지는 자성 생식독성시험자료를 제출하여야 한다.

5. 유전독성시험자료 중 시험관내(in vitro) 돌연변이 및 염색체손상시험은 제1상 단계 임상시험 전에 제출하고, 만약 시험결과가 의양성 또는 양성으로 나타났을 경우에는 생체내(in vivo) 소핵시험 자료를 제1상 단계 임상시험 전에 제출하여야 한다. 그러나, 시험결과가 음성으로 나타났을 경우에는 생체내(in vivo) 소핵시험은 제2상 단계 임상시험 전까지 제출하여야 한다.

6. 대상환자군에 대한 특별한 우려가 없다면, 일반적으로 발암성시험자료 없이 임상시험을 실시할 수 있다.

7. 기타 독성시험자료

(1) 국소독성시험: 피부 또는 점막에 직접 적용되거나 직접 적용되지 아니하더라도 쉽게 접촉될 수 있는 의약품의 경우 제출하여야 한다. 다만, 점막자극시험은 다른 독성시험의 일부분으로 실시할 수 있다.

(2) 의존성시험: 약리학적으로 중추신경계에 작용하는 의약품 또는 주작용이 말초성이라도 부작용으로서 명백히 중추신경계에 영향을 미치는 의약품의 경우에 한하여 제출하여야 한다. 다만, 종래 의존성이 없는 것으로 알려진 다음 계열의 의약품과 화학구조, 약리작용 및 사용목적이 이질적이 아니라고 판단되는 의약품은 제외한다.

가. Chlorpromazine, Haloperidol, Reserpine

나. Imipramine, Amitriptyline

다. Aspirin, Aminophylline

라. Indomethacin, Flufenamic acid

마. Camphor, Picrotoxin, Pentylenetetrazole, Strychnine

(3) 항원성: 전신적으로 투여되는 약물로서 고분자물질, 단백성의약품인 경우와 저분자물질이라 하더라도 합텐으로서 작용할 가능성이 있는 경우(예: 페니실린, 설폰아마이드계) 항원성시험을 실시한다. 피부외용제의 경우는 피부감작성시험을 실시한다.

(4) 면역독성시험: 반복투여독성시험 결과 면역계에 이상이 없는 경우 면제할 수 있다.

8. 한약(생약)제제는 "○"인 경우에도 시험이 불가능하거나 실시함이 무의미하다고 인정되는 경우 또는 문헌자료 등을 근거로 해당 비임상시험자료의 일부 또는 전부를 면제할 수 있다.

9. 방사성의약품의 경우 독성에 관한 자료 중 "○"인 경우에도 시험이 불가능하거나 실시함이 무의미하다고 인정되는 경우, 단회독성시험을 제외한 독성시험자료의 일부를 면제할 수 있다.

2. 신속하고 성공적인 IND 자료제출을 위한 전략은?

IND 절차와 관련하여 신속하고 성공적인 진행을 위해 고려해야 할 사항으로 다음과 같이 6가지 요소가 제시되어 다음은 이를 다소 수정·보충하여 서술하였다(김정일, 2022). 특히 IND 절차의 까다로움으로 전문성을 갖춘 팀과 함께 제조품질관리(Chemistry Manufacturing Control, CMC) 전략을 구축하게 되면 공정 내 효율성을 높일 수 있을 뿐만 아니라 불필요한 지연이 없어 성공적인 IND 제출을 위한 절차적 요소라고 할 수 있다.

① 자료 수집 우선순위 결정: CMC 자료가 많으면 많을수록 제출 문서를 강화할 수 있고 전략적인 결정에도 유리하다. 그러나 자료 수집에 시간이 많이 소요된다. 따라서 임상연구를 가능하게 하는 데 필수적인 CMC 자료에 중점을 두고 필수 자료와 부수적인 자료 수집 사이에 적절한 균형을 맞추는 것이 중요하다. CMC 활동에 대한 큰 틀을 마련하면 자료 구성의 균형을 초기에 확립하는 데 도움이 된다.

② 신청 국가별 문서 제출 계획 확인: 글로벌시장 진출에 대해 준비할 단계는 아니지만, 글로벌 관점에서 문서 작성을 고려할 필요가 있다. 특히 다음의 자료는 미국 FDA의 IND를 위한 비임상 컨설팅 자료로 범국가적으로 응용이 많이 되었다. 이에 글로벌 진출을 위한 IND 제출에 많은 도움이 되는 자료이다.

〈표 11-1〉 미국 FDA의 IND를 위한 비임상 컨설팅 자료

1. Guidance for Industry M3(R2) Nonclinical Safety Studies for the Conduct of Human Clinical Trials and Marketing Authorization for Pharmaceuticals
2. Guidance for Industry S6 Addendum to Preclinical Safety Evaluation of Biotechnology-Derived Pharmaceuticals
3. Nonclinical Safety Evaluation of the Immunotoxic Potential of Drugs and Biologics Guidance for Industry
4. Nonclinical IND Studies to Support First-In-Human Trials by Lois M. Freed, Ph.D.
5. Regulatory Strategy for Pre-IND Meetings with FDA: Why Meet and What to Ask by Ronald A. Salerno, PhD
6. Good Review Practice: Clinical Review of Investigational New Drug Application
7. Investigational New Drug (IND) Submission checklist
8. The Impact of SEND Data on FDA Review of Nonclinical Studies

③ 예상치 못한 장애물 대비: 신약개발 중에는 예기치 못한 상황에 적용할 수 있는 유연성이 중요하다. 제품 수명 주기 전반에 걸쳐 발생할 수 있는 어려움에 대한 선제적 전략을 수립할 필요가 있다. 이를 통해 궁극적으로 예상치 못한 일정 지연, 추가 비용 발생 등을 방지할 수 있다.

④ 일정 단축을 위해 CDMO와 협업: 규제 지원이 필요한 경우 생산을 담당하는 위탁개발생산(Contract Development & Manufacturing Organization, CDMO)에서 제공하는 서비스를 활용하면 문서 준비의 효율성을 높일 수 있다. 첨단 의약품인 세포 및 유전자 치료 관련 의약품 중 절반 이상이 CDMO 방식을 통해 생산되고 있다. 국내에서는 삼성바이오로직스가 대표적으로 바이오기업들과 CDMO 계약을 체결해 바이오의약품 개발을 초기부터 지원하고 있다. 특히 CDMO의 의약품 개발 가속 솔루션을 이용하면 IND 제출까지의 기간 단축을 위한 한 방법이다.

⑤ 프로젝트 팀 구성: 개발 단계에 따라 적절한 프로젝트 팀을 구성할 필요가 있다. 프로젝트 팀에 규제 전문가를 일원으로 포함하면 규제 지식의 격차를 줄일 수 있다. 또한, 각 단계별 팀에 의해 일정을 준수하며 해당 국가 및 글로벌 전략을 개발할 때 위험을 완화할 수 있다.

⑥ 효과적인 킥오프 미팅 계획: 효율적이고 생산적인 킥오프 미팅은 프로젝트 팀의 명확한 역할, 책임, 기대치 등을 정의하는 동시에 일정에 대한 세부 계획 수립을 가능하게 한다.

3. 독성시험을 통한 성공적인 IND 전략을 위한 제1의 요소는?

IND를 심의하는 규제기관은 후보약물의 유효성 자료에 대한 심의도 중요하게 고려하지만, 더 중요하게 고려되는 것은 안전성 자료이다. 유효성에 대한 비임상시험은 누구나 할 수 있지만 안전성평가를 위한 독성시험 자료는 규제기관의 승인을 받은 GLP 제도 수행기관에서 제출된 보고서만 유효하다. 시험에 대한 신뢰성 확보 측면에서 GLP 제도가 수행되기 때문에 독성시험을 단순히 의례적인 통과 절차라고 생각할 수 있다. 그러나 독성시험의 보고서를 통해 임상시험에서 인체투여의 최대 안전용량이 설정된다. 특히 합성의약품과 독성기전을 달리하는 바이오의약품의 출현은 기존 가이드라인에 따른 투여와 시험기간 등에서 획일적인 방법과 절차와는 전혀 다른 독성시험 변화를 요구하고 있다. 즉, 소분자 합성의약품과 바이오의약품의 안전성 확보에 극명한 차이에 대한 이해를 통해 IND를 위한 안전성 자료가 확보되어야 한다. 특히, 소분자 합성의약품과 바이오의약품의 독성기전 차이에 대한 이해가 독성시험을 통한 성공적인 IND 전략을 위한 제1의 요소이다. 약물개발의 출발점은 후보약물과 생체 내 표적 수용체(target receptor)의 상호작용 여부이다. 약물의 효능은 주로 세포막 수용체와 세포 내 수용체와의 결합과 이에 의한 생화학적 반응을 통한 약리작용 기전(mode of action, MOA)으로 설명된다. 이때 수용체와 결합하여 특정한 생화학적 반응을 유도하는 특성을 특이성(specificity)이라고 한다. 바이오의약품의 출현은 이와 같은 특이성에 기반한 독성발현(adverse outcome)을 통해 독성시험의 기존 틀에 큰 영향을 주고 있다. 예를 들어 소분자 합성의약품의 표적기관에 대한 독성기전은 ① 세포막 또는 세포 내 수용체의 존재, ② 친전자성대사체 생성을 유도하는 CYP450 효소 등 2가지이다. 반면에 CYP450 효소에 의한 소분자 합성의약품의 친전자성대사체 전환은 바이오의약품에 대해서는 해당하지 않는다. 바이오의약품의 독성은 단순히 수용체에 대한 과잉 약리작용에 기인한다. 이와 같은 차이는 〈표 11-2〉에서처럼 독성시험에서 동물종의 선택에 있어서 큰 차이를 유도한다. 특히 소분자 합성의약품과 바이오의약품의 투여방법 및 투여횟수에서의 차이는 시험수행의 적절성에 큰 영향을 준다. 특히 바이오의약품의 특성에 기인하여 소화가 이루어지는 경구투여 대신에 대부분 표적기관에 국소주사로 이루어진다. 또한, 뇌와 같은 장기에 대한 주사는 고난도의 기술이 필요하며 시험책임자의 세밀한 관찰이 요구된다. 기술 부족으로 투여의 문제는 곧 결과에서 해석 불가능한 시험물질-유래 변화가 발생하게 된다. 따라서 바이오의약품의 독성시험에서 투여 기술이 적절한 독성시험 수행에 있어서 대부분을 차지한다는 생각도 무리가 아닐 만큼 중요하다. 그리고 반복투여독성시험은 수 주 또는 수개월의 독성시험 동안 1주 7일의 투여가 이루어지며 이는 소분자 합성의약품의 독성시험에 있어 가이드라인이다. 반면에 바이오의약품은 수 주 및 수개월의 시험기간 동안 1회 또는 2-5회 등의 다회 투여(multi dose)가 이루어지기 때문에 세밀하게 분석하면 반복투여독성시험이 아니다. 즉, 바이오의약품의 반복투여독성시험(repeated toxicity test)은 다회투여독성시험 (multi-dose toxicity test)이라고 명칭이 되어야 한다. 이는 독성시험의 수행에 있어서 GLP기관 연구원 및 약물개발자의 혼돈을 줄일 수 있다.

〈표 11-2〉 독성기전에 따른 성공적인 IND를 위한 독성시험의 핵심 요소

	소분자 합성의약품	바이오의약품
동물종의 수	• 설치류와 비설치류의 2종	• 인체와 동일 수용체를 가진 동물 1종 • 수용체를 가진 동물종이 없다면 형질전환동물
NOAEL 설정을 위한 투여횟수 및 시험기간의 선택	• 가이드라인에 정해진 반복투여독성시험	• 임상시험과 동일 투여횟수와 수용 가능한 시험기간
개별적 필수 독성시험	• 유전독성시험	• 시험물질인 펩타이드(단백질) 및 핵산인 경우에 항원성시험 • 시험물질이 세포 및 바이러스 벡터-유전자 치료제인 경우에 종양원성시험
안전성약리시험	• 단독	• 다른 독성시험과 병합 수행 가능 • 과잉 약리작용에 기인하므로 결과에 대단히 중요
임상안정용량 설정을 위한 독성용량기술치	• NOAEL	• NOAEL 및 MABEL
인체용량으로의 전화 시 종간 차이에 대한 안전계수	• Cytochrome P450의 차이에 의한 종간 차이 존재 • 동물용량을 인체용량으로 전환할 때 안전계수 적용	• 수용체 유무에 따라 종간 차이 존재 • 동물용량을 인체용량으로 전환할 때 안전계수을 적용하지 않음

	소분자 합성의약품	바이오의약품
독성시험 수행의 적절성에 필요한 중요한 요소	• TK 지표(C_{max}, T_{max})와 개체 독성반응과의 일치를 통한 임상시험에서의 예측력	• 체내 분포 • 대부분 주사를 통한 국소투여가 이루어지며 뇌 및 척수 등의 고난도 기술이 필요함 • 몇 주, 몇 달의 독성시험 동안 투여가 지속인 반복이 아니고 1회 또는 multi-dose이기 때문에 시험의 적절성에 투여가 결정적인 역할을 함

4. 독성시험을 통한 성공적인 IND 전략과 임상 안전용량 설정과의 관계는?

독성시험을 통한 성공적인 IND 자료제출에서 가장 중요한 것은 임상시험의 안전용량 추정을 위해 독성시험에서 얻은 동물용량을 인체용량으로 전환하는 절차에 대한 타당성이다. 동물용량을 인체용량으로 전환하는 과정을 외삽(extrapolation)이라고 한다. 외삽을 통해 추정된 최대 안전용량은 건강한 지원자와 환자의 안전을 보장하기 때문에 신중하게 산출되어야 한다. 〈표 11-3〉은 소분자 합성의약품과 바이오의약품에 대한 인체 최초투여용량(first-in-human, FIH) 또는 임상최대권장초기용량(maximum recommended starting dose, MRSD)의 결정 방법을 나타낸 것이다. 모달리티별 MRSD 추정에 있어서 독성용량기술치(toxic dose descriptor)와 안전계수(safe factor) 측면에서 차이가 있다. 예를 들어 소분자 합성의약품의 경우에 동물의 체중-기반 용량을 인체의 체표면적(body surface area, BSA)-기반 용량으로 전환되어 인체등가용량(human equivalent dose, HED)이 추정된다. 반면에 바이오의약품 경우에 용량의 종간 전환이 없고 동물용량과 인체용량의 동일 적용으로 안전용량이 산출된다. 소분자 합성의약품과 바이오의약품의 임상 안전용량 산출에 차이가 있을 뿐만 아니라 바이오의약품 중 성장호르몬, 사이토카인, 단클론항체, 면역강화제 등은 다른 바이오의약품과도 차이가 있다. 바이오의약품 중에서도 이와 같은 차이를 가져온 원인은 2006년 영국에서 백혈병 치료제인 TGN1412의 임상시험에 의한 비극에 기인한다(Attarwala 등, 2010; Agyeman 등, 2016). TGN1412는 단일클론항체(Anti-CD28 monoclonal antibody)로 백혈구 표면의 면역계 단백질인 CD28에만 특이적 결합을 한다. 결합에 의한 CD28 활성화는 사이토카인(cytokine)의 과도한 분비로 염증성 혈관손상과 다발성장기부전을 유도한다. 사이토카인의 과도한 분비를 사이토카인 폭풍(cytokine storm)이라고 한다. TGN1412에 의해 사이토카인 폭풍이 유도되어 임상시험의 비극을 낳게 한 것으로 이해되고 있다(Agyeman 등, 2016; Panoskaltsis 등, 2021). 이는 바이오의약품의 과잉 약리기전에 기인한다. 일반적으로 소분자 합성의약품처럼 효능용량과 독성용량이 분리된 용량-반응곡선에 존재하는 반면에 단일클론항체 등의 바이오의약품은 효능용량과 독성용량이 동일 용량-반응곡선에 존재한다. 그러나 모든 바이오의약품이 동일 용량-반응곡선에 존재하는 것은 아니며 성장호르몬과 일부 면역활성과 관련된 사이토카인, 단클론항체, 면역강화제 등의 바이오의약품이 이에 해당된다(Muller 등, 2009). 따라서 모달리티별 독성기전의 차이가 임상 안전용량 설정의 방법에 차이를 가져온다는 것을 이해할 수 있다. 약물에 대한 안전성평가의 가장 중요한 것은 임상시험에서 시작용량(starting dose) 또는 최대 안전용량 추정을 위하여 NOAEL 및 MABEL 등과 같은 독성용량기술치의 근거를 제시하는 것이다. 이러한 근거의 응용에서 명확하게 설명되어야 성공적인 IND를 기대할 수 있다. 이를 위해 각 모달리티별에 대한 안전용량 설정을 다음과 같이 상세히 다루었다.

〈표 11-3〉 약물 모달리티별 임상시험에서 안전용량 추정 방법

항목	소분자 합성의약품	바이오의약품	성장호르몬, 사이토카인, 단클론항체, 면역강화제 등의 바이오의약품
독성용량기술치	NOAEL	NOAEL	MABEL
용량반응곡선의 특징	효능 및 독성의 곡선이 분리	효능 및 독성의 곡선이 분리	효능과 반응의 동일한 곡선
종내 차이에 대한 안전계수(safety factor)	10	10	궁극적으로 전신혈관계 내에 존재하거나 전신혈관계로 이동하지 않는다면 '1'
종간 차이에 대한 안전계수(safety factor)	HED = NOAEL x 전환계수	AED(동물등가용량) = HED	SF = RO ratio = 사람 RO/동물 RO
MRSD(임상최대 권장초기용량)	MRSD = HED/10	MRSD = AED/10	MRSD = MABEL/(RO ratio)

NOAEL: no observed adverse effect level, 최대비독성용량, HED: human equivalent dose, 인체등가용량, MABEL: minimum anticipated biological effect level, 최소기대생물학적영향용량, AED: animal equivalent dose, 동물등가용량, RO: receptor occupancy, 수용체점유율

5. 소분자 합성의약품의 MRSD를 추정하는 독성시험과 독성용량기술치는?

일반적으로 임상예정용량은 ① 동물을 이용한 시험물질의 유효용량(effective dose) 결정, ② 개발자의 제시 등의 2가지로부터 얻는다. 그러나 임상시험에서의 투여 안전용량 설정에 있어서 필수적으로 인식해야 할 점은 임상예정용량이 안전용량의 미만에 존재해야 한다는 점이다. 안전용량의 2가지 방법은 인체등가용량과 동물등가용량 산출로 추정된다. 동물용량을 통해 인체용량으로 전

환한 용량을 인체등가용량(human equivalent dose, HED), 반대로 인체용량을 동물용량으로 전환한 용량을 동물등가용량(animal equivalent dose, AED)라고 한다. 따라서 ①번으로부터 HED를 추정하며, ②번으로부터 AED를 추정할 수 있다. 이는 비임상시험을 통해 임상시험의 용량을 추정하고 임상시험에서 적용될 용량으로 비임상시험의 용량 추정이 가능하다는 것을 의미한다. 결론적으로 임상시험의 안전용량은 비임상시험의 독성시험에서 결정되며, 특히 유전독성이나 발암성이 없는 시험물질의 안전용량은 반복투여독성시험의 독성용량기술치, 그러나 임산부에 투여하는 경우에 시험물질의 안전용량은 생식·발생독성시험을 통해 추정이 이루어진다. 〈표 11-4〉는 임상시험에서 안전용량 추정을 위해 이용되는 독성시험의 여러 독성용량기술치를 나열한 것이지만 이들 중에서 NOAEL이 가장 많이 이용된다.

〈표 11-4〉 임상시험에서 안전용량 추정을 위한 독성시험의 독성용량기술치

독성시험	독성용량기술치
반복투여독성시험	NOEL, NOAEL, LOAEL, $BMDL_5$, $BMDL_{10}$, MABEL
생식·발생독성시험	NOEL, NOAEL, LOAEL, $BMDL_5$, $BMDL_{10}$

6. 인체등가용량(human equivalent dose, HED)의 기원과 원리는?

소동물인 마우스, 랫드, 햄스터 그리고 대동물인 개와 원숭이 등에 항암제를 투여한 후 아래와 같은 3가지 대별 변수의 비교를 통해 인체의 독성예측에 적절한 요소를 확인하였다(Freireich 등, 1966). 결과적으로 이들 3가지 비교를 통해 MTD, 동물의 통합 자료 그리고 체표면적 자료 등이 인체 예측에 더 적절한 요소로 파악되었다. 이와 같은 요소를 기반으로 (dose in mg/m^2) = (km) i × (dose in mg/kg)이라는 공식을 통해 동물용량에서 인체용량으로 전환하는 방법이 제시되었다(Freireich 등, 1966; Schein 등, 1970; Goldsmith 등, 1975). 이후 종간 용량 외삽(inter-species dose extrapolation)을 위해 다양한 방법이 제시되었다(Honkala 등, 2022). 외삽(extrapolation)이란 관찰자료의 범위 밖에서 실험함수(empirical function)를 추정하는 과정이며 내삽(intrapolation)은 관찰자료의 범위 안에서 실험함수의 수치를 추정하는 과정이다. 인체로의 외삽은 대사율(metabolic rate), PK 및 PD 등의 지표에 대한 in vitro 및 in vivo 비임상자료를 통해 초기임상1상시험(First-in-human, FIH)용량 또는 임상최대권장초기용량(maximum recommended starting dose, MRSD) 예측이 이루어진다(USFDA, 2005). 그러나 수십 년이 지났지만, 종간 용량 외삽에 대한 원리가 생각보다 완벽하지 않고 근래에는 in situ 시뮬레이션과 통합한 방법 등 다양하게 고안되고 있다(Honkala 등, 2022).

① 최대내성용량인 MTD(maximum tolerated) vs 10%의 사망을 초래하는 용량인 LD$_{10}$(10% of lethal dose)
② 각각 개별 동물 자료 vs 전체 동물의 통합 자료
③ 체중 자료 vs 체표면적 자료

7. 지수를 이용한 소분자 합성의약품의 HED와 MRSD의 개념과 산출 예시는?

Freireich 등(1966)은 체중을 체표면적으로 전환, 즉 mg/kg dose를 mg/m²로의 전환을 위해 mg/m² = Km × mg/kg의 공식을 제시하였다. 그리고 종간 전환의 표준화를 위해 모든 개체에 Km = 100/K × W$^{(1-0.67)}$와 같이 체중의 상대비교측도(allometric scaling)를 위해 지수값을 대입하였다. 여기서 K는 대사율을 비롯하여 PK 및 PD 등을 반영하여 각각의 동물종에게 주어지는 고유상수이다(Freireich 등, 1966; Boxenbaum 등, 1995; Nair 등, 2016). 이와 같은 접근법은 특정 동물체가 주어진 시간 동안 이용한 에너지양의 척도인 대사율과 육체적 크기가 증가하는 진화적 적응의 결과로 평가되고 있다(Banavar 등, 2010; White 등, 2014). 즉, 체중의 HED = animal dose in mg/kg x (animal weight in kg/human weight in kg)$^{(1-0.67)}$을 Km으로 다시 표현하면 HED = animal dose in mg/kg x (animal Km/human Km)이 된다. 동물용량(animal dose)이 NOAEL이면 HED = NOAEL x (animal Km/human Km)이다. 반면에 동물용량인 AED = 인체용량 x (human Km/animal Km)으로 추정된다. 그리고 소분자 합성의약품의 MRSD = HED/SF로 산출된다. 여기서 SF(safety factor)는 종내 안전계수로 보통 10을 적용한다. 이를 이용하여 특정 소분자 합성의약품에 가장 민감하게 반응하는 랫드의 NOAEL이 15mg/kg/day일 때 HED와 MRSD는 다음과 같이 추정할 수 있다. 지수를 이용한 공식에서는 임상시험에서 약물을 최대 0.274mg/kg/day까지 인체투여가 가능하다. 그리고 Km를 이용한 공식에서는 약물을 최대 0.243mg/kg/day까지 인체투여가 가능하다. 두 값의 차이가 있다는 것은 체중을 직접 응용한 공식과 동물종마다 표준화된 Km

을 이용한 공식의 차이에 기인한다. 그러나 미국 FDA 가이드라인에서 제시하는 NOAEL(최대비독성용량)을 이용하여 제1상 임상시험에서의 MRSD를 설정하는 방법이 안정성을 너무 크게 고려한 매우 보수적인 방법으로 평가되기도 한다. 이는 궁극적으로 낮은 용량만을 유도하여 오히려 임상2상 시험의 실패 원인으로 제시되기도 하였다.

〈예시〉 랫드 체중 0.35kg, 성인 60kg, NOAEL 15mg/kg/day일 때 HED 및 MRSD
- HED = 15mg/kg/day x $(0.35/60)^{(1-0.67)}$ = 2.74mg/kg/day
- MRSD = HED/SF = (2.74/10)mg/kg/day = 0.274mg/kg/day
  또는
- HED = 15mg/kg/day x (6/37) = 2.43mg/kg/day
- MRSD = HED/SF = (2.43/10)mg/kg/day = 0.243mg/kg/day

---

8. 전환인자 Km을 이용한 소분자 합성의약품의 MRSD 산출 예시는?

대사율과 육체적 크기가 증가하는 사실을 기반으로 체중과 체표면적의 전환을 위해 추정된 각각의 동물종에 대한 Km인 전환인자(conversion factor)는 〈표 11-5〉와 같다. 〈표 11-5〉에서 표준 체중은 Km 산출을 위해 공식에 적용된 각각 동물의 체중이며 적용 체중범위는 Km 사용을 위한 각각 동물종의 체중범위이다. 이와 같은 종간 용량의 전환을 위해 체표면적을 기반으로 HED를 추정하는 방법을 용량-전환계수법(the dose-by-factor approach)이라고 한다. 용량-전환계수법을 사용한 MRSD 추정은 MRSD = HED/SF(종내간 안전계수), NOAEL x (animal Km/human Km)를 MRSD에 적용하면 MRSD = NOAEL / SF(human Km/animal Km)가 된다. 예를 들어 랫드에 대한 NOAEL이 10mg/kg/day일 경우에 임상시험에서 최대 안전용량은 MRSD = 10 / 10(37/6) = 10 / 62 = 0.16mg/ kg/day가 된다.

〈표 11-5〉 체표면적 기준으로 동물용량을 HED로 전환하는 Km 계수

종(speies)	표준 체중(kg)	적용 체중 범위	체표면적(m²)	Km
성인	60	–	1.62	37
어린이	20	–	0.80	25
마우스	0.02	0.011-0.34	0.007	3
햄스터	0.08	0.047-0.157	0.016	5
랫드	0.15	0.08-0.270	0.025	6
담비	0.3	0.16-0.54	0.043	7
기니어피그	0.4	0.208-0.7	0.05	8
토끼	1.8	0.9-3.0	0.15	12
개	10	50-17	0.50	20
영장류				
• Monkeys	3	1.4-4.9	0.25	12
• Marmoset	0.35	0.14-0.72	0.06	6
• Squirrel monkey	0.6	0.29-0.97	0.09	7
Baboon	12	7-23	0.60	20
마이크로 피그	20	10-33	0.74	27
미니 피그	40	25-64	1.14	35

Monkeys: cynomolgus, rhesus, stumptail

9. 소분자 합성의약품의 HED 추정을 위한 Km이 바이오의약품에도 응용되는가?

소분자 합성의약품의 HED는 항암제를 비롯하여 인체에 외인성물질의 대사율 및 PK를 기반으로 추정된다. 즉, HED = animal dose in mg/kg x (animal weight in kg/human weight in kg)$^{(1-0.67)}$에서처럼 소분자 합성의약품에 대한 지수는 '0.67'로 적용되었다. 만약 0.67보다 크다는 것은 대사율 및 PK에서 종간 차이가 그만큼 작다는 것을 의미한다. 바이오의약품은 소분자 합성의약품과 비교하여 대사율 및 PK 등에서 종간 차이가 아주 미미하다. 예를 들어 바이오의약품은 외인성물질이 아닌 영양물질의 일종이며 또한 국소주사로 투여가 이루어지기 때문에 혈액에서의 시간별 농도변화인 PK 자료에서 종간 차이가 없다. 이에 바이오의약품 모달리티의 민감성에 따라 0.79-0.96의 지수 적용이 적절한 것으로 추정되었다(Elmeliegy 등, 2021; Betts 등, 2018; While a scaling factor of 0.67 might be appropriate for small molecules, a scaling factor of 0.8 - 0.9 appears to be more reasonable for biologics, as has been reported in several publications that indicated an exponent ranging from 0.79 to 0.96 would be more appropriate). 예를 들어 종간 차이가 거의 없는 경우에 지수 0.96을 적용하면 HED = animal dose in mg/kg x (animal weight in kg/human weight in kg) $^{(1-0.96)}$로 추정된다. 그러나 미국 FDA는 분자량이 100kDa 이상의 정맥투여 바이오 약품의 경우에 AED = HED이기 때문에 지수를 '1'로 제안하였다(USFDA, 2005; intravascularly administered biologics with a molecular weight $>$ 100 KDa are considered an exception of the BSA scaling approach and should be scaled based on body weight, i.e. setting the HED in mg/kg to be the same as the animal dose, which indicates a scaling exponent of 1).

10. MRSD 추정을 위한 NOAEL과 연관하여 동태학적 안전 용량 설정법이란?

비임상시험을 통해 여러 동물종의 PK 자료로부터 혈중농도-시간곡선하 면적(area under the plasma concentration-time curve, AUC)뿐만 아니라 NOAEL도 얻을 수 있다. AUC는 시간별 혈중농도로 전신노출을 나타낼 수 있다. 사람에 있어서 청소율도 시간별 혈중농도의 배출을 의미한다. 이와 같은 동물의 AUC와 인체 청소율의 두 지표를 상대비교측도(allometric scaling)로 하여 임상시험에서 MRSD를 추정할 수 있으며 이를 약물동태학적 안전용량 설정법(pharmacokinetically guided approach)이라고 한다(Bonate 등, 2000; Reigner 등, 2002). 약물동태학적 안전용량 설정법의 공식은 여러 NOAEL 중 가장 낮은 농도의 NOAEL에서 AUC를 인체에서 예측 청소율로 나누어준 값인 HED, 즉 HED = (AUC in index species) x (estimated clearance in human) 이다. MRSD = HED/SF이며 여기서 SF는 종내 차이인 10이 된다. 다음은 약물동태학적 안전용량 설정법의 예시이다(Sharma 등, 2009).

〈예시〉 NOAEL에서 AUC가 23.5μg/h/mL, 인체 예측 청소율이 20.0L/h일 때 NRSD 산출

- HED = $23.5\mu g/h/mL$ x 20L/h = 470mg
- MRSD = 470/10 = 47mg

---

11. PK 및 PD가 유사한 두 약물에 대한 MRSD 설정과 예시는?

약물의 일부 부분을 변경시킨 개량신약이나 바이오의약품의 바이오시밀러인 경우에는 PK 및 PD가 유사한 경우가 많다. 이와 같은 조건에서 오리지널

약물의 지표를 이용하여 개량신약 또는 바이오시밀러에 대한 MRSD를 산출하는 방법을 유사-약물 접근법(similar drug approach)이라고 한다(Blackwell 등, Reigner 등, 2002). 공식은 Drug X의 용량/Drug X의 NOAEL = Drug A의 용량/Drug A의 NOAEL이며 예시는 다음과 같다.

〈예시〉 랫드에서 Drug X의 NOAEL 2mg/kg/day, Drug A의 MRSD는 30mg/kg/day 그리고 NOAEL은 14mg/kg/day일 때 Drug X의 MRSD?

- Dose of Drug X / NOAEL of Drug X = Dose of Drug A / NOAEL of Drug
- → Dose of drug X = (Dose of Drug A x NOAEL of Drug) / (NOAEL of Drug A)
- = 10 x 2/14 = 1.4mg/kg
- 체중 60kg 성인 = 1.4 x 60 = 85mg
- SF = 10, 따라서 MRSD = 85/10 = 8.5mg

12. 바이오의약품에 MABEL 적용을 통한 MRSD 산출은?

앞서 소분자 합성의약품의 HED = animal dose in mg/kg x (animal weight in kg/human weight in kg)$^{(1-0.67)}$의 용량-전환계수법에서 바이오의약품 경우에 지수 0.67 대신에 0.79-0.96 또는 정맥투여의 경우에 1이 추천되었다(Elmeliegy 등, 2021; Betts 등, 2018; USFDA, 2005). 일반적인 소분자 합성의약품과는 다르게 바이오의약품은 분자량 크기 때문에 항원성 등의 면역학적 이상을 유발할 수 있다. 백혈병과 만성 염증성 질환의 치료를 위하여 개발된 단일클론항체 TGN1412에 의해 임상시험에서 건강한 정상인의 사망은 대표적인 면역학적 이상을 유발한 사건이다. 이후 면역학적 이상을 유발할 수 있는 바이오의약품인 사이토카인(cytokine), 단일클론항체(monoclonal antibody), 면역강화제 등을 비롯하여 성장호르몬(growth hormone) 등과 같은 바이오의약품 경우에 NOAEL을 기반하여 임상 안전용량인 MRSD를 추정하는 것에 문제가 있는 것으로 결론에 도달하였다. TGN1412의 임상시험 사고 후 유럽의 약품청(European Medicines Agency, EMA)이 2007년에 발행한 'Guideline on strategies to identify and mitigate risks for first-in-human clinical trials with investigational medicinal products'에서 임상시험에서 초기투여용량의 위험성 감소를 위한 MABEL이 제시되었다(EMA, 2007). 바이오의약품 중에서도 세포치료제, 유전자치료제 등은 합성의약품과 같이 MRSD 산출을 위해 NOAEL을 사용한다. 그러나 생물학제제 중 유전자재조합의약품(유전자조작기술을 이용하여 제조되는 펩타이드 또는 단백질 등을 유효성분으로 하는 의약품을 의미하며. 항체의약품, 펩타이드 또는 단백질의약품, 세포배양의약품 등이 포함)의 MRSD 산출을 위해서는 MABEL이 적용된다. 앞서 예시를 든 성장호르몬, 사이토카인, 단클론항체, 면역강화제 등의 바이오의약품도 여기에 포함된다. MABEL(minimum anticipated biological effect level; 최소기대생물학적영향용량)이란 약리학적 유효반응 등의 측면에서 그 어떠한 변화 및 영향도 없는 상황에서 리간드-수용체의 결합과 같은 분자-생화학적 수준에서 반응이 시작되는 용량이다. 따라서 MABEL은 약물의 유효성을 유도하는 최소용량을 의미하는 MED(minimum effective dose, 최소효능용량), 그리고 MED와 동일 개념인 약리학적 활성 용량인 PAD(pharmacologically active dose) 이하의 용량이 된다(Muller 등, 2009). 즉, MABEL은 효능이든 독성이든 그 어느 용량 영역에도 포함되지 않고 단지 이러한 반응들이 나타나기 전의 초기용량 범위에 위치한다. 특히 사이토카인, 단클론항체, 면역강화제 등의 바이오의약품은 다른 바이오의약품보다 과잉 약리작용이 낮은 농도 및 좁은 용량 범위내에서 유도되어 독성을 유발할 수 있다는 측면에서 MABEL의 필요성이 제시되었다(Zhao 등, 2012). 〈그림 11-1〉에서 소분자 합성의약품과 바이오의약품 중 세포치료제와 유전자치료제 등과 같은 일반적인 바이오의약품의 독성용량기술치인 NOAEL이 HED 및 MRSD 산출을 위해 사용되지만, 반면에 사이토카인, 단클론항체, 면역강화제 등의 바이오의약품은 최소약력학적효과(minimal pharmacodynamic effect)의 용량범위인 MABEL이 사용된다(Moss 등, 2023; Brian 등, 2013). 따라서 이들 바이오의약품의 MRSD = MABEL/SF 이다. MABEL의 대략적 용량 범위는 약리작용의 지표 변화에 대한 백분율에서 10% 정도이다. 그리고 일반적으로 적용되던 종내 및 종간 안전계수는 적용되지 않고 동물과 인체의 표적수용체(target receptor)에 대한 바이오의약품의 친화도(affinity)를 나타내는 RO(receptor occupancy)이다. 다음 예시의 공식처럼 RO는 전체 수용체(total receptor)에 대한 바이오의약품-수용체(receptor)의 비율인 수용체 점유율로 산출된다. 예를 들어 항체 바이오의약품 경우에, RO = (antibody-receptor complex)/(total complex)로 산출된다(Bick, 2021). 따라서

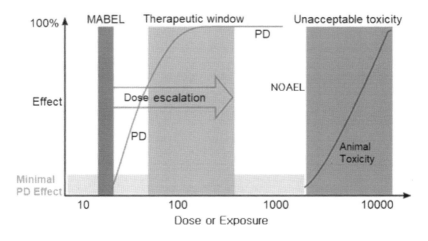

〈그림 11-1〉 일부 바이오의약품의 MRSD 산출을 위한 MABEL의 개념과 NOAEL과 차이

SF = (사람 RO)/(동물 RO)이며 사람의 RO가 높을수록 SF 수치는 증가되며 MRSD는 낮게 산출된다.

13. 임상용량을 위한 항암제의 종간 용량전환의 지수는?

최근에 특정 암세포에만 공격하는 표적-특이적 약물이 개발되고 있어, 전신독성의 우려가 낮아지는 경향이 있다. 그러나 항암제에 대한 약물 모달리티에는 상관없이 여전히 전신독성에 의한 부작용은 존재한다. 일반적으로 발암물질 및 항암제에 대한 자료는 다른 독성시험과 비교하여 자료가 부족하다. 이러한 연유로 종간 용량전환에 있어 다양한 독성용량기술치가 이용되고 있다. 앞서 NOAEL을 이용한 용량전환에서 지수는 0.67이 추천되었다. 그러나 발암성시험 등에서 이용되는 독성용량기술치는 MTD(maximum tolerated dose, 최대내성요량)이므로 이에 대한 지수 0.75가 바람직한 것으로 추천되었다(USFDA, 2005). 따라서 발암성시험의 자료를 이용하여 지수를 추정한 미국 FDA에 따르면 항암제에 대한 용량전환은 Human MTD = LD_{10} $(Wa/Wh)^{(1-0.75)}$로 제시하였다. 여기서 LD_{10}에서는 10%의 개체를 초래하는 용량이며 동물용량으로의 전환은 LD_{10} = (Human MTD) x $(Wh/Wa)^{(1-0.75)}$이 된다. 또한, 발암성시험에서는 고용량은 MTD 외에도 유의성-동반 비중증 최고 독성용량을 의미하는 HNSTD(highest non-severely toxic dose)도 고용량으로 사용된다. HNSTD를 이용한 용량 HED = HNSTD x $(animal\ weight\ in\ kg/human\ weight\ in\ kg)^{(1-0.75)}$와 같이 0.75의 지수가 적용된다(USFDA, 2005; Elmeliegy 등, 2021). 이 외에도 소분자 합성의약품의 항암제를 위한 HED 추정은 설치류에서 10% 중증-

유도 독성용량인 STD_{10}(10% severe toxic dose)의 1/10 용량, 그리고 비설치류에서 HNSTD의 1/6로 권장하고 있다(Elmeliegy 등, 2021). 그러나 면역과 관련하여 MOA(mode of action)를 가진 면역관문억제제(immune checkpoint inhibitors)와 단일클론항체(monoclonal antibodies) 그리고 항암제인 항체-약물접합체(antibody drug conjugates) 등의 바이오의약품에 대한 임상시험의 안전용량에 대한 구체적인 가이드라인은 없다. 이에 이들 바이오의약품 23종에 소분자 합성의약품과 동일 비설치류에서 HNSTD의 1/6을 처방한 결과, 21종이 인체 MTD 또는 MAD(maximum administered dose, 최대투여용량) 용량을 상회하지 않았고 수용한 불가능한 독성용량에 도달하지 않았다. 비록 용량증가시험(dose escalation test)에서 (HNSTD의 1/6)의 2배 정도로 증가시켰을 때 23종 중 10종이 MTD 및 MAD를 초과하지만 비설치류에서 추정된 HNSTD의 1/6로 임상시험에서 안전용량으로 추정하는 것은 적당한 것으로 제시되었다(Elmeliegy 등, 2021).

14. TGN1412 사건에서 NOAEL-기반과 MABEL-기반의 MRSD를 비교하다면?

NOAEL-기반 MRSD: TGN1412도 아래의 〈표 11-6〉과 같이 2가지 NOAEL 중 랫드의 100mg/kg보다 원숭이의 30mg/kg이 더 낮은 용량이기 때문에 이를 이용한 MRSD가 3mg/kg가 추정되었다(Muller 등, 2009). 여기서 유의할 것은 바이오의약품의 정맥 투여일 경우에 종간 SF(safety factor, 안전계수) 및 HED(human equivalent dose, 인체등가용량)가 적용되지 않고 단지 인체 내의 민감도 차이에 대한 SF 10만 적용된다. 이는 소분자 합성의약품의 정맥투여 경우에 혈액을 빠져나가 전신으로 이동할 수 있지만, 바이오의약품은 혈관을 빠져나갈 수 없어 종간 차이가 없기 때문이다. 그러나, MABEL 출현 이전이므로 TGN1412의 MRSD는 원숭이(cynomolgus monkey)의 NOAEL로 추정되었다. 원숭이 NOAEL의 1/10 정도 용량의 TGN1412가 인체에 투여되었지만, 사망과 장기부전 등의 부작용이 확인되었다. 이와 같은 독성은 임상시험에서 사이토카인 폭풍에 기인하는 것으로 추정되었다. 약리기전 측면의 분석 결과, 인체 CD28 수용체가 원숭이보다 TGN1412에 대한 민감도가 훨씬 민감하여 사이토카인 폭풍이 유도된 것으로 이해되었다.

〈표 11-6〉 TGN1412의 NOAEL-기반 MRSD

NOAEL을 이용한 MRSD 산출 과정
Step 1: NOAEL
(a) 원숭이: 30mg/kg
(b) 랫드: 100mg/kg
Step 2: HED(분자량이 100kDa 이상 바이오의약품에 대한 정맥투여의 경우에 SF 및 HED가 적용되지 않음)
(a) 원숭이: 30mg/kg
(b) 랫드: 100mg/kg
Step 3: 원숭이에 대한 NOAEL 30mg/kg을 HED로 전환을 위해 선택(높은 안전성을 위해 두 종 중 보다 낮은 NOAEL을 선택)
Step 4: 인체의 종내 차이 SF 10을 적용하면 MRSD = 3mg/kg

MABEL-기반 MRSD: TGN1412 사건 후 TGN1412에 대한 MRSD 재산출을 위해서는 3대 요소가 필요하다는 것을 인식하게 되었으며 3대 요소는 아래의 〈표 11-7〉과 같이 요약된다. 일부 바이오의약품의 MRSD 산출에서는 소

(저)분자 합성의약품에 대한 NOAEL이 아니라 MABEL, 그리고 종간 차이에 대한 SF는 RO(receptor occupancy, 수용체 점유율) 기반으로 이루어지는 등 리간드-수용체의 결합에 대한 이해가 우선되어야 한다는 점이다. 만성염증 및 백혈병 치료제로 개발된 TGN1412는 T-세포의 수용체 CD-28에 결합하여 약리효능을 발휘하는 기전으로 개발되었기 때문에 CD-28에 대한 TGN1412의 RO에 대한 이해가 MRSD 산출에 중요한 요소가 된다.

〈표 11-7〉 TGN1412의 MABEL 이용을 통한 MRSD 산출을 위한 3대 요소에 대한 이해

3대 요소	내용
① MOA에 대한 이해	TGN1412는 만성 염증 및 백혈병 치료제의 단일클론 항체로 T-세포막표면의 CD-28에 결합하여 T-세포의 증식 또는 고갈을 유도하는 면역조절인자. 따라서 표적 수용체는 CD-28이 됨
② RO 추정	수용체 CD-28에 TGN1412의 90% RO 이상일 경우에 길항제(antagonist) 역할, 10% 이상 90% 미만일 때 작용제(agoinst) 역할과 10% 미만 RO에서는 영향이 없음
③ in vitro, ex vivo 또는 in vivo 농도-반응 관계 자료	실제 in vitro 시험에서 인체 T-세포증식의 MED(minimal effective dose)는 10% RO가 T-세포의 최소고갈을 유도, 이에 해당하는 용량 이하를 MABEL로 설정

〈표 11-8〉은 ① in vitro 농도-반응곡선 확인: 인체 및 동물에서 바이오의약품의 표적세포를 이용한 바이오의약품과 표적수용체의 RO 확인, ② MABEL 확인: 인체 및 동물의 in vitro의 용량-반응곡선과 랫드 및 원숭이 등의 in vivo 동물 모델로부터의 용량-반응 관계를 이용하여 약리작용의 최저용량인 MED 이하의 MABEL을 산출, ③ MRSD 추정: SF 및 MABEL을 응용하여 MRSD = MABEL/SF, SF=사람의 RO/동물의 RO 등의 3가지 과정을 통해 TGN1412의 MRSD 재산출 과정을 나타낸 것이다. 〈표 11-8〉의 결과 비교에서는 NOAEL

을 이용한 MRSD 산출, 그리고 MABEL을 이용한 MRSD 산출의 결과가 비교되었다. 여러 종의 표적 세포 및 in vivo의 PK/PD 모델을 응용하여 10% 표적수용체를 포화시키는 농도가 원숭이에서 0.1mg/kg로 확인되어 MABEL로 결정되었다. 원숭이와 인체의 RO에 대한 차이가 5배, 즉 인체에 있어서 TGN1412의 수용체 친화도가 5배 높다. 리간드와 수용체의 결합 친화도에 측정은 평형 해리 상수(Kd)를 통해 이루어진다. Kd 값이 작을수록 표적에 대한 리간드의 결합 친화도가 커지고 Kd 값이 클수록 표적 분자와 리간드가 서로 끌려 결합되는 힘이 더 약하다. 따라서 수용체 친화도가 높다는 것은 더 민감하다는 것이며 Kd가 낮으면 특정 용량에서 RO가 높다는 것을 의미한다. 여기서 원숭이와 사람 간의 종간 SF는 5가 되어 MRSD = 0.1mg/kg $(\div)$ 5 = 0.02mg/kg이 된다. 이를 통해 바이오의약품 TGN1412의 임상시험에서 초기용량으로 NOAEL을 이용한 MRSD가 MABEL을 이용한 MRSD보다 무려 150배 정도 높았다는 것을 확인할 수 있다. 이와 같은 높은 용량투여가 림프구 사멸의 과잉을 유도하여 임상시험 사고 발생의 원인으로 고려된다.

〈표 11-8〉 MABEL을 이용한 TGN1412의 MRSD 재산출

MABEL을 이용한 MRSD
- MRSD 산출을 위한 PK/PD model 응용
(a) TGN1412는 단일클론 항체(monoclonal antibody)로 T-세포 고갈을 유도하는 작용제(agonist)
(b) 24시간 동안 원숭이에 있어서 표적 임파구의 10% 수용체 포화를 가져오는 용량이 0.1mg/kg이며 이 용량이 10% 이하의 세포 최소고갈을 유도함
(c) 인체의 혈액(ex vivo)에서의 비교를 통해 원숭이 혈액(in vivo)에서 수용체 친화도 또는 RO가 5배 정도 낮음
(d) MABEL: (0.1mg/kg)/5 = 0.02mg/kg
(e) 인체 및 원숭이의 ex vivo 및 in vivo에서 RO(receptor occupancy, 수용체점유율)가 확인되어 추가적인 SF가 필요가 없음

	MABEL을 이용한 MRSD
결과 비교	MRSD (MABEL) 〈 MRSD (NOAEL) = 0.02mg/kg 〈 3mg/kg로 NOAEL을 이용한 MRSD가 MABEL을 이용한 MRSD보다 150배 높은 용량. 따라서 바이오의약품 중 유전자재조합단백질은 MRSD 산출에 있어서 저분자 합성의약품과의 차이가 있다는 점의 이해가 필요함

15. 성공적인 IND를 위해 안전용량 외에 고려할 사항은?

MRSD와 NOAEL 이외에도 약물 모달리티에 따른 독성시험의 구성과 절차 등을 참고하여 IND 파일링도 필요하다. 특히 소분자 합성의약품과 바이오의약품의 독성기전의 차이는 독성시험 항목과 시험의 단독 및 병합 등의 수행 방법은 시간 및 비용 측면에서 큰 영향을 준다. 적응증에 대한 이해도 중요하다. 예를 들어 암치료제인 항암제의 경우에 NOAEL 대신에 10% 중증-유도 독성용량인 STD_{10}(10% severe toxic dose)이 응용되어 MRSD가 추정된다. 그 외 글로벌 진출을 위해서 국가의 규제 지침(regulatory guidance)에 대한 이해도 필요하다. 그러나 다수 국가가 미국 FDA의 지침을 기본으로 삼아 정책을 마련·수행하고 있다. 따라서 〈표 11-1〉은 미국 FDA의 IND를 위한 비임상 컨설팅 자료에 대한 이해는 글로벌 진출을 위한 IND 파일링에 많은 도움이 된다.

16. 신약 개발과 글로벌 진입을 위한 IND 측면에서 NOAEL 관점은?

규제기관의 비임상 약리/독성 리뷰어가 가장 중요하게 보는 것은 MRSD 설정 과정과 근거이다. 근거는 반복투여독성시험의 독성용량기술치인 NOAEL

과 유효성 시험의 MABEL이다. 그러나 MRSD 추정을 위해 소분자 합성의약품과 바이오의약품 대부분에 응용되는 NOAEL이 가장 중요한 근거이다. 그러나 NOAEL은 시험책임자에 따라 설정 기준이 크게 차이가 난다. 이와 같은 점은 FDA의 비임상의 약리/독성 리뷰어도 인정하며 리뷰어 사이에도 다양한 견해가 있는 것으로 알려졌다(Baldrick 등, 2020). 따라서 가능한 MRSD 공식을 통해 안전성과 치료 영역을 넓히기 위해서 여기서 제시된 〈표 8-3〉 NOAEL 결정을 위한 요소를 참고할 필요가 있다. 특히 중요한 점은 시험물질-유래 변화에 대해 non-adverse effect 및 adverse effect에 대한 시험책임자의 분별력이다. 약리/독성 리뷰어 중에서도 독성전문가가 아닌 대부분의 약학자는 약물의 독성시험 최종보고서에서 adverse effect에 관심을 많이 두는 반면에 non-adverse effect를 무시하거나 배제하려는 경향이 있다(Palazzi, 2016; CIOMS, 2005). 약학자의 이러한 태도는 임상시험(first-in-human study)에 있어서 다양한 안전신호(safety signals)를 회피하는 결과를 가져올 수 있다. 안전신호는 임상시험에 안전성을 위하여 외삽할 만한 가치 또는 지속적인 추적을 할 만한 가치를 지닌 독성시험의 결과물뿐만 아니라 미확인 인과관계(unknown causal relationship)에 대한 이해를 도울 수 있는 변화를 non-adverse effect에서도 확인이 가능하다(IOMS, 2005). 그러나 약물개발의 초기 임상단계에서 임상시험 연구자도 독성시험 결과물의 adverse effect에만 관심을 가진다. 이러한 이유로 인체와의 관련성, 조기발견의 잠재성 그리고 잠재적 독성의 효율적 제어 등이 근원적 영향이 될 수 있는 non-adverse effect에 관심이 전혀 없다고 할 수 있다. 이와 같은 현상은 우리나라도 예외는 아니며 약물개발을 위한 임상시험의 허가 절차인 IND 회의에서 의사 아니면 약사들만의 인적 구성된 것만 보더라도 충분히 이해할 수 있다. 이를 개선하기 위해 비임상 전문기관의 시험책임자 참여가 필수적이다. 그러나 최종보고서에서도 단순히 NOAEL 수치만 제시하여 인체와의 관련성, 조기발견의 잠재성 그리고 잠재적 독성의 효율적 제어 등을 위한 고찰에서 부족함이 있어 이에 대한 보완을 위해 시험책임자의 노력도 필요하다. 근래에는 시험물질에 의한 부정적 영향(adverse effect)이 안전성 우려(safety concern)가 없고 수용 가능한 변화이면 NOAEL 추정에 근거가 되어야 한다는 흐름이 있다(Lewis, 2002; USFDA, 2005). 약물개발을 위한 독성시험에서 또 중요한 점 하나가 NOAEL의 판단이 대조군과 시험군의 변화에 대한 통계적 유의성으로 이루어진다는 것이다. 정상동물에 약물을 투여하면 항상성 균형이 깨지는 것은 당연하다. 역으로 그 깨지는 것이 질환을 가진 환자에서는 약물의 효능으로 항상성을 되가져올 수도 있다. 모든 약물에 의한 모든 변화를 통계적 유의성으로 독성으로 분류하는 것은 시대적 흐름에 맞지도 않다. 통계적 유의성이 있다고 독성으로 판단하는 것은 GLP-기반 독성시험의 초창기에 이루어진 독성의 판단 기준이다. 이제는 40여 년 시간이 지나 소분자 합성의약품에 대한 자료가 풍부하고 축적되어 있다. 이와 같은 상황에서 대조군과 시험군의 변화를 통계적 유의성으로 판단하는 것은 치료용량의 범위를 좁혀 약물개발에 저해요인 중의 하나가 되고 있다. 이제는 통계적 유의성이 아니라 그 변화가 'safety concern(안전성 우려)' 초래 가능성, 그리고 치료효과-독성의 비교를 통한 편익-위험 분석의 결과에 대한 수용성 등이 기준이 되어야 한다. 이와 같은 보완을 통해 IND는 비임상시험의 보다 과학적 수행 및 분석과 연결되어 약물개발을 위한 비임상 분야의 전반적인 질적 향상을 유도하게 된다. 결과적으로 다양한 신약의 개발과 글로벌 진입을 가져올 것으로 기대된다.

제12장

전환기의 독성시험에 대한
마케팅 전략

1. 왜 독성시험의 전환기라고 불리는가?

전체 내용을 통해 처음부터 끝까지 기저에 깔린 생각은 어떻게 하면 국내의 마케팅을 넘어 글로벌시장에 진출할 수 있을까에 대한 질문이었다. 국내 GLP-기반 독성시험은 2000년 GLP 제도가 시작되어 이제 한 세대가 막 끝나고 있다. 다수 GLP 민간기업이 새롭게 창업이 이루어질 정도로 국내 시장은 괄목할 양적 성장이 이루어졌고 독성시험의 질적 향상도 진전이 있었다. 그러나 양적 및 질적 성장에도 불구하고 독성시험 분야의 국내외적 다양한 측면에서 새로운 변화가 요구되고 있다. 그리고 여전히 국내 대형기업은 해외 의존도가 높고 미국 FDA와 유럽 EMA의 문턱은 더 많은 경험을 요구하고 있다. 특히 지난 25여 년 동안 약물 모달리티 변화는 소분자 합성의약품의 기존 가이드라인과는 전혀 다른 독성시험 수행의 응용성이 요구되고 있다. 이는 바이오의약품의 출현에 기인한다. 현재 바이오의약품의 비율은 전체 신약개발에 있어서 약 30%이다. 그러나 몇 년 이내에 바이오의약품의 글로벌시장 점유율은 소분자 합성의약품과 유사하거나 상회할 것이다. 빠르게 변화하고 있는 소분자 합성의약품(small molecules)을 포함하여 바이오의약품의 플랫폼은 이래와 같이 매년 새롭게 생길 정도로 다양하다. 여기에 제네릭이나 바이오시밀러를 포함하면 시장의 크기는 더욱 광범위하게 된다.

- 소분자 합성의약품(small molecules)
- 백신(vaccine)과 톡소이드 백신(toxoid vaccine, 항독소)
- 혈액제제 및 혈장분획제제(medicinal products derived from plasmas)
- 펩타이드 치료제(peptide therapeutics)
- 핵산 치료제(nucleic acid therapeutics)
- 단백질-표적 치료제(protein-targeting therapeutics)
- 효소 치료제(enzyme therapeutics)
- 항체의약품 – 단일클론항체 치료제(monoclonal antibody therapeutics)
- 약물 복합체: 항체-약물접합체(antibody-drug conjugate, ADC)
- 다중클론항체 치료제
- 나노바디(nanobodies)와 변형 항체(modified antibodies)
- 유전자 치료제(gene therapeutics)
- 세포치료제 – 면역세포 치료제(cell-based immunotherapies)
- 세포치료제 – 줄기세포 치료제(Stem cells therapeutics)
- 세포 · 유전자 치료제(cell & gene therapeutics)
- 첨단바이오의약품의 독성시험에 관한 제출자료
- 마이크로바이옴 치료제(microbiome-based therapeutics)
- 파지 치료법(Phage therapy)

이제 약물 모달리티에 대한 적절한 이해가 없다면 독성시험 수행을 통한 적절한 안전성평가에서 어려움을 겪을 수 있다. 이와 같은 약물 모달리티의 급격한 변화는 독성시험의 응용성과 독성시험의 마케팅에서 새로운 도전이 필요한 전환기라고 할 수 있다. 특히, 생명공학 및 합성의학의 발달은 약물 모달리티의 다양화가 가속되어 독성시험의 지속적인 전환기가 될 것으로 예상된다.

2. 약물 모달리티와 글로벌 환경은 어떤 변화를 요구하는가?

새로운 기전에 의해 개발된 약물 형태를 약물의 새로운 치료접근법(new drug modality)이라고 한다. 오랫동안 전통적으로 약물 원료로 개발되어 왔던 합성의약품(small molecules)의 특성과 전혀 다른 바이오의약품(biologics)의 새로운 약물 모달리티 출현과 다양성은 독성시험에 대한 새로운 가이드라인 설정과 독성학적 이해의 관점에서 큰 변화를 가져왔다. 이러한 변화는 바이오의약품과 소분자 합성의약품의 ① 독성기전, 그리고 ② 임상시험 안전용량 설정 등의 2가지 영역에서 차이에 기인한다. 또한, 독성시험 영역에서 글로벌 환경은 동물의 희생을 최소화하는 3R(Reduction, Refinement, Replacement) 등과 같은 동물실험의 윤리적 측면이 강조되고 있어 독성시험 수행에 영향을 주고 있다. 특히 미국 FDA(Food & drug agency)의 현대화법(modernization act)에서는 동물을 이용한 독성시험이 없이 수용이 가능한 독성학적 설명만으로도 IND(investigational new drug, 신약임상시험신청) 통과가 가능한 법률이 공포되었다. 이와 같은 약물 모달리티의 글로벌 환경은 다음과 같은 근거와 독성시험에서 고려할 점으로 요약된다.

① 독성시험의 항목: 생체에 대한 외인성물질(xenobiotics) 아니면 4대 거대분자를 구성하는 내인성물질(endogenic molecules)의 종류 판단은 독성시험 항목 결정에 있어서 결정적인 역할을 한다. 일반적으로 소분자 합성의약품의 경우에 제1상 임상시험에서 첫 번째 인체 투여용량을 위해 단회 · 반복투여독성시험, 안전성약리시험, 독성동태시험, 유전독성시험, 국소내성시험, 생식독성시험 등이 이루어진다. 그러나 바이오의약품은 단회 및 유전독성시험이 생략되

며 항원성 또는 종양원성 등의 시험이 추가된다.

② 동물실험의 윤리와 3R: 미국 FDA(Food & drug agency)의 현대화법 및 기타 글로벌 규제기관의 동물실험 윤리 규정은 독성시험에 다음과 같은 요소들이 반영되고 있다.

- 비인간-영장류의 반복투여독성시험과 병합하여 바이오의약품의 CNS에 대한 안전성약리시험 수행이 가능하다. 이는 결국 전형적인 안전성약리시험 단독으로 수행하는 것보다 병합하여 수행하는 것이 3R 측면에 더 부합되는 장점이 있다.

- 동물시험 윤리의 3R 측면에서 동물의 수와 고통을 줄일 수 있도록 투여 기간이 가장 짧은 독성시험으로부터 MTD를 설정하는 것이 권장되고 있다.

- 바이오의약품의 비임상시험에서 동물종 및 독성시험의 선택에 있어서 가장 중요한 것은 바이오의약품의 표적 수용체 확인을 비롯하여 이를 가진 동물종의 선택이다. 이는 바이오의약품 경우에는 인체의 표적 수용체가 이미 결정된 후 개발되기 때문이다. 또한, 바이오의약품이라도 비인간-영장류 사용은 3R 및 USFDA의 현대화법에 따라 정당한 근거가 제시되어야 한다.

③ 독성시험과 유효성시험의 동시 수행: 대부분의 소분자 합성의약품은 유효성과 독성의 용량-반응 관계의 곡선이 분리되어 나타난다. 그러나 바이오의

약품 중에서도 사이토카인(cytokine), 단일클론항체(monoclonal antibody), 면역강화제 등을 비롯하여 성장호르몬(growth hormone) 등과 같은 바이오의약품은 저용량 영역에서는 유효성의 용량-반응 관계로 나타나지만, 고용량 영역에서는 유효성의 과부하에 의하여 독성으로 전환된다. 따라서 유효성과 독성이 동일 용량-반응곡선에 나타난다. 이는 결국 in vivo인 경우에 독성시험과 유효성시험을 동시에 수행하는 상황이 예측된다.

④ 투여의 중요성: 바이오의약품은 치료를 위해 매우 정확한 표적-특이성(target-specificity)을 가지고 있다. 소분자 합성의약품 경우에 경구 또는 주사 등 비수술적 투약이 대부분이다. 반면에 바이오의약품 경우에는 표적-특이성에 기인하여 질병과 관련 조직 및 기관에 외과적 수술을 통한 주입과 주사에 의한 투여 특성이다. 그러나 오늘날까지 약물개발의 핵심 모달리티인 소분자 합성의약품의 주사 특성에 대한 정보가 많이 축적되어 있지만 근래에 관심을 받기 시작하고 모달리티의 다양성을 가진 바이오의약품에 대한 자료와 경험이 부족하다. 특히 동물실험에서 바이오의약품의 주사 및 외과적 수술을 통한 주입의 미숙도 발생할 수 있다. 이와 같은 문제로 바이오의약품의 주입부위 반응(injection site reactions, ISR) 발생을 비롯하여 시험에 영향을 주는 알레르기 과민성 반응 감염병의 위험성이 발생할 수 있다. 이와 같은 부정적인 반응은 독성시험 및 유효성시험의 결과에 대한 영향을 주게 된다. 따라서 바이오의약품의 주사 및 주입기술은 비임상시험에 영향을 미치는 아주 중요한 기술적 요인이라고 할 수 있다. 특히 1회 정도 투여되지만, 고난도 기술이 필요한 뇌에 대한 주사 및 주입은 시험 성공의 90% 정도를 차지할 정도로 중요하다. 따라서 바이오의약품의 주사 및 주입 방법의 정확성 및 정교함을 높이기 위해서는 경

험이 많은 인력과 최신 장비의 사용이 필수적으로 요구된다.

⑤ 동물종의 선택: 독성시험에서 사용되는 동물종(animal species)은 시험의 종류마다 다르지만 소분자 합성의약품에 대한 동물종은 랫드, 정상(wild type) 토끼, 개, 비인간 영장류(non-human primates, NHP) 등이다. 독성시험 및 시험물질에 따라 동물종이 선택되는데 주로 과학적·윤리적 그리고 실용적 요소들이 고려되어 선택된다. 특히 과학적 요소로는 표적수용체의 발현과 상동성, 분포, 아종, 대사와 동태 양상, 혈장 단백질과의 결합성 등이 있다. 이들 요소 등의 유사성과 차이의 비교를 통해 인체에서 약리학적 및 생리학적 반응에 대한 최적의 동물종 및 동물모델을 선택하게 된다(EMEA, 2017). 특히 소분자의 합성의약품은 생체 내 외인성물질의 생화학적 전환을 담당하는 cytochrome P450 효소체계에 의해 대사되며 이들 효소는 종간 차이에 의해 독성의 종간 차이가 발생한다. 소분자 합성의약품의 유전독성시험 중 in vitro 시험에서 cytochrome P450 효소체계를 투여하여 시험이 이루어지는 이유도 독성 및 무독성 대사체로의 전환에 대한 양면성에 기인한다. 반면에 바이오의약품 경우에는 cytochrome P450 효소체계가 아니라 실험동물에 있어서 수용체 유무에 의해 독성의 종간 차이가 발생한다. 이는 바이오의약품이 cytochrome P450 대사되지 않기 때문이다. 따라서 소분자 합성의약품의 안전성평가 과정에서는 동물종마다 cytochrome P450 효소체계에서 차이를 고려하여 1종은 설치류 그리고 다른 1종은 비설치류 등의 2종으로 독성시험이 수행된다. 반면에 바이오의약품은 수용체를 가진 1종의 동물종에 대한 독성시험이 이루어진다. 특히 바이오의약품은 수용체 특이성에 기인하여 형질전환(transgenic) 또는 인간과 비슷한 생체 구조로 만든 인간화(humanized) 마우스 또는 랫드 등의 설치류로 독성시

험이 이루어질 것으로 예측된다.

⑥ 독성시험을 통한 성공적인 IND 전략과 임상 안전용량 설정: 성공적인 IND 자료제출에서 가장 중요한 부분은 독성시험에서 얻은 동물용량의 인체 용량 전환에 있어 외삽(extrapolation) 과정에 대한 타당성이다. 외삽을 통해 추정된 안전용량은 건강한 지원자와 환자의 안전을 보장하기에 신중하게 산출되어야 하기 때문이다. 〈표 12-1〉은 소분자 합성의약품과 바이오의약품에 대한 인체 최초투여용량(first-in-human, FIH) 또는 임상최대권장초기용량(maximum recommended starting dose, MRSD)의 결정 방법을 나타낸 것이다. 모달리티별 MRSD 추정에 있어서 독성용량기술치(toxic dose descriptor)와 안전계수(safe factor) 측면에서 차이가 있다. 예를 들어 소분자 합성의약품의 경우에 동물의 체중-기반 용량이 인체의 체표면적(body surface area, BSA)-기반 용량으로 전환되어 인체등가용량(human equivalent dose, HED)으로 추정된다. 반면에 바이오의약품 경우에 용량의 종간 전환이 없고 동물용량과 인체 용량의 동일 적용으로 안전용량이 산출된다. 소분자 합성의약품과 바이오의약품의 임상 안전용량 산출에 차이가 있을 뿐만 아니라 바이오의약품 중 성장호르몬, 사이토카인, 단클론항체, 면역강화제 등은 다른 바이오의약품과도 차이가 있다. 바이오의약품 중에서도 이와 같은 차이를 가져온 원인은 2006년 영국에서 백혈병 치료제인 TGN1412의 임상시험에서 발생한 비극에 기인한다(Attarwala 등, 2010; Agyeman 등, 2016). TGN1412는 단일클론항체(Anti-CD28 monoclonal antibody)로 백혈구 표면의 면역계 단백질인 CD28에만 특이적 결합을 한다. 결합에 의한 CD28 활성화는 사이토카인(cytokine)의 과도한 분비로 염증성 혈관손상과 다발성장기부전을 유도한다. 사이토카인의 과도

한 분비를 사이토카인 폭풍(cytokine storm)이라고 하는데 TGN1412에 의해 폭풍이 유도되어 임상시험의 비극을 낳게 한 것으로 이해되고 있다(Agyeman 등, 2016; Panoskaltsis 등, 2021). 이는 바이오의약품의 과잉 약리기전에 기인한다. 일반적으로 소분자 합성의약품처럼 효능용량과 독성용량이 분리된 용량-반응곡선에 존재하는 반면에 단일클론항체 등의 바이오의약품은 효능용량과 독성용량이 동일 용량-반응곡선에 존재한다. 그러나 모든 바이오의약품이 동일 용량-반응곡선에 존재하는 것은 아니며 성장호르몬과 일부 면역활성과 관련된 사이토카인, 단클론항체, 면역강화제 등의 바이오의약품이 이에 해당된다(Muller 등, 2009). 따라서 모달리티별 독성기전의 차이가 임상 안전용량 설정의 방법에 차이를 가져온다는 것을 이해할 수 있다. 약물에 대한 안전성평가의 가장 중요한 것은 임상시험에서 시작용량(starting dose) 또는 최대 안전용량 추정을 위하여 NOAEL 및 MABEL 등과 같은 독성용량기술치의 근거를 제시하는 것이다. 이러한 근거의 응용에서 명확하게 설명되어야 성공적인 IND를 기대할 수 있기에 독성시험 마케팅을 위한 컨설팅 분야에서 상당히 중요한 부분이다.

〈표 12-1〉 약물 모달리티별 임상시험에서 안전용량 추정 방법

항목	소분자 합성의약품	바이오의약품	성장호르몬, 사이토카인, 단클론항체, 면역강화제 등의 바이오의약품
독성용량기술치	NOAEL	NOAEL	MABEL
용량반응곡선의 특징	효능 및 독성의 곡선이 분리	효능 및 독성의 곡선이 분리	효능과 반응의 동일한 곡선
종내 차이에 대한 안전계수(safety factor)	10	10	궁극적으로 전신혈관계 내에 존재하거나 전신혈관계로 이동하지 않는다면 '1'

항목	소분자 합성의약품	바이오의약품	성장호르몬, 사이토카인, 단클론항체, 면역강화제 등의 바이오의약품
종간 차이에 대한 안전계수(safety factor)	HED = NOAEL x 전환계수	AED(동물등가용 량) = HED	SF = RO ratio = 사람 RO/동물 RO
MRSD(임상최대 권장초기용량)	MRSD = HED/10	MRSD = AED/10	MRSD = MABEL/(RO ratio)

NOAEL: no observed adverse effect level, 최대비독성용량, HED: human equivalent dose, 인체등가용량, MABEL: minimum anticipated biological effect level, 최소기대생물학적영향용량, AED: animal equivalent dose, 동물등가용량, RO: receptor occupancy, 수용체점유율

3. 전환기의 마케팅 전략으로 건별 접근법(case by case approach)이란?

바이오의약품(biologics)의 새로운 약물 모달리티 출현과 다양성은 독성시험에 대한 새로운 가이드라인 설정과 독성학적 이해의 관점에서 큰 변화를 가져왔다. 또한, 독성시험 영역에서 글로벌 환경은 동물의 희생을 최소화하는 3R(Reduction, Refinement, Replacement) 등과 같은 동물실험의 윤리적 측면이 강조되고 있어 독성시험 수행에 영향을 주고 있다. 이와 같은 약물 모달리티의 새로운 출현과 다양화와 3R 측면에서 글로벌 환경은 ① 독성시험의 항목, ② 동물실험의 윤리와 3R, ③ 독성시험과 유효성시험의 동시 수행, ④ 투여의 중요성, ⑤ 동물종의 선택, ⑥ 독성시험을 통한 성공적인 IND 전략과 임상 안전용량 설정 등을 기반한 안전성평가를 요구하고 있다. 그러나 빠르게 발전하는 생명과학적 진보와 이에 따른 새로운 약물 모달리티를 위한 가이드라인 설정에 있어서 세부사항에 있어서 한계점을 드러내고 국내외적 차이도 확연하다. 이와 같은 시대적 전환기를 맞이하면서 비임상 영역에서의 실질적인 접근은 약

물의 다양한 모달리티 및 국내외적 차이의 상황을 고려하여 약물 모달리티별 건별 접근법이 필수적이다. 독성시험 마케팅을 위한 건별 접근법(case by case approach)이란 약물 모달리티의 새로운 출현과 다양화, 그리고 동물실험에서 3R이 강조된 글로벌 환경에 적절하게 개개 후보약물의 모달리티 확인부터 임상시험에서의 안전용량 결정까지 컨설팅을 통한 마케팅의 3단계별 전략이다. 약물 모달리티의 특성과 전문적인 독성학 지식을 병합하여 논리적 설득력이 있는 독성시험의 설계와 수행에 대한 컨설팅 전략이라고 할 수 있다.

• 〈단계-1〉 약물 모달리티에 따른 분류 체계와 약물개발자의 선택에 대한 컨설팅: 약물 모달리티는 아래와 같이 5가지로 분류하여 이들 중 하나가 결정되며 약물개발자의 선택을 위한 컨설팅이 이루어진다.

1) 합성의약품
① 소분자(small molecules)합성의약품: 체내에 존재하지 않는 분자량 1000 이하
② 고분자(macromolecules 또는 high molecules)합성의약품: 동일 단량체 (monomer) 분자들의 화학반응을 통하여 규칙적이면서 반복적인 단위를 가진 긴 사슬로 이루어진 분자

2) 대분자(large molecules) & 거대분자(Mega molecules)
① 생체 내에 존재하는 아미노산 및 핵산 등으로 구성된 펩타이드 및 Aptamer 화학적으로 합성된 합성의약품

② 생체에서 분리된 단백질 및 생명공학-기반 바이오의약품

3) 세포-수준 치료제

① 유전자치료제

② 세포치료제

③ 세포 · 유전자 치료제

4) 약물 복합체

① 소분자합성의약품+바이오의약품

② 소분자+대분자

③ 소분자+소분자

5) 분류에 없는 약물 모달리티

• 〈단계-2〉 약물 모달리티에 따른 독성시험 항목의 선택에 대한 컨설팅: 〈단계-1〉에서 결정된 약물 모달리티는 아래와 같은 항목에 따라 컨설팅이 진행되면 유효성을 포함한 비임상시험에서 핵심적인 내용 및 방향성이 제시된다. 바이오의약품의 비임상시험에서 동물종 및 독성시험의 선택에 있어서 가장 중요한 것은 바이오의약품의 표적 수용체가 무엇이며 이를 가진 동물종이 선택되어야 한다. 이는 바이오의약품 경우에는 인체의 표적 수용체가 이미 결정된 후 개발되기 때문이다. 또한, 바이오의약품이라도 비인간-영장류 사용은 3R 및 USFDA의 현대화법에 따라 정당한 근거가 제시되어야 한다. 일반적으로 소분자 합성의약품의 경우에 제1상임상시험에서 첫 번째 인체 투여용량을 위해 단

회·반복투여독성시험, 안전성약리시험, 독성동태시험, 유전독성시험, 국소내성시험, 생식독성시험 등이 이루어진다. 그러나 바이오의약품은 단회 및 유전독성시험이 생략되며 항원성 또는 종양원성 등의 시험이 추가된다. 안전성약리시험은 바이오의약품의 경우에 다른 시험과 병합시험도 가능하다. 이러한 점을 비롯하여 국내외 가이드라인 차이를 고려하여 근거를 통해 설득력이 있는 독성시험의 항목 선택 및 진행에 컨설팅한다. 이와 같은 사항을 잘 반영되기 위해서는 다음의 5가지 사항을 주의 깊게 파악하여야 한다.

① 동물종의 수: 2종 vs 1종
② 동물종의 결정: 바이오의약품의 경우에 표적기관 및 표적 수용에 대해 반드시 확인함
③ 약물 모달리티-특이적 독성시험: 유전독성시험 vs 종양원성시험 vs 면역원성시험
④ USFDA의 현대화법에 따른 Non-human primate 사용: 동물 사용에 이유와 이를 대체할 수 없는 이유에 대한 근거 제시
⑤ 외국 가이드라인과 국내 가이드라인 차이에 따른 독성시험 항목 및 기간 결정
⑥ 안전성약리시험(단독 또는 병합)

• 〈단계-3〉 성공적인 IND를 위한 MRSD 설정을 위한 컨설팅: 소분자 합성의약품 및 다양한 바이오의약품에 대한 정확한 파악은 약물의 치료범위(therapeutic range) 결정에 있어서 중요하다. 일반적으로 약물이 소량으로 효과가 나타날 수도 있지만, 독성용량에 근접하여 나타날 수도 있다. 또한, 사이토

카인, 단클론항체, 면역강화제 등의 바이오의약품은 NOAEL이 아니라 MABEL을 통해 임상시험에서의 안전용량이 설정된다. 항암제 역시 일반적인 제제와 안전용량 설정에서 차이가 있다. 따라서 약물의 모달리티별 임상시험에서 안전용량을 설정하기 위해서는 다음과 같은 요인을 세밀하게 파악하여야 한다.

① 약물의 생화학적 전환(biotransformation) 유무 및 PK에 대한 확인

② 세포 및 유전자치료제가 아닌 아미노산 및 핵산 등의 생체의 내인성물질(endogenic molecules) 확인

③ Human equivalent dose vs animal equivalent dose의 적용을 위한 선택

④ 약물 모달리티에 따른 지수 적용법 또는 용량-전환계수법을 통한 MRSD 산출

⑤ 일부 바이오의약품에 대한 MABEL의 선택적 적용

⑥ MRSD 추정을 위한 독성용량기술치 NOAEL 및 MABEL 외 항암제의 STD_{10}(10% severe toxic dose) 고려

참고문헌

Agyeman AA, Ofori-Asenso R. A decade after the TGN1412 disaster: what have we learnt about safety-predicting methods for new biological agents?Pharm Pharmacol Int J. 2016;4(7):499-500.

Alegra T, Vairo F, de Souza MV, Krug BC, Schwartz IV. Enzyme replacement therapy for Fabry disease: A systematic review and meta-analysis. Genet Mol Biol. 2012;35(4 (suppl)):947-954.

Alessandri L, Ouellette D, Acquah A, Rieser M, Leblond D, Saltarelli M, Radziejewski C, Fujimori T, and Correia I. Increased serum clearance of oligomannose species present on a human IgG1 molecule. MAbs. 2012;4:509-520.

Amouzadeh H, Williamson T, Vargas HM. A review of convulsion and seizure incidence: small versus large molecule experience. J Pharmacol Toxicol Methods. 2012; 66:e193.

Andrade EL, A.F. Bento, J. Cavalli, S.K. Oliveira, R.C. Schwanke, J.M. Siqueira, C.S. Freitas,R. Marcon and J.B. Calixto. Non-clinical studies in the process of new drug development — Part II: Good laboratory practice, metabolism, pharmacokinetics, safety and dose translation to clinical studies. Brazilian Journal of Medical and Biological Research. 2016;49(12):e5646.

Attarwala H. TGN1412: From Discovery to Disaster. J Young Pharm. 2010;2(3):332-336.

Bailey J, Thew M, Balls M. An analysis of the use of animal models in predicting human toxicology and drug safety. Altern Lab Anim 2014;42:189-199.

Baldrick P, Cosenza ME, Alapatt T, Bolon B, Rhodes M, Waterson I. Toxicology Paradise: Sorting Out Adverse and Non-adverse Findings in Animal Toxicity Studies. International Journal of Toxicology. 2020;39(5):365-378.

Baldrick P. Nonclinical immunotoxicity testing in the pharmaceutical world: The past, present, and future. Ther Innov Regul Sci. 2019;13:2168479019864555.

Baldrick P. Toxicokinetics in preclinical evaluation. Drug Discov Today. 2003; 1;8(3):127-33.

Balocco R, De Sousa Guimaraes Koch S, Thorpe R, Weisser K, Malan. New INN nomenclature for monoclonal antibodies. Lancet. 2022;399(10319):24.

Banavar JR, Moses ME, Brown JH, Damuth J, Rinaldo A, Sibly RM, et al. A general basis for quarterpower scaling in animals. Proc Natl Acad Sci USA. 2010;107:1581620.

Bass AS, Hombo T, Kasai C, Kinter LB, Valentin JP. A Historical View and Vision into the Future of the Field of Safety Pharmacology. Handb Exp Pharmacol. 2015;229:3-45.

Betts A, Keunecke A, van Steeg TJ, van der Graaf PH, Avery LB, Jones H, Berkhout J. Linear pharmacokinetic parameters for monoclonal antibodies are similar within a species and across diferent pharmacological targets: a comparison between human, cynomolgus monkey and hFcRn Tg32 transgenic mouse using a population modeling approach. MAbs. 2018;10(5):751 −764.

Bhavatarini V, Subrahmanyam. CH, S. Ramakrishna, BV. Sandeep, KPJ Hemalatha. Current and Emerging Therapeutic Modalities in Drug Development. JETIR, 2021;8(6):c497−c502.

Bick J. Recommendations for Flow Cytometry−based Receptor Occupancy (RO) Assays. Flow Metric. 2021. www.flowmetric.com/cytometry−blog/

Moyer BR. Regulatory Considerations Involved in Imaging. Pharmaco−Imaging in Drug and Biologics Development. 2013;355−390. Part of the AAPS Advances in the Pharmaceutical Sciences Series book series (AAPS, volume 8).

Bielas JH, Loeb KR, Rubin BP, True LD, Loeb LA. Human cancers express a mutator phenotype. Proc Natl Acad Sci USA. 2006;103(48):18238 −18242.

Blackwell B, Martz BL. For the first time in man. Clin Pharmacol Ther. 1972;13:812 −826.

Blanco, Maria−Jesus and Kevin M. Gardinier. New Chemical Modalities and Strategic Thinking in Early Drug Discovery. ACS Med. Chem. Lett. 2020;11(3):228 −231.

Bonate PL, Howard D. Prospective allometric scaling: does the emperor have clothes? J Clin Pharmacol. 2000;40:335 −340.

Boxenbaum, H and C DiLea. First−Time−in−Human Dose Selection: Allometric Thoughts and Perspectives, Journal of Clinical Pharmacology, 1995;35:957−966.

Brennan FR, Andrews L, Arulanandam AR, Blumel J, Fikes J, Grimaldi C, Lansita J, Loberg LI, MacLachlan T, Milton M, Parker S, Tibbitts J, Wolf J, Allamneni KP. Current strategies in the non−clinical safety assessment of biologics: New targets, new molecules, new challenges. Regul Toxicol Pharmacol. 2018;98:98−107.

Brennan FR, Baumann A, Blaich G, de Haan L, Fagg R, Kiessling A, Kronenberg S, Locher M, Milton M, Tibbits J. Nonclinical safety testing of biopharmaceuticals − addressing current challenges of these novel and emerging therapies. Reg Tox Pharm. 2015;73(1):265 −275.

Buckley LA, Bebenek I, Cornwell PD, Hodowanec A, Jensen EC, Murphy C, Ghantous HN. Drug Development 101: A Primer. Int J Toxicol. 2020;39(5):379−396.

Buckley LA. High dose selection in general toxicity studies for drug development: A pharmaceutical industry perspective. Regulatory Toxicology and Pharmacology. 2009;54:301 −307.

Bults P, Bischoff R, Bakker H, Gietema JA, and van de Merbel NC. LC−MS/MS−based monitoring of in vivo protein biotransformation: quantitative determination of trastuzumab and its deamidation products in human plasma. Anal Chem 2016;88:1871 −1877.

Buss NA, Henderson SJ, McFarlane M, Shenton JM, de Haan L. Monoclonal antibody therapeutics: history and future. Curr Opin Pharmacol. 2012;12(5):615−622.

Cantini F, Niccoli L, Capone A, Petrone L, Goletti D. Risk of tuberculosis reactivation associated with traditional disease modifying anti-rheumatic drugs and non-anti-tumor necrosis factor biologics in patients with rheumatic disorders and suggestion for clinical practice. Expert Opin Drug Saf. 2019;18(5):415-425.

CDER. (CENTER FOR DRUG EVALUATION AND RESEARCH). APPLICATION NUMBER: 206255Orig1s000. PHARMACOLOGY REVIEW(S). 2013.

Chatterjee N, Walker GC. Mechanisms of DNA damage, repair, and mutagenesis. Environ Mol Mutagen. 2017;58(5):235-263.

Chen X, Liu YD, and Flynn GC. The effect of Fc glycan forms on human IgG2 antibody clearance in humans. Glycobiology. 2009;19:240 – 249.

Chhabra M. Translational Biotechnology; A Journey from Laboratory to Clinics. Chapter 6-Biological therapeutic modalities. 2021;137-164.

Chow TG, Franzblau LE, Khan DA. Adverse Reactions to Biologic Medications Used in Allergy and Immunology Diseases. Curr Allergy Asthma Rep. 2022;22(12):195-207.

Choy EH, Panayi GS. Cytokine pathways and joint inflammation in rheumatoid arthritis. New England Journal of Medicine. 2001;344(12):907-916.

Christa E. Müller, Finn K. Hansen, Michael Gütschow, Craig W. Lindsley, and Dennis Liotta. New Drug Modalities in Medicinal Chemistry, Pharmacology, and Translational Science: Joint Virtual Special Issue by Journal of Medicinal Chemistry, ACS Medicinal Chemistry Letters, and ACS Pharmacology & Translational Science. 2021;4(6):1712-1713.

Chui RW, Derakhchan K, Vargas HM. Long-term assessment of non-human primate ECG using jacketed external telemetry (JET): evaluation of heart rate and QTc interval variation over 6 months of observation. J Pharmacol Toxicol Methods. 2011;64:e45.

Chui RW, Fosdick A, Conner R, et al. Assessment of two external telemetry systems (PhysioJacket and JET) in Beagle dogs with telemetry implants. J Pharmacol Toxicol Methods. 2009;60:58-68.

CIOMS. (Council for International Organizations of Medical Sciences VI). Management of safety information from clinical trials. Accessed December 2, 2015.

Clemo FA, Evering, WE., Snyder, PW, and Albassam, MA. Differentiating spontaneous from drug-induced vascular injury in the dog. Toxicol Pathol. 2003;31:25 – 31.

Colović MB, Krstić DZ, Lazarević-Pašti TD, Bondžić AM, Vasić VM. Acetylcholinesterase inhibitors: pharmacology and toxicology. Curr Neuropharmacol. 2013;11(3):315-335.

Crump C, Michaud P, Tellez R, Reyes C, Gonzalez G, Montgomery EL, Crump KS, Lobo G, Becerra C, Gibbs JP. Does perchlorate in drinking water affect thyroid function in newborns or school-age children? J Occup Environ Med. 2000;42:603 – 612.

Dahlem AM, Allerheiligen SR, Vodicnik MJ. Concomitant toxicokinetics: techniques for and interpretation of exposure data obtained during the conduct of toxicology studies. Toxicol

Pathol. 1995;23(2):170-178.

Derzi M, Shoieb AM, Ripp SL, Finch GL, Lorello LG, O'Neil SP, Radi Z, Syed J, Thompson MS, Leach MW. Comparative nonclinical assessments of the biosimilar PF-06410293 and originator adalimumab. Regul Toxicol Pharmacol. 2020;112:104587.

De Vera Mudry, MC., Kronenberg, S, Komatsu, S, and Aguirre, GD. Blinded by the light: Retinal phototoxicity in the context of safety studies. Toxicol Pathol. 2013;41:813–825.

Dorato MA. The no-observed-adverse-effectlevel in drug safety evaluations: Use, issues, and definition(s).Regul Toxicol Pharmacol. 2005;42:265–274.

Dourson ML, Hertzberg RC, Hartung R, Blackburn K. Novel methods for the estimation of acceptable daily intake. Toxicol Ind Health. 1985;1:23–33.

Derakhchan K, Chui RW, Vargas HM. Evaluation of cardiac conduction disturbances using jacketed external telemetry (JET) in conscious non-human primates. J Pharmacol Toxicol Methods. 2011;64:e46.

Ducarmon QR, Kuijper EJ, Olle B. Opportunities and Challenges in Development of Live Biotherapeutic Products to Fight Infections. J Infect Dis. 2021;16;223(12 Suppl 2):S283-S289.

du Sert N, Holmes A, Wallis R et al. Predicting the emetic liability of novel chemical entities: a comparative study. Br J Pharmacol. 2012;165:1848–1867.

ECHA/RAC-SCOEL Joint Task Force Report. (2017). Joint Task Force ECHA Committee for Risk Assessment (RAC). and Scientific Committee on Occupational Exposure Limits (SCOEL) on Scientific aspects and methodologies related to the exposure of chemicals at the workplace. TASK 2. EUROPEAN COMMISSION. EUROPEAN CHEMICALS AGENCY.

EFSA. Scientific Committee, Hardy A, Benford D, Halldorsson T, Jeger MJ, Knutsen KH, More S, Mortensen A, Naegeli H, Noteborn H, Ockleford C, et al. 2017. Update: guidance on the use of the benchmark dose approach in risk assessment. EFSA J. 2017;15:4658.

Elmeliegy M, Udata C, Liao K, Yin D. Considerations on the Calculation of the Human Equivalent Dose from Toxicology Studies for Biologic Anticancer Agents. Clin Pharmacokinet. 2021;60(5):563-567.

EMA. European Medicines Agency. Reflection paper on non-clinical evaluation of drug-induced liver injury (DILI) (EMEA/CHMP/SWP/15011/2006). 2010. Accessed February 2020.

EMA. European medicine agency. ICH S5(R3) Guideline on detection of reproductive and developmental toxicity for human pharmaceuticals. EMA/CHMP/ICH/544278/1998.

EMEA/CHMP/SWP/28367/07. Rev. 1. Guideline on Strategies to Identify and Mitigate Risks for First-in-Human and Early Clinical Trials with Investigational Medicinal Products. 2017.

EMEA(European Medicines Agency). European Medicines Agency. Guideline on strategies to identify and mitigate risks for first-in-human clinical trials with investigational medicinal products.

2007.

EMA/CHMP/SWP/81714/2010. Committee for Medicinal Products for Human Use (CHMP). Questions and answers on the withdrawal of the 'Note for guidance on single dose toxicity.

Engwall MJ, Sutherland, W, Vargas, HM. Safety Pharmacology Evaluation of Biopharmaceuticals. In: Hock, F.J., Gralinski, M.R., Pugsley, M.K. (eds) Drug Discovery and Evaluation: Safety and Pharmacokinetic Assays. Springer, Cham. 2022. https://doi.org/10.1007/978-3-030-73317-9_18-1.

Escude P, Martinez de Castilla, Lingjun Tong, Chenyuan Huang, Alexandros Marios Sofias, Giorgia Pastorin, Xiaoyuan Chen, Gert Storm, Raymond M. Schiffelers, Jiong-Wei Wang. Extracellular vesicles as a drug delivery system: A systematic review of preclinical studies, Advanced Drug Delivery Reviews. 2021;175:113801.

EU/2010/63. (2010). Directive 2010/63/EU of the European Parliament and of the Council of 22 September 2010 on the Protection of Animals Used for purposes.

Ezan E, François Becher & François Fenaille. Assessment of the metabolism of therapeutic proteins and antibodies, Expert Opinion on Drug Metabolism & Toxicology, 2014;10(8): 1079-1091.

Fan LY, Zhou Z, Zhong S, Ling N, Wang ZY, Shi XF, Zhang DZ, Ren H. [Nucleos(t)ides as prophylaxis for the reactivation of hepatitis B virus in immunosuppressed patients]. Zhonghua Gan Zang Bing Za Zhi. 2009;17(6):429-33.

FDA-CBER. Center for Biologics Evaluation and Research, https://www.fda.gov/about-fda/center-biologics-evaluation-and-research-cber/what-are-biologics-questions-and-answers. 2018.

Freireich EJ. Quantitative comparison of toxicity of anticancer agents in mouse, rat, hamster, dog, monkey, and man. Cancer Chemother. Rep. 1966;50:219-244.

Gabathuler R. Approaches to transport therapeutic drugs across the blood brain barrier to treat brain diseases. Neurobiol Dis. 2010;37:48-57.

Garraway SM, Huie JR. Spinal Plasticity and Behavior: BDNF-Induced Neuromodulation in Uninjured and Injured Spinal Cord. Neural Plast. 2016;2016:9857201.

Gaylor DW. Quick estimate of the regulatory virtually safe dose based on the maximum tolerated dose for rodent bioassays. Regul. Toxicol. Pharmacol. 1995;22:57-63.

Goetze AM, Liu YD, Arroll T, Chu L, and Flynn GC. Rates and impact of human antibody glycation in vivo. Glycobiology. 2012;22:221-234.

Goldsmith MA, Slavik M, Carter SK. Quantitative prediction of drug toxicity in humans from toxicology in small and large animals. Cancer Res. 1975;35(5):1354-64.

Gollapudi BB, Johnson GE, Hernandez LG et al.. Quantitative approaches for assessing dose-response relationships in genetic toxicology studies. Environ Mol Mutagen. 2013;54(1):8-18.

Grace E, Goldblum O, Renda L, Agada N, See K, Leonardi C, Menter A. Injection Site Reactions in the Federal Adverse Event Reporting System (FAERS) Post-Marketing Database Vary Among Biologics Approved to Treat Moderate-To-Severe Psoriasis. Dermatol Ther (Heidelb). 2020;10(1):99-106.

Grimes J, Desai S, Charter N et al. MrgX2 is a promiscuous receptor for basic peptides causing mast cell pseudo-allergic and anaphylactoid reactions. Pharmacol Res Perspect. 2019;7:547.

Guangying D, Shuzhi M, Xiaoyin Z, Pengfei Y, Xin Y, Liang Y, Xin S, Baiping S, Changlin D, Hongbo W, Jingwei T. Non-clinical pharmacology and toxicology studies of bevacizumab biosimilar LY01008. Eur J Pharmacol. 2022;936:175383.

Guengerich FP. A history of the roles of cytochrome P450 enzymes in the toxicity of drugs. Toxicol Res. 2020;37(1):1-23.

Guengerich FP. Mechanisms of cytochrome P450 substrate oxidation: Mini Review. J Biochem Mol Toxicol. 2007;21(4):163-8.

Guo X, Mei N. Benchmark Dose Modeling of In Vitro Genotoxicity Data: a Reanalysis. Toxicol Res. 2018;34(4):303-310.

Guth BD, Bass AS, Briscoe R, et al. Comparison of electrocardiographic analysis for risk of QT interval prolongation using safety pharmacology and toxicology studies. J Pharmacol Toxicol Methods 2009;60:107-16.

Hackam DG, Redelmeier DA. Translation of research evidence from animals to humans. JAMA. 2006;296:1731-2.

Han M, Pearson JT, Wang Y, Winters D, Soto M, Rock DA, and Rock BM. Immunoaffinity capture coupled with capillary electrophoresis - mass spectrometry to study therapeutic protein stability in vivo. Anal Biochem. 2017;539:118-126.

Hall AP, Elcombe, CR, Foster, JR, Harada, T, Kaufmann, W, Knippel, A, Kuttler, K, Malarkey, DE, Maronpot, RR, Nishikawa, A, Nolte, T, Schulte, A, Strauss, V, and York, MJ. Liver hypertrophy: A review of adaptive (adverse and non-adverse) changes-Conclusions from the 3rd international ESTP expert workshop. Toxicol Pathol. 2012;40(7):971-994.

Hall MP, Gegg C, Walker K, Spahr C, Ortiz R, Patel V, Yu S, Zhang L, Lu H, DeSilva B, et al., Ligand-binding mass spectrometry to study biotransformation of fusion protein drugs and guide immunoassay development: strategic approach and application to peptibodies targeting the thrombopoietin receptor. AAPS J. 2010;12(4):576-585.

Hamid R. Amouzadeh, Michael J. Engwall, and Hugo M. Vargas. Safety Pharmacology Evaluation of Biopharmaceuticals, Principles of safety pharmacology, Handbook of Experimental Pharmacology, 2019;229:385-404.

Hamuro LL, Kishnani NS. Metabolism of biologics: biotherapeutic proteins. Bioanalysis. 2012;(2):189-195.

Hayakawa K, Satoshi Uchida, Toru Ogata, Sakae Tanaka, Kazunori Kataoka, Keiji Itaka, Intrathecal injection of a therapeutic gene-containing polyplex to treat spinal cord injury Journal of Controlled Release. 2015;197:1-9.

Holsapple MP. Dose response considerations in risk assessment—An overview of recent ILSI activities. Toxicol Lett. 2008;180:85-92.

Honkala, A., Malhotra, S.V., Kummar, S. et al. Harnessing the predictive power of preclinical models for oncology drug development. Nat Rev Drug Discov. 2022;21:99-114.

Hoyng SA, de Winter F, Tannemaat MR, Blits B, Malessy MJA and Verhaagen J. Gene therapy and peripheral nerve repair: a perspective. Front. Mol. Neurosci. 2015;8:32.

Hudson PJ, Souriau C. Engineered antibodies Nature Medicine. 2003;9(1):129-34.

ICH S7A. (2001). Safety Pharmacology Studies for Human Pharmaceuticals.

ICH S3A. (2018). Note for Guidance on Toxicokinetics: The Assessment of Systemic Exposure in Toxicity Studies: Focus on Microsampling의 guidelin.

ICH S6(R1). (2011) Preclinical safety evaluation of biotechnology derived pharmaceutical.

ICH S2 (R1). (2011). Guideline on genotoxicity testing and data interpretation for pharmaceuticals intended for human use.

ICH S6(R1) (1998) Preclinical safety evaluation of biotechnology-derived pharmaceuticals - Scientific guideline.

ICH S6(R1). (2011). Preclinical safety evaluation of biotechnology-derived biopharmaceuticals.

ICH S9. (2010). International Conference on Harmonization: Nonclinical Evaluation for Anticancer Pharmaceuticals.

ICH M3(R2). (2009). Guidance on nonclinical safety studies for the conduct of human clinical trials and marketing authorization for pharmaceuticals.

Iizuka H, Sasaki K, Odagiri N, et al. Measurement of respiratory function using whole-body plethysmography in unanesthetized and unrestrained non-human primates. J Toxicol Sci. 2010;35:863-70.

Isaacs D. Infectious risks associated with biologics. Adv Exp Med Biol. 2013;764:151-8.

Jeanine L. Bussiere, Pauline Martin, Michelle Horner, Jessica Couch, Meghan Flaherty, Laura Andrews, Joseph Beyer, and Christopher Horvath. Alternative Strategies for Toxicity Testing of Species-Specific Biopharmaceuticals International Journal of Toxicology. 2009;28(3):230-253.

Jin M, Chen J, Zhao X, Hu G, Wang H, Liu Z, Chen WH. An Engineered ⊠ Phage Enables Enhanced and Strain-Specific Killing of Enterohemorrhagic Escherichia coli. Microbiol Spectr. 2022;10(4):e0127122.

Johnson GE, Soeteman-Hernandez LG, Gollapudi BB et al.. Derivation of point of departure (PoD) estimates in genetic toxicology studies and their potential applications in risk assessment. Environ Mol Mutagen. 2014;55(8):609-623.

Jones K, Harding J, Makin A et al. Perspectives from the 12th annual minipig research forum: early inclusion of the minipig in safety assessment species selection should be the standard approach. Toxicol Pathol. 2019;47:891 – 895.

June RA, Nasr I. Torsades de pointes with terfenadine ingestion. Am J Emerg Med. 1997;15:542 – 543.

Kagiava, Alexia Kagiava and Kleopas A. Kleopa. Intrathecal Delivery of Viral Vectors for Gene Therapy. Ashwin Woodhoo (ed.), Myelin: Methods and Protocols, Methods in Molecular Biology, 2018;1791:277 –285.

Kaina B, Christmann M, Naumann S, Roos WP. MGMT: key node in the battle against genotoxicity, carcinogenicity and apoptosis induced by alkylating agents. DNA Repair (Amst). 2007;6(8):1079 – 1099.

kale VP, Bebenek I, Ghantous H, Kapeghian J, Singh BP, Thomas LJ. Practical Considerations in Determining Adversity and the No-Observed-Adverse-Effect-Level (NOAEL) in Nonclinical Safety Studies: Challenges, Perspectives and Case Studies. Int J Toxicol. 2022;41(2):143-162.

Karbe E. Session Report from the Joint STP/IFSTP International Symposium "Toxicologic Pathology in the New Millenium"June 24 – 8, 2001, in Orlando, Florida. Distinguishing between adverse and non-adverse effects Session summary. Exp Toxic Pathol. 2002;54:51 – 55.

Karp NA, Coleman L, Cotton P, Powles-Glover N, Wilson A. Impact of repeated micro and macro blood sampling on clinical chemistry and haematology in rats for toxicokinetic studies. Regul Toxicol Pharmacol. 2023;141:105386.

Katherine Falloon, Ruthvik Padival, Satya Kurada, Sara El Ouali, Florian Rieder. Biologic agents and small molecules – mechanism of action. Seminars in Colon and Rectal Surgery. 2022;33(1):100861.

Kaufmann, W, Bader, R, Ernst, H, Harada, T, Hardisty, J, Kittel, B, Kolling, A, Pino, M., Renne, R, Rittinghausen, S, Schulte, A, Wohrmann, T, and Rosenbruch, M. 1st international ESTP expert workshop: "Larynx squamous metaplasia". A re-consideration of morphology and diagnostic approaches in rodent studies and its relevance for human risk assessment. Exp Toxicol Pathol. 2009;61:591 – 603.

Keller DA. Identification and Characterization of Adverse Effects in 21st Century Toxicology. Toxicological sciences. 2012;126(2):291 – 297.

Kerlin R, Bolon, B, Burkhardt, J, Francke, S, Greaves, P, Meador, V, & Popp, J. Scientific and regulatory policy committee: Recommended ("best") practices for determining, communicating, and using adverse effect data from nonclinical studies. Toxicologic Pathology. 2016;44:147 – 162.

Kimmel CA, Gaylor DW. Issues in qualitative and quantitative risk analysis for developmental toxicology. Risk Anal. 1988;8:15 – 20.

Kirkland DJ, Aardema M, Banduhn N, Carmichael P, Fautz R, Meunier JR, Pfuhler S. In vitro approaches to develop weight of evidence (WoE) and mode of action (MoA) discussions with positive in vitro genotoxicity results. Mutagenesis. 2007;22(3):161-175.

Khongorzul P, Ling CJ, Khan FU, Ihsan AU, Zhang J. Antibody-Drug Conjugates: A Comprehensive Review. Mol Cancer Res. 2020;18(1):3-19.

Konstandi M. Consequences of psychophysiological stress on cytochrome P450-catalyzed drug metabolism. Neuroscience and Biobehavioral Reviews. 2014;45:149–167.

Kondrashov A. Genetics: the rate of human mutation. Nature. 2012;488:467–8.

Zhang L, Vijg J. Somatic mutagenesis in mammals and its implications for human disease and aging. Annu Rev Genet. 2018;52:397–419.

Kraus PR, Meng L, Freeman-Cook L. Small molecule selectivity and specificity profiling using functional protein microarrays. Methods Mol Biol. 2010;632:251-67.

Krishna MM, Purna Chander A, Ramya Ch, Nirmala D, D heeraj Gopu. TOXICOKINETICS: AN IMPORTANT TOOL IN NEW DRUG DEVELOPMENT. International Journal of Pharmacy and Biological Sciences. 2011;1(3):319-327.

Kullolli M, Rock DA, and Ma J. Immuno-affinity capture followed by TMPP N-terminus tagging to study catabolism of therapeutic proteins. J Proteome Res. 2017;16:911–919.

Lawler JV, Endy TP, Hensley LE, et al. Cynomolgus macaque as an animal model for severe acute respiratory syndrome. PloS Med 2006;3:e149.

Lenders M, Brand E. Mechanisms of Neutralizing Anti-drug Antibody Formation and Clinical Relevance on Therapeutic Efficacy of Enzyme Replacement Therapies in Fabry Disease. Drugs. 2021;81(17):1969-1981.

Lewis, RW. Recognition of adverse and nonadverse effects in toxicity studies. Toxicol. Pathol. (2002);30:66-74.

Liang ZHAO, Tian-hua REN, Diane D WANG. Clinical pharmacology considerations in biologics development. Acta Pharmacologica Sinica. 2012;33:1339–1347.

Li F, Weng Y, Zhang G, Han X, Li D, and Neubert H. Characterization and quantification of an fc-FGF21 fusion protein in rat serum using immunoaffinity LC-MS. AAPS J.2018;21(5):84.

Lipinski CA, Lombardo F, Dominy BW, Feeney PJ. "Experimental and computational approaches to estimate solubility and permeability in drug discovery and development settings". Advanced Drug Delivery Reviews. 2001;46(1–3):3–26.

Liu L, Xu K, Li J, Maia M, Mathieu M, Elliott R, Yang J, Nijem I, and Kaur S. Optimizing hybrid LC-MS/MS binding conditions is critical: impact of biotransformation on quantification of trastuzumab. Bioanalysis. 2018;10(22):1819-1831.

Liu X, Zhang, Y., Ward, L.D. et al. A proteomic platform to identify off-target proteins associated with therapeutic modalities that induce protein degradation or gene silencing. Sci

Rep.2021;11:15856.

Li Y, Monine M, Huang Y, Swann P, Nestorov I, and Lyubarskaya Y. Quantitation and pharmacokinetic modeling of therapeutic antibody quality attributes in human studies. MAbs. 2016;8:1079 – 1087.

Loomba R, Liang TJ. Hepatitis B Reactivation Associated With Immune Suppressive and Biological Modifier Therapies: Current Concepts, Management Strategies, and Future Directions. Gastroenterology. 2017;152(6):1297-1309.

Lynne T. Habera, Michael L. Doursona, Bruce C. Allen. Benchmark dose (BMD) modeling: current practice, issues, and challenges. CRITICAL REVIEWS IN TOXICOLOGY, 2018;48(5):387 –415.

Mathon B, Nassar M, Simonnet J, Le Duigou C, Clemenceau S, Miles R, Fricker D. Increasing the effectiveness of intracerebral injections in adult and neonatal mice: a neurosurgical point of view. Neurosci Bull. 2015;31(6):685-96.

Maronpot RR, Yoshizawa, K, Nyska, A, Harada, T, Flake, G, Mueller, G, Singh, B, and Ward, J M. Hepatic enzyme induction: histopathology. Toxicol Pathol. 2010;38(5):776 –795.

Maronpot RR. Adverse, Non-adverse and Adapive Responses in Toxicologic Pathology International Academy of Toxicology Pathology (IATP) Lecture. 32nd JST Annual Meeing, Japan. Website: focusontoxpath.com.Michael P. Hall. Biotransformation and In Vivo Stability of Protein Biotherapeutics: Impact on Candidate Selection and Pharmacokinetic Profiling. Drug Metabolism and Disposition November 2014;42(11):1873-1880.

Monahan BP, Ferguson CL, Killeavy ES, Lloyd BK, Troy J, Cantilena LR., Jr Torsades de pointes occurring in association with terfenadine use. JAMA. 1990;264:2788 – 2790.

Moreira-Silva D, Robson CL et. al., Intracerebral Injection of Streptozotocin to Model Alzheimer Disease in Rats, Bio-protocol. 2019;9(20):e3397.

Moss A, Suzanne Minton Christina Mayer. Building an early development strategy for complex biologics. FOUND IN TRANSLATION. Drug Development Group, Certara Strategic Consulting. 2023.

Mow T, Andersen NK, Dragsted N, et al. Is there a role for the no observed adverse effect level in safety pharmacology? Journal of Pharmacological and Toxicological Methods. 2020;105:106917.

Muller PY, Milton M, Lloyd P, Sims J, Brennan FR. The minimum anticipated biological effect level (MABEL) for selection of first human dose in clinical trials with monoclonal antibodies. Curr Opin Biotechnol. 2009;20(6):722-9.

Murphy DJ. Assessment of respiratory function in safety pharmacology. Fundam Clin Pharmacol 2002;16:183-96.

Nair AB, Jacob S. A simple practice guide for dose conversion between animals and human. J Basic

Clin Pharm. 2016;7(2):27-31.

Namdari R, Jones K, Chuang SS, Van Cruchten S, Dincer Z, Downes N, Mikkelsen LF, Harding J, Jäckel S, Jacobsen B, Kinyamu-Akunda J, Lortie A, Mhedhbi S, Mohr S, Schmitt MW, Prior H. Species selection for nonclinical safety assessment of drug candidates: Examples of current industry practice. Regul Toxicol Pharmacol. 2021;126:105029.

NC3Rs and LASA. The National Centre for the Replacement, Refinement and Reduction of Animals in Research(NC3Rs) and the Laboratory Animal Science Association. Guidance on dose level selection for regulatory general toxicology studies for pharmaceuticals. 2009.

Nalca A, Livingston VA, Garza NL, et al. Experimental infection of cynomolgus macaques (Macaca fascicularis) with aerosolized monkeypox virus. PLoS One. 2010;5:e12880.

O'Connor A, Rogge M. Nonclinical development of a biosimilar: the current landscape. Bioanalysis. 2013;5(5):537-44.

OECD (2018), Test No. 408: Repeated Dose 90-Day Oral Toxicity Study in Rodents, OECD Guidelines for the Testing of Chemicals, Section 4, OECD Publishing, Paris.

Ogawa E, Wei MT, Nguyen MH. Hepatitis B Virus Reactivation Potentiated by Biologics. Infect Dis Clin North Am. 2020;34(2):341-358.

Olson H, Betton G, Robinson D, et al. Concordance of the toxicity of pharmaceuticals in humans and in animals. Regul Toxicol Pharmacol. 2000;32(1):56-67.

Palazzi, X., Burkhardt, J. E., Caplain, H., Dellarco, V., Fant, P., Foster, J. R.,Yoshida, M. Characterizing "adversity" of pathology findings in nonclinical toxicity studies: Results from the 4th ESTP international expert workshop. Toxicologic Pathology. 2016;44:810 - 824.

Pandiri AR, Kerlin RL, Mann PC, et al. Is it adverse, nonadverse, adaptive, or artifact? Toxicol Pathol. 2017;45(1):238-247.

Pan W, Kastin AJ. Why study transport of peptides and proteins at the neurovascular surface. Brain Res Rev. 2004;46:32-43.

Palazzi, X. Characterizing "Adversity" of Pathology Findings in Nonclinical Toxicity Studies: Results from the 4th ESTP International Expert Workshop. Toxicologic Pathology. 2016;44(6):810-824.

Panoskaltsis N, McCarthy NE, Stagg AJ, Mummery CJ, Husni M, Arebi N, Greenstein D, Price CL, Al-Hassi HO, Koutinas M, Mantalaris A, Knight SC. Immune reconstitution and clinical recovery following anti-CD28 antibody (TGN1412)-induced cytokine storm. Cancer Immunol Immunother. 2021;70(4):1127-1142.

Pardridge WM. Biopharmaceutical drug targeting to the brain. J Drug Target. 2010;18:157-67.

Pardridge WM. The blood brain barrier: bottleneck in brain drug development. NeuroRx. 2005;2:3-14.

Park, YC., & Cho, MH. A new way in deciding NOAEL based on the findings from GLP-toxicity test. Toxicological Research. 2022;27:133 - 135.

Patel SV, Khan DA. Adverse Reactions to Biologic Therapy. Immunol Allergy Clin North Am. 2017;37(2):397-412.

Peerzada MM, Spiro TP, Daw HA. Pulmonary toxicities of biologicals:a review. Anticancer Drugs. 2011;21:131-139.

Perry R, Farris G, Bienvenu JG, Dean C Jr, Foley G, Mahrt C, Short B; Society of Toxicologic Pathology. Society of Toxicologic Pathology position paper on best practices on recovery studies: the role of the anatomic pathologist. Toxicol Pathol. 2013;41(8):1159-69.

Pflepsen, KR, Cristina D. Peterson, Kelley F. Kitto, Maureen S. Riedl, R. Scott McIvor, George L. Wilcox, Lucy Vulchanova, and Carolyn A. Fairbanks. Biodistribution of Adeno-Associated Virus Serotype 5 Viral Vectors Following Intrathecal Injection. Mol. Pharmaceutics 2021;18(10):3741 -3749.

Perel P, Roberts I, Sena E, et al. Comparison of treatment effects between animal experiments and clinical trials: systematic review. BMJ. 2007;334:197 -203.

Pham NB, Meng WS. Protein aggregation and immunogenicity of biotherapeutics. Int J Pharm. 2020;585:119523.

Popescu, C., Molagic, V., Tilişcan, C. et al. Tuberculosis reactivation during novel, biologic therapy. BMC Infect Dis. 2013;13(Suppl 1):O25.

Prior H, Haworth R, Labram B, Roberts R, Wolfreys A, Sewell F. Justification for species selection for pharmaceutical toxicity studies. Toxicol Res (Camb). 2020;9(6):758-770.

Pugsley MK, Authier S, Curtis MJ. Principles of safety pharmacology. Br J Pharmacol. 2008;154(7):1382-99.

Quartuccio L, Zabotti A, Del Zotto S, Zanier L, De Vita S, Valent F. Risk of serious infection among patients receiving biologics for chronic inflammatory diseases: Usefulness of administrative data. J Adv Res. 2018;19;15:87-93.

Rajpoot K, Pratik Katare, Muktika Tekade, Mukesh Chandra Sharma, Suryanarayana Polaka, Pinaki Sengupta, Rakesh Kumar Tekade. Chapter 26 - Toxicokinetic and toxicodynamic considerations in drug research. Volume 2 in Advances in Pharmaceutical Product Development and Research. 2022;751-776.

Ramsey L. Targeting Phage Therapy 2023 showcased the progress and possibilities of phage therapy in future. News-Medical.net - An AZoNetwork Site. Jun. 20. 2023.

Reigner BG, Blesch KS (2002). Estimating the starting dose for entry into humans: principles and practice. Eur J Clin Pharmacol. 2002;57:835 - 845.

Ritchlin CT, Stahle, M, Poulin, Y et al.. Serious infections in patients with self-reported psoriatic arthritis from the Psoriasis Longitudinal Assessment and Registry (PSOLAR) treated with biologics. BMC Rheumatol. 2019;3:52.

Robinson, S. A European pharmaceutical company initiative challenging the regulatory requirement for acute toxicity studies in pharmaceutical drug development. Regulatory Toxicology and Pharmacology. 2008;50:345-352.

Saad OM, Shen BQ, Xu K, Khojasteh SC, Girish S, and Kaur S. Bioanalytical approaches for characterizing catabolism of antibody-drug conjugates. Bioanalysis. 2015;7:1583 – 1604.

Sacaan A, Hashida SN, Khan NK. Non-clinical combination toxicology studies: strategy, examples and future perspective. J Toxicol Sci. 2020;45(7):365-371.

Sakamoto E, Katahira Y, Mizoguchi I, Watanabe A, Furusaka Y, Sekine A, Yamagishi M, Sonoda J, Miyakawa S, Inoue S, Hasegawa H, Yo K, Yamaji F, Toyoda A, Yoshimoto T. Chemical- and Drug-Induced Allergic, Inflammatory, and Autoimmune Diseases Via Haptenation. Biology (Basel). 2023;12(1):123.

Schadt S, Hauri S, Lopes F, et al. Are Biotransformation Studies of Therapeutic Proteins Needed? Scientific Considerations and Technical Challenges. Drug Metabolism and Disposition: the Biological Fate of Chemicals. 2019;47(12):1443-1456.

Schaefer K, Rensing S, Hillen H et al. Is science the only driver in species selection? An internal study to evaluate compound requirements in the minipig compared to the dog in preclinical studies. Toxicol Pathol. 2016;44:474 – 479.

Schein PS, The evaluation of anticancer drugs in dogs and monkeys for the prediction of qualitative toxicities in man. Clin. Pharmacol. Ther. 1970;11:3 – 40.

Shackelford C. Qualitative and quantitative analysis of nonneoplastic lesions in toxicology studies. Toxicol Pathol. 2002;30:93 – 96.

Sharma V, McNeill JH. To scale or not to scale: the principles of dose extrapolation. Br J Pharmacol. 2009;157(6):907-921.

Sheila M. Dreher-Lesnick. Scott Stibitz, Paul E. Carlson. United States Regulatory Considerations for Development of Live Biotherapeutic Products as Drugs. In: Bugs as Drugs. American Society of Microbiology. 2018;409-416.

Shen J, Swift B, Mamelok R, Pine S, Sinclair J, Attar M. Design and Conduct Considerations for First-in-Human Trials. Clin Transl Sci. 2019;12(1):6-19.

Shi J, Chen, X., Diao, J. et al. Bioanalysis in the Age of New Drug Modalities. AAPS J, 2021; 23:64.

Sverdlov, O, van Dam J, Hannesdottir K, Thornton-Wells T. Digital therapeutics: An integral component of digital innovation in drug development. Clin Pharmacol Ther. 2018;104:72 – 80.

Su Keles. (2022) Small molecules vs biologics; understanding the differences. https://pharmaoffer.com/blog/

Swenberg JA, Short B, Borghoff S, Strasser J, Charbonneau M. The comparative pathobiology of alpha 2u-globulin nephropathy. Toxicol Appl Pharmacol. 1989;97(1):35-46.

Tan SN, Sai-Peng Sim and Alan Soo-Beng Khoo. Oxidative stress-induced chromosome breaks within the ABL gene: a model for chromosome rearrangement in nasopharyngeal carcinoma. Human Genomics. 2018;12:29.

Thomas M, Burk O, Klumpp B, Kandel BA, Damm G, Weiss TS, Klein K, Schwab M, Zanger UM. Direct transcriptional regulation of human hepatic cytochrome P450 3A4 (CYP3A4) by peroxisome proliferator-activated receptor alpha (PPARα). Mol Pharmacol. 2013;83(3):709-18.

Thoolen B, Maronpot RR, Harada T, et al. Proliferative and nonproliferative lesions of the rat and mouse hepatobiliary system. Toxicol Pathol. 2010;38(7):5S-81S.

Thybaud V, Kasper P, Sobol Z, Elhajouji A, Fellows M, Guerard M, Lynch AM, Sutter A, Tanir JY. Genotoxicity assessment of peptide/protein-related biotherapeutics: points to consider before testing. Mutagenesis. 2016;31(4):375-384.

Tumey LN, Rago B, and Han X. In vivo biotransformations of antibody-drug conjugates. Bioanalysis. 2015;7:1649 - 1664.

USEPA. (2012). Benchmark dose technical guidance, EPA/100/R-12/001. Washington (DC): Risk Assessment Forum, US Environmental Protection Agency (EPA).

USFDA. (2010). Center for Drug Evaluation and Research (CDER) Guidance for Industry: M3(r2) Nonclinical Safety Studies for the Conduct of Human Clinical Trials and Marketing Authorization for Pharmaceuticals.

USFDA. (2013). Guidance for Industry M3(R2) Nonclinical Safety Studies for the Conduct of Human Clinical Trials and Marketing Authorization for Pharmaceuticals. Questions and Answers(R2).

USFDA. (2005). Guidance for Industry Estimating the Maximum Safe Starting Dose in Initial Clinical Trials for Therapeutics in Adult Healthy Volunteers. Center for Drug Evaluation and Research (CDER). Pharmacology and Toxicology.

USFDA. (2010). Center for Drug Evaluation and Research. Guidance for industry: assessment of abuse potential of drugs. Docket Number: FDA-2010-D-0026.

USFDA. CDER (2010). ICH S9 Nonclinical Evaluation for Anticancer Pharmaceuticals. Docket Number: FDA-2009-D-0006.

USFDA-CBER. (2018). Center for Biologics Evaluation and Research (CBER) Responsibilities Questions and Answers.

United Nations, Globally Harmonized System of Classification and Labelling of Chemicals (GHS), 2007:109-120.

Vargas HM, Amouzadeh HR, Engwall MJ. Nonclinical strategy considerations for safety pharmacology: evaluation of biopharmaceuticals. Expert Opin Drug Saf. 2013;12(1):91-102.

Vargas HM, Derakhchan K, Chui RW, et al. Evaluation of D,L-sotalol using jacketed external telemetry (JET) in conscious non-human primates over 4 weeks of evaluation. J Pharmacol Toxicol Methods 2010;64:e24-5.

Vermeire T, Epstein M, Badin RA et al. Final opinion on the need for non-human primates in biomedical research, production and testing of products and devices (update 2017). In: Scientific Committee on Health, Environmental and Emerging Risks (SCHEER). Brussels: European Commission, 2017.

Vit, PJ. Approximate lethal dose versus median lethal dose in acute toxicity testing of pharmaceuticals. A retrospective study. Arch Toxicol. 1989;63:343-344.

Wallis D. Infection risk and biologics: current update. Curr Opin Rheumatol. 2014;26(4):404-409.

Walgren JL, Mitchell MD, Thompson DC. Role of metabolism in drug-induced idiosyncratic hepatotoxicity. Crit Rev Toxicol. 2005;35:325-361.

Wang B, Gray G. Concordance of noncarcinogenic endpoints in rodent chemical bioassays. Risk Anal. 2015;35:1154-66.

Watabe T, Kaneda-Nakashima K, Ooe K, Liu Y, Kurimoto K, Murai T, Shidahara Y, Okuma K, Takeuchi M, Nishide M, Toyoshima A, Shinohara A, Shirakami Y. Extended single-dose toxicity study of [211At]NaAt in mice for the first-in-human clinical trial of targeted alpha therapy for differentiated thyroid cancer. Ann Nucl Med. 2021;35(6):702-718.

Weir, AB, Wilson, SD. Nonclinical Regulatory Aspects for Ophthalmic Drugs. In: Weir, A., Collins, M. (eds) Assessing Ocular Toxicology in Laboratory Animals. Molecular and Integrative Toxicology. Humana Press, Totowa, NJ. 2012.

Welling PG. Differences between pharmacokinetics and toxicokinetics. Toxicol Pathol. 1995;23(2):143-7.

White CR, Kearney MR. Metabolic scaling in animals: Methods, empirical results, and theoretical explanations. Compr Physiol. 2014;4:23156.

Winthrop KL. Infections and biologic therapy in rheumatoid arthritis: our changing understanding of risk and prevention. Rheum Dis Clin North Am. 2012 Nov;38(4):727-45.

Yu M, Brown D, Reed C, Chung S, Lutman J, Stefanich E, Wong A, Stephan JP, and Bayer R (2012) Production, characterization, and pharmacokinetic properties of antibodies with N-linked mannose-5 glycans. MAbs. 4:475-487.

Yu YJ, Zhang Y, Kenrick M, et al. Boosting brain uptake of a therapeutic antibody by reducing its affinity for a transcytosis target. Sci Transl Med. 2011;3:1-8.

Zeller A, Duran-Pacheco G, Guerard M (2017) An appraisal of critical effect sizes for the benchmark dose approach to assess doseresponse relationships in genetic toxicology. Arch Toxicol. 2017;91(12):3799-3807.

Zhao L, Ren, Th. & Wang, D. Clinical pharmacology considerations in biologics development.Acta Pharmacol Sin. 2012;33:1339-1347.

Zhou K, Han J, Wang Y, Zhang Y and Zhu C. Routes of administration for adeno-associated viruses carrying gene therapies for brain diseases. Front. Mol. Neurosci. 2022;15:988914.

강석기. 항생제 내성 파지요법으로 극복한다. 일러스트가 있는 과학에세이 (82). The science times. 2014.06.10.

강수임. 신약 디자인에서 인공지능(AI) 기반의 약물 생성 예측 모델을 이용한 강화 학습과 화학정보학(Chemoinformatics). BRIC View 2023-T05.

고대경. 단백질 타겟 치료제 개발 기술 동향. KDB 산업은행. 미래전략연구소. Weekly KDB Report, 2020-11-16.

권기문. PROTAC, 표적 단백질 분해(TPD) 및 그 파생기술. BRIC VIEW 2023-T02.

권혁진. ADC 다음은 나야 나 '프로탁'…① 단백질분해표적 기술 '기하급수.' 약업신문. 2023-02-20.

김경미. 치료용 항체-약물 결합체(antibody-drug conjugate)의 개발 동향. 생화학분자생물학회소식 · 6월호

김문정. Thierry Burnouf. 혈장유래의약품의 최근 세계 동향. 대한수혈학회지, 2017;28(2);113-125.

김선형, 정희진. 차세대 백신기술 동향. BRIC View. 2023-T01. 2023.

김성우, 이은교. 글로벌 항체치료제 시장 및 기술개발 동향. Bio economy report. 2020. Issue 21.

김정일. 성공적인 임상시험계획(IND) 제출 주요 전략 팁. 약업신문. 2022-07-18.

김지운, 김기용. 바이오베터 기술개발동향. 한국바이오협회. 2022. Economy report. Issue 40. ISSN 2508-6820.

남대열. 세레스의 경구용 CDI 치료제 보우스트, 지난달 FDA서 승인. Hitnews 2023. (http://www.hitnews.co.kr).

대웅제약. 신약 개발의 새로운 방식, 표적 단백질 분해(TPD) 기술. Newsroom. 2023.05.03.

박도영. 세포유전자치료제 올해 최소 5개 허가 전망…미국은 개발 활발 · 유럽은 정체. MEDIGATE-NEWS. 2023-02-08.

박봉헌, 박순재. ADC(Antibody-drug conjugates) 개발 동향. 한국바이오협회. 2022. Issue 40. ISSN 2508-6820.

박봉현, 송대섭. 새로운 백신 개발 기술 및 임상 동향. 한국바이오협회. Bio Economy Brief. Issue 56. 2022.

박봉현, 장준호. 마이크로바이옴 투자 및 산업 동향. 한국바이오협회. 한국바이오경제연구센터. 브리프;172. 2023.

BioIN watch(22-21). 생명공학정책연구센터. 줄기세포 기술의 현실화와 미래 방향. 2022.

박영철. 위해성평가를 위한 독성학. 한국학술정보(주), ISBN: 978-89-268-9827-7.

BRIC. Bio통신원. 개량신약에 대한 이해. 생물산업 사이언스엠디 (2006-01-31). (https://www.ibric.org/myboard/read.php?Board=news&id=111371).

서문형. 모티프 기반 protein-protein interaction 연구. 한국 생물공학회 소식지. Online ISSN 2508-8343(Online).

성은아. CAR-T, 차세대 CAR-T, 그리고 기성품형 CAR-T 세포 치료제. 약사신문. 팜뉴스. 2023.01.26.

Cyagen, 유전자 치료 전략 개요. Research Trend. Jun 11, 2021.

식약처. (2022). 개량신약 허가사례집.

식약처. (2021). 동등생물의약품 평가 가이드라인 〈민원인 안내서〉. 2021.

식약처. (2022). 의약품등의 독성시험기준. 식품의약품안전처 고시 제2022-18호.

식약처. (2022). 생물학적제제 등의 품목허가 · 심사 규정. 고시 제2022-80호.

식약처. (2023). 세포 · 유전자치료제의 특성분석 시험정보집-당사슬 피노타이핑을 이용한 세포 특성 분석.

식약처. (2022). 의약품등의 독성시험기준. 식품의약품안전처 고시 제2022-18호.

식약처. (2022). 의약품등의 독성시험기준 해설서.

식약처. (2016). 의약품 안전성약리시험 가이드라인.

식약처. (2007). 의약품등의안전성 · 유효성 심사에 관한 규정.

식약처. (2021). 의약품의 품목허가 · 신고 심사규정.

식약처. (2018). 완제의약품 유연물질 기준 가이드라인.

식약처. (2018). 원료의약품 유연물질 기준 가이드라인.

식약처. (2021). 이중특이성 항체의약품 개발시 고려사항. 2021.

식약처. (2020). 첨단바이오의약품의 품목허가 · 심사 규정, 식품의약품안전처고시 제2020-82호.

식품의약품안전평가원. (2022). 의약품등의 독성시험기준의 해설서. 등록번호 안내서-0768-02.

식품의약품안전평가원. (2021). 식품 등의 독성시험법 가이드라인 - 단회투여독성시험(고정용량법).

식품의약품안전평가원. (2021). 식품 등의 독성시험법 가이드라인 - 단회투여독성시험(독성등급법).

식품의약품안전평가원. (2021). 식품 등의 독성시험법 가이드라인 - 단회투여독성시험(용량고저법).

심희원. PhagoPROD, 항생제 내성 문제 해결을 위한 자연 바이러스 활용. Korea-EU reasearch centre. 2021.

양병찬. 나노바디(nanobody) 만드는 생쥐: 코로나바이러스 변이주 공략의 견인차 될까? 바이오토픽, 2021-07-05.

오일환. 줄기세포치료제 동향 및 전망. 생명공학정책연구센터. BioIn. 전문가 리포트 9호. 2015.

위키백과. 백신. 2023. (https://ko.wikipedia.org/wiki/백신).

위키백과. 혈액제제. 2023. (https://ko.wikipedia.org/wiki/혈액제제).

이성경, 이종혁. 세포.유전자 치료제 시장 동향 및 정책 시사점. KIET 산업연구원. 월간 KIET 산업경제. 2022-9:71-82.

이시우. 왜 바이오베터인가. ② 주목할 만한 베터 기술 5가지. 헬스코리아뉴스. 2022.08.08.

이영완. 신생아 소두증 부르는 지카 바이러스, 뇌종양 치료할 수 있다. 사이언스카페. 조선일보 2022.01.12.

이혜경. 개량신약 10개 중 6개 복합제-만성질환 투약 단순화. 데일리팜. 2022-02-24.

이혜미. 유전자 치료(gene therapy) 방법 및 연구 동향. BRIC View, 2016-T22.

정윤식. CAR-T 치료제 '킴리아', 국내 첫 허가. 메디칼업저버. 2021-03-05.

정혜신. 지속성 바이오베터의 연구 개발 동향. NEWS & INFORMATION FOR CHEMICAL ENGINEERS, 2011:29(6):757-761.

차상현, 정희진. Gene/cell therapy 개발 현황 및 동향. BRIC View, 2020-T10.

Chunlab. 마이크로바이옴 치료제. 2019. (https://microbiome.chunlab.com).

최지원. 마이크로바이옴 치료제 대변미생물이식술. 생활의학. 2023.5.12.

파나셀바이오텍. (2023). 세포외소포체 (규제동향) & 세포외소포체 (안전성약리 평가시험법 예시).
　　　　(https://blog.naver.com/panacellbio/223096335251).

한국바이오협회. 2023년 글로벌 세포·유전자치료제 시장 동향. 한국바이오협회. 한국바이오경제연
　　　　구센터. Issue brifing. 2023.2.7.

한민준. 줄기세포를 이용한 세포치료의 현재와 미래. 한국보건산업진흥원 발간보고서. 2020.

색인

HNSTD 272, 273
hypertrophy 156, 169
hyperplasia 169
human equivalent dose 204, 259, 262, 288

(I)
inactivated vaccine 79
incrementally modified drugs 69
IND 54, 107, 145, 205, 250, 277
induced pluripotent stem cells 99
injection site reactions 234, 237, 286
intrapolation 263
investigational new drug 25, 107, 159, 284
ISR 234, 238, 286

(L)
linker 34, 43, 55, 87, 93
limit dose 53, 124, 164
live attenuated vaccine 79
local tolerance test 26
low molecule 18

(M)
MABEL 61, 258, 261, 270, 275, 289
macromolecure 36
margin of exposure 53, 164, 192, 193
maximum recommended human dose 192
maximum recommended starting dose 52, 137
maximum tolerated dose 57, 127, 157, 272
megamolecure 36
mesenchymal stem cell 99
metaplasia 167, 169
microbiome-based therapeutics 283
micronucleus test 208, 212
minimal effective dose 125, 275
minimum toxic concentration 125

miRNA 86
modernization act 284
monoclonal antibody 62, 89, 146, 269, 286
monomer 31, 35, 291
MRHD 191, 193
MRSD 46, 63, 137, 193, 259, 261, 265, 273
MTD 57, 127, 158, 160, 184, 204, 263, 272
multi dose 119, 258

(N)
nanobodies 92, 283
NDA 25, 153, 179
new biological entity 36, 77
new drug approval 25, 179
NOAEL 120, 132, 138, 144, 192, 201, 265
no effect 139, 158, 180
NOGEL 195, 196
non-adverse effect 133, 140, 151, 278
non-naturally occurring amino acids 55

(O)
off-target effects 22, 205
oligopeptide 32, 61
on-target effects 22
organoid 100
oxidation 34, 35

(P)
parent compound 48, 127
parenteral injection 41
payload 34, 43, 93
PBPK 53
Peak plasma concentration 41
phage therapy 109
pharmacodynamic 53, 127, 141, 174, 188
pluripotent stem cell 99

박영철(Yeong-Chul Park) ──────────

영남대학교 생물학과 이학사
서울대학교 보건대학원 보건학석사
오리건주립대학교 독성학박사
(전) 대구가톨릭대학교 GLP센터 센터장
(전) 대구가톨릭대학교 대학원 독성학과 교수 & 학과장
코아스템켐온 컨설팅본부 연구위원

e-mail:
ycpark@csco.co.kr
detox35@hanmail.net

《독성학의 분자생화학적 원리》
《금연보건학 개론》
《한약독성학 Ⅰ, Ⅱ, Ⅲ》
《위해성평가를 위한 독성학》 등의 저서와 100여 편의 국내외 논문

전환기 독성시험 컨설팅

초판인쇄 2023년 11월 27일
초판발행 2023년 11월 27일

지은이 박영철
펴낸이 채종준
펴낸곳 한국학술정보(주)
주 소 경기도 파주시 회동길 230(문발동)
전 화 031-908-3181(대표)
팩 스 031-908-3189
홈페이지 http://ebook.kstudy.com
E-mail 출판사업부 publish@kstudy.com
등 록 제일산-115호(2000. 6. 19)

ISBN 979-11-6983-817-7 03570